"十三五"应用型人才培养规划教材

建筑制图

李　建　王飞龙／主编

清华大学出版社
北　京

内 容 简 介

本书包括建筑制图的基本知识，投影的基本知识，点、直线、平面的投影，立体，轴测投影，剖面图与断面图，建筑施工图，结构施工图，阴影与透视这几部分内容。本书可帮助初学者建立建筑空间表达的基本概念，提高空间想象能力和表达能力。本书没有烦琐冗长的理论推导，而是用循序渐进、深入浅出、简明扼要的方法编写。

本书可作为高等院校建筑及土木工程相关专业学生的教材，同时可供其他类型学校如职工大学、函授大学、电视大学等有关专业选用。

图书在版编目(CIP)数据

建筑制图/李建，王飞龙主编. —北京：清华大学出版社，2018（2022.8重印）
（“十三五”应用型人才培养规划教材）
ISBN 978-7-302-49316-7

Ⅰ. ①建…　Ⅱ. ①李…　②王…　Ⅲ. ①建筑制图－高等学校－教材　Ⅳ. ①TU204

中国版本图书馆 CIP 数据核字(2018)第 004255 号

责任编辑：张龙卿
封面设计：墨创文化
责任校对：刘　静
责任印制：刘海龙

出版发行：清华大学出版社
网　　址：http://www.tup.com.cn，http://www.wqbook.com
地　　址：北京清华大学学研大厦 A 座　　**邮　　编**：100084
社 总 机：010-83470000　　**邮　　购**：010-62786544
投稿与读者服务：010-62776969，c-service@tup.tsinghua.edu.cn
质量反馈：010-62772015，zhiliang@tup.tsinghua.edu.cn
印 装 者：天津鑫丰华印务有限公司
经　　销：全国新华书店
开　　本：185mm×260mm　　**印　　张**：14.5　　**字　　数**：328 千字
版　　次：2018 年 9 月第 1 版　　**印　　次**：2022 年 8 月第 4 次印刷
定　　价：45.00 元

产品编号：074853-02

前　言

“建筑制图”课程是一门专业基础课程，同时也是一门专业技术性较强的课程。它的作用是培养学生具备一定的读图能力、图示能力、空间想象能力、思维能力和绘图技能，为使学生形成综合职业能力及下一步的课程学习奠定基础，从而全面提高学生的综合素质。在一个建筑新作琳琅满目的时代，一个建筑信息呈爆炸性增长的时代，一个计算机制图已经逐步取代手工制图的时代，一个计算机可以协助甚至主导设计的时代，建筑制图这门课程变得越来越重要。

在本书开始部分，先让读者对基本形体的画法有一定的感性认识。在初步具有空间想象力后，再学习点、线、面的投影理论。在掌握一定的投影理论知识后，随即应用它来指导建筑形体的制图实践。然后在这个基础上，学习比较抽象的投影变换。对于阴影、透视理论，也是先让读者通过学习建筑图，对建筑物有一定的认识后，再进行学习。此外，书中所用图例，也尽可能选自有关的生产图纸和通用设计图集。

本书共分为9章。第1章介绍建筑制图的基本知识，第2章介绍投影的基本知识，第3章介绍点、直线、平面的投影，第4章介绍立体，第5章介绍轴测投影，第6章介绍剖面图与断面图，第7章介绍建筑施工图，第8章介绍结构施工图，第9章介绍阴影与透视。

为了有利于教学，本书在阐述上，力求由浅入深，讲清道理，分散难点，便于自学；在内容上，力求画图与读图结合；在插图上，较多使用分步图，以说明作图步骤。

本书由于编写时间比较紧迫，特别是限于我们的业务水平和教学经验，不足之处在所难免，恳请各兄弟学校同人和广大读者给以批评指正。

编　者

2018年4月

目 录

第1章 建筑制图的基本知识 …… 1
1.1 制图标准 …… 1
1.1.1 图纸幅面 …… 1
1.1.2 标题栏和会签栏 …… 3
1.1.3 图线 …… 4
1.1.4 字体 …… 7
1.1.5 比例 …… 8
1.1.6 尺寸标注 …… 10
1.2 制图工具及使用 …… 15
1.2.1 图板、丁字尺、三角板 …… 15
1.2.2 圆规、分规 …… 16
1.2.3 铅笔和绘图笔 …… 16
1.2.4 比例尺和曲线板 …… 17
1.2.5 其他绘图用品 …… 17
1.3 几何作图 …… 19
1.4 建筑制图的一般步骤 …… 21
1.4.1 制图前的准备工作 …… 21
1.4.2 绘铅笔底稿图 …… 22
1.4.3 铅笔加深的方法和步骤 …… 22
1.4.4 上墨线的方法和步骤 …… 23
1.5 手工仪器绘图技巧 …… 24
1.5.1 直线的画法 …… 24
1.5.2 曲线的画法 …… 26
1.5.3 圆周、圆弧的画法 …… 26
1.5.4 画墨线 …… 27
1.5.5 几何作图 …… 28
1.6 平面几何图形的画法 …… 32

1.6.1 已知线段分为任意等份 …… 32
1.6.2 两平行线间的距离分为任意等份 …… 32
1.6.3 圆弧连接 …… 33

第2章 投影的基本知识 …… 34
2.1 投影概述 …… 34
2.1.1 投影的概念 …… 34
2.1.2 投影法分类 …… 34
2.1.3 正投影的特性 …… 35
2.2 点、直线和平面正投影的基本特性 …… 36
2.2.1 点的正投影特性 …… 36
2.2.2 直线的正投影特性 …… 36
2.2.3 平面的正投影特性 …… 37
2.2.4 由点、直线和平面的正投影概括出的基本特性 …… 37
2.3 三面正投影图 …… 38
2.3.1 三投影面体系的建立 …… 38
2.3.2 三面正投影图的形成 …… 38
2.3.3 三个投影面的展开 …… 39
2.3.4 三面正投影图的投影规律 …… 39
2.4 各种位置平面 …… 40
2.4.1 投影面的垂直面 …… 40
2.4.2 投影面的平行面 …… 41
2.4.3 一般位置平面 …… 42
2.4.4 属于平面的直线和点 …… 43
2.5 基本形体的投影 …… 45
2.5.1 平面体的投影图 …… 46
2.5.2 曲面体的投影图 …… 47
2.5.3 读投影图 …… 49
2.6 组合形体的投影 …… 49

第3章 点、直线、平面的投影 …… 52
3.1 点的投影 …… 52
3.1.1 点的三面投影及投影规律 …… 52
3.1.2 点的投影与直角坐标 …… 53
3.1.3 两点的相对位置及重影点 …… 54
3.2 直线的投影 …… 56
3.2.1 各种位置直线的投影及其投影特性 …… 56
3.2.2 直线上点的投影特性 …… 58

3.2.3 两直线的相对位置 …… 59
3.3 平面的投影 …… 60
3.3.1 平面投影简介 …… 60
3.3.2 平面与投影面的相对位置 …… 60
3.4 直线与平面、平面与平面的相对位置 …… 62
3.4.1 直线与平面平行、平面与平面平行 …… 62
3.4.2 直线与平面平行相交、平面与平面相交 …… 64
3.4.3 直线与平面垂直、平面与平面垂直 …… 68
3.4.4 旋转法 …… 70

第4章 立体 …… 73
4.1 平面立体 …… 73
4.1.1 棱柱体 …… 73
4.1.2 棱锥体 …… 75
4.2 曲面立体的投影 …… 77
4.2.1 圆柱体的投影 …… 77
4.2.2 圆锥体的投影 …… 78
4.2.3 球体的投影 …… 78
4.2.4 曲面立体投影图的尺寸标注 …… 79
4.2.5 曲面立体表面上求点和线 …… 79
4.3 截切体和相贯体 …… 81
4.3.1 截切体 …… 81
4.3.2 相贯体 …… 84
4.3.3 截切体和相贯体的尺寸标注 …… 89
4.4 组合体的投影 …… 89
4.4.1 组合体的投影 …… 90
4.4.2 尺寸标注 …… 93
4.4.3 组合体投影图的识读 …… 97

第5章 轴测投影 …… 99
5.1 轴测投影的基本知识 …… 99
5.1.1 轴测投影的形成 …… 99
5.1.2 轴测投影的分类和特征 …… 99
5.2 常用轴测图画法 …… 100
5.2.1 正等轴测投影图 …… 100
5.2.2 斜轴测投影图 …… 102
5.3 正等测图 …… 105
5.3.1 正等测图的轴间角和轴向伸缩系数 …… 105

5.3.2 正等测图的画法 …… 106
5.4 斜轴测图 …… 111
5.4.1 正面斜轴测图 …… 111
5.4.2 水平斜轴测图 …… 113
5.5 圆的轴测投影图 …… 114
5.5.1 圆的正等测投影图 …… 114
5.5.2 圆的斜二测投影图 …… 116

第6章 剖面图与断面图 …… 117
6.1 剖面图 …… 117
6.1.1 剖面图的形成 …… 117
6.1.2 剖面图的画法及标注 …… 117
6.1.3 剖面图的分类 …… 119
6.2 断面图 …… 122
6.2.1 断面图的概念 …… 122
6.2.2 断面图与剖面图的区别 …… 123
6.2.3 断面图的分类 …… 123
6.2.4 断面图的画法 …… 125

第7章 建筑施工图 …… 126
7.1 概论 …… 126
7.1.1 房屋的组成及房屋施工图的分类 …… 126
7.1.2 模数协调 …… 128
7.1.3 砖墙及砖的规格 …… 128
7.1.4 标准图与标准图集 …… 129
7.2 总平面图 …… 130
7.2.1 建筑施工图设计总说明 …… 130
7.2.2 总平面图的用途 …… 130
7.2.3 总平面图的比例 …… 130
7.2.4 总平面图的图例 …… 130
7.2.5 总平面图的尺寸标注 …… 133
7.2.6 总平面图的读图要点 …… 134
7.3 建筑平面图 …… 135
7.3.1 建筑平面图的图示方法 …… 135
7.3.2 平面图的图示内容 …… 135
7.3.3 平面图的阅读 …… 144
7.4 建筑立面施工图 …… 145
7.4.1 建筑立面图的形成 …… 145

7.4.2 建筑立面图的作用 …… 146
7.4.3 建筑立面图的基本内容 …… 146
7.4.4 建筑立面图的图示方法 …… 147
7.4.5 建筑立面图的识读实例 …… 147
7.4.6 建筑立面图的识读注意事项 …… 149
7.4.7 建筑立面图的绘制方法 …… 149
7.5 建筑剖面图 …… 149
7.5.1 图示方法及作用 …… 149
7.5.2 图示内容 …… 149
7.5.3 实例 …… 150
7.6 建筑详图 …… 151
7.6.1 建筑详图概述 …… 151
7.6.2 外墙墙身构造详图 …… 152
7.6.3 楼梯详图 …… 154
7.6.4 门窗详图 …… 159
7.6.5 标准图集 …… 159
7.7 建筑施工图的绘制 …… 160
7.7.1 绘制建筑施工图的目的和要求 …… 160
7.7.2 绘制建筑施工图的步骤及方法 …… 160
7.7.3 绘图中的习惯画法 …… 161
7.7.4 建筑施工图画法举例 …… 161

第8章 结构施工图 …… 166
8.1 概述 …… 166
8.1.1 结构施工图的分类及内容 …… 166
8.1.2 施工图中的有关规定 …… 167
8.1.3 钢筋混凝土结构图的图示方法 …… 168
8.2 钢筋混凝土构件详图 …… 168
8.2.1 钢筋混凝土结构简介 …… 168
8.2.2 钢筋混凝土梁详图 …… 171
8.2.3 现浇整体式楼盖详图 …… 173
8.2.4 钢筋混凝土柱 …… 174
8.2.5 钢筋混凝土楼梯 …… 174
8.3 基础图 …… 184
8.3.1 条形基础图 …… 184
8.3.2 独立基础图 …… 186
8.4 结构平面图 …… 188
8.4.1 楼层结构平面图的图示方法 …… 188

8.4.2 楼层结构平面图的识读 …… 192
8.5 楼层结构平面布置图 …… 195
8.5.1 楼层结构平面布置图的图示方法及内容 …… 195
8.5.2 楼层结构平面布置图的识读 …… 195

第 9 章 阴影与透视 …… 198
9.1 概述 …… 198
9.1.1 阴影的概念 …… 198
9.1.2 习用光线 …… 199
9.1.3 阴线的确定 …… 200
9.2 求阴影的基本方法 …… 200
9.2.1 点的影 …… 200
9.2.2 直线的影 …… 202
9.2.3 平面图形的影 …… 205
9.3 房屋及其细部在立面图上的阴影 …… 206
9.3.1 建筑形体的阴影 …… 206
9.3.2 窗口的阴影 …… 206
9.3.3 门洞的阴影 …… 206
9.3.4 阳台的阴影 …… 207
9.3.5 台阶的阴影 …… 207
9.4 透视 …… 209
9.4.1 透视图的画法 …… 211
9.5.2 透视图的简捷作图法 …… 217

参考文献 …… 219

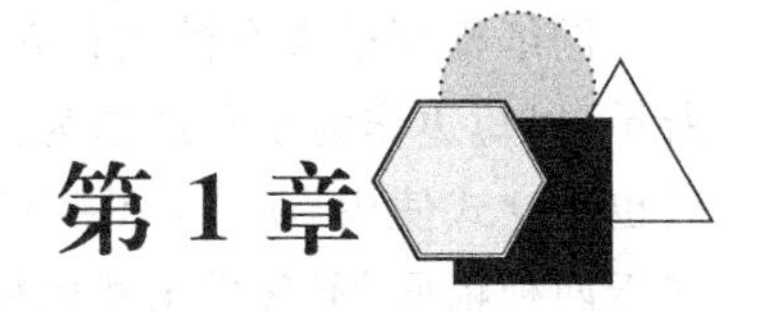

第1章 建筑制图的基本知识

1.1 制图标准

为了使建筑图纸达到规格统一、图面清晰简明，提高绘图效率，保证图面质量，满足设计、施工、管理、存档的要求，建筑制图和识图都必须遵照一个统一的规定——建筑制图标准。

我国现行的建筑制图国家标准有6个，分别是《房屋建筑制图统一标准》(GB/T 50001—2017)、《总图制图标准》(GB/T 50103—2010)、《建筑制图标准》(GB/T 50104—2010)、《建筑结构制图标准》(GB/T 50105—2010)、《建筑给水排水制图标准》(GB/T 50106—2010)、《暖通空调制图标准》(GB/T 50114—2010)。

下面以《房屋建筑制图统一标准》(GB/T 50001—2017)为例，对国家标准的格式进行说明。GB/T是国家标准代号，50001是标准发布的顺序号，2010是标准批准的年份。国家标准分为强制性国标(GB)和推荐性国标(GB/T)。强制性国标是行政法规规定强制执行的国家标准；推荐性国标是自愿采用的、具有指导作用的国家标准。

本节主要介绍《房屋建筑制图统一标准》中图幅、标题栏和会签栏、图线、字体、比例及尺寸标注等内容与规定。

1.1.1 图纸幅面

图纸幅面(简称图幅)是指绘图时所用图纸的大小规格。《房屋建筑制图统一标准》中规定图幅有A0、A1、A2、A3、A4共5种规格，如图1-1所示。

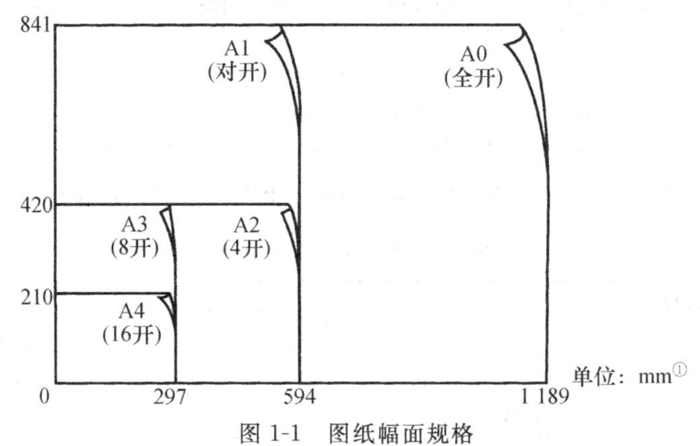

图1-1 图纸幅面规格

① 注：建筑图纸中单位默认为mm，有时省略不写。

图纸幅面通常有横式和立式两种形式。以长边作为水平边的称为横式，如图 1-2(a)所示；以短边作为水平边称为立式，如图 1-2(b)所示。A0～A3 图纸应按横式使用，必要时也可立式使用，而 A4 图纸只立式使用。一个工程设计中，每个专业所使用的图纸不应多于两种幅面(不含目录和表格所使用的 A4 幅面)。

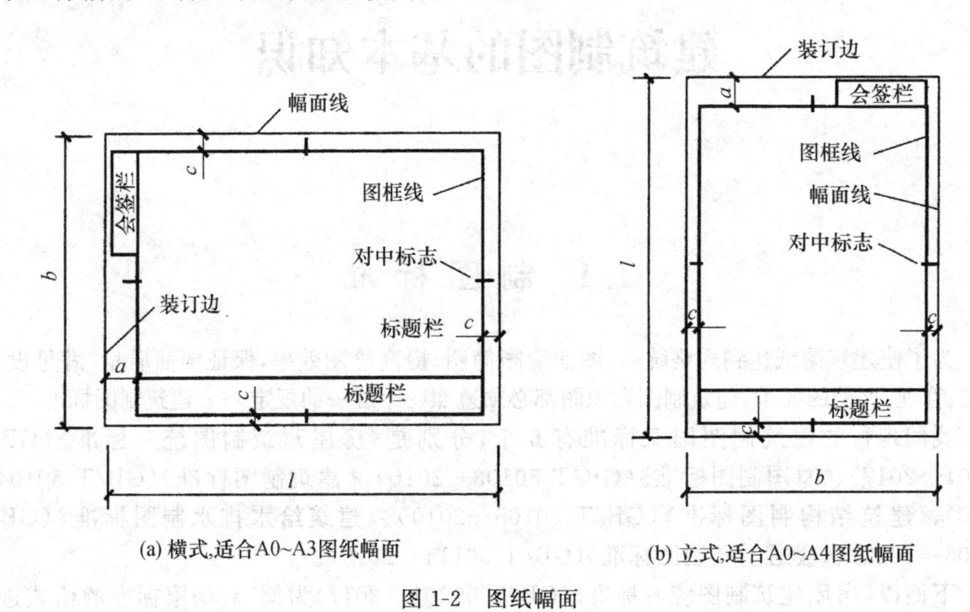

图 1-2　图纸幅面

为了便于对图纸进行微缩复制，可使用对中标志，它是位于四边幅面线中点处的一段实线，线宽为 0.35mm，并伸入图框内，在框外为 5mm。

图框是图纸中限定绘图区域的边界线。画图时必须在图纸上画图框，图框用粗实线绘制，图幅及图框尺寸应符合表 1-1 的规定。

表 1-1　图幅及图框尺寸　　单位：mm

尺寸代号	图幅代号				
	A0	A1	A2	A3	A4
$b\times l$	841×1189	594×841	420×594	297×420	210×297
c	10			5	
a	25				

注：b 和 l 分别表示图幅的宽和长；c 和 a 表示图框边界线到图幅边界线的间距。

图纸的短边不应加长，A0～A3 幅面的长边尺寸可加长，但应符合表 1-2 的规定。

表 1-2　图纸长边加长尺寸　　单位：mm

幅面代号	长边尺寸	长边加长后的尺寸		
A0	1189	1486(A0+1/4l) 1932(A0+5/8l) 2378(A0+l)	1635(A0+3/8l) 2080(A0+3/4l)	1783(A0+1/2l) 2230(A0+7/8l)

续表

幅面代号	长边尺寸	长边加长后的尺寸		
A1	841	1051(A1+1/4l) 1682(A1+l)	1261(A1+1/2l) 1892(A1+5/4l)	1471(A1+3/4l) 2102(A1+3/2l)
A2	594	743(A2+1/4l) 1189(A2+l) 1635(A2+7/4l) 2080(A2+5/2l)	891(A2+1/2l) 1338(A2+5/4l) 1783(A2+2l)	1041(A2+3/4l) 1486(A2+3/2l) 1932(A2+9/4l)
A3	420	630(A3+1/2l) 1261(A3+2l) 1892(A3+7/2l)	841(A3+l) 1471(A3+5/2l)	1051(A3+3/2l) 1682(A3+3l)

注：有特殊需要的图纸，可采用 $b \times l$ 为 841mm×891mm 或 1189mm×1261mm 的幅面。

1.1.2　标题栏和会签栏

1. 标题栏

每张图纸都应在图框的右方或下方设置标题栏(简称图标)，标题栏包括建筑单位名称、注册师签章、项目经理、修改记录、工程名称区、图号区、签字区和会签栏等内容。标题栏应根据工程的需要选择确定其尺寸、格式及分区。标题栏外框线用中粗实线绘制，分格线用细实线绘制，其格式及尺寸分别如图 1-3 所示。

建筑单位名称	注册师签章	项目经理	修改记录	工程名称区	图号区	签字区	会签栏

图 1-3　标题栏

对于学生的制图作业，建议采用如图 1-4 所示的标题栏格式。

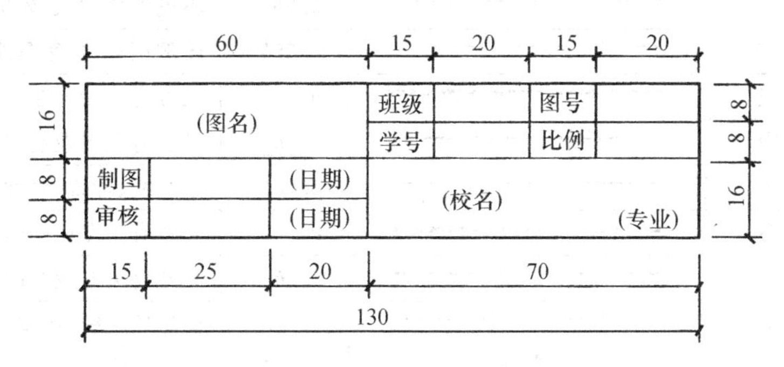

图 1-4　学生作业的标题栏

2. 会签栏

会签栏是为各工种负责人签署专业、姓名、日期用的表格，以便明确其技术职责，如图 1-5 所示。不需会签的图纸可不设会签栏。

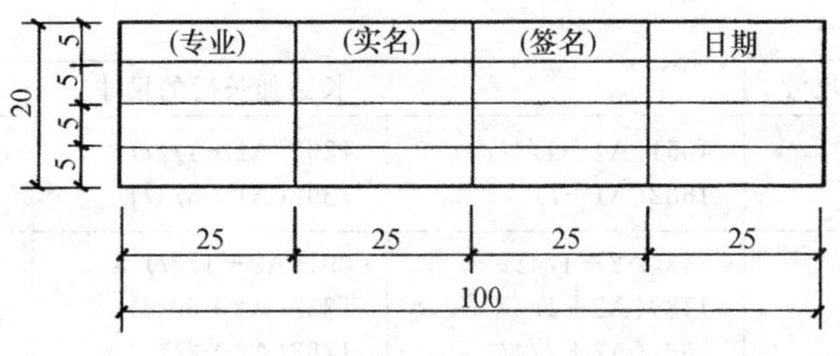

图 1-5　会签栏

1.1.3　图线

在绘制建筑工程图时，为了表达图中的不同内容，必须使用不同的线型和不同粗细的图线。因此制图前必须熟悉图线的种类及用途，掌握各类图线的画法。

1. 线型

建筑制图采用的图线按线型不同可分为实线、虚线、单点长画线、双点长画线、折断线和波浪线；按线宽不同又可分为粗、中、中粗、细。《房屋建筑制图统一标准》(GB/T 50001—2017)中对图线的名称、线型、用途作了明确的规定，如表 1-3 所示。

表 1-3　图线的线型、宽度及用途

名称		线型	线宽	一般用途
实线	粗		b	主要轮廓线
	中粗		$0.7b$	可见轮廓线
	中		$0.5b$	可见轮廓线、尺寸线、变更云线
	细		$0.25b$	图例填充线、家具线
虚线	粗		b	见各有关专业制图标准
	中粗		$0.7b$	不可见轮廓线
	中		$0.5b$	不可见轮廓线、轮廓线
	细		$0.25b$	图例填充线、家具线
点画线	粗		b	见各有关专业制图标准
	中		$0.5b$	见各有关专业制图标准
	细		$0.25b$	中心线、轴线、对称线等
双点画线	粗		b	见各有关专业制图标准
	中		$0.5b$	见各有关专业制图标准
	细		$0.25b$	假想轮廓线、成型前原始轮廓线
折断线			$0.25b$	断开界线
波浪线			$0.25b$	断开界线

2. 线宽

在《房屋建筑制图统一标准》(GB/T 50001—2017)中规定，图线的宽度 b 宜从下列线宽(单位：mm)中选取：1.4、1.0、0.7、0.5、0.35、0.25、0.18、0.1。每个图样应根据图样

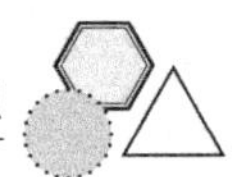

复杂程度与比例大小先确定基本线宽 b，再选用表 1-4 中的相应线宽组。

表 1-4　线宽组　　单位：mm

线宽比	线宽组			
b	1.4	1.0	0.7	0.5
$0.7b$	1.0	0.7	0.5	0.35
$0.5b$	0.7	0.5	0.35	0.25
$0.25b$	0.35	0.25	0.18	0.13

注：

(1) 需要微缩的图纸，不应采用 0.18mm 及更细的线宽。

(2) 同一张图纸内，各不相同线宽中的细线，可统一采用较细的线宽组中的细线。

对于图纸的图框线、标题栏外框线和标题栏分格线，可采用表 1-5 所示的线宽。

表 1-5　图框线、标题栏外框线和标题栏分格线的线宽

幅面代号	图框线	标题栏外框线	标题栏分格线
A0、A1	b	$0.5b$	$0.25b$
A2、A3、A4	b	$0.7b$	$0.35b$

【例 1-1】 图 1-6 所示为一幅建筑平面图(局部)，从中可以看出各类线型及其应用。

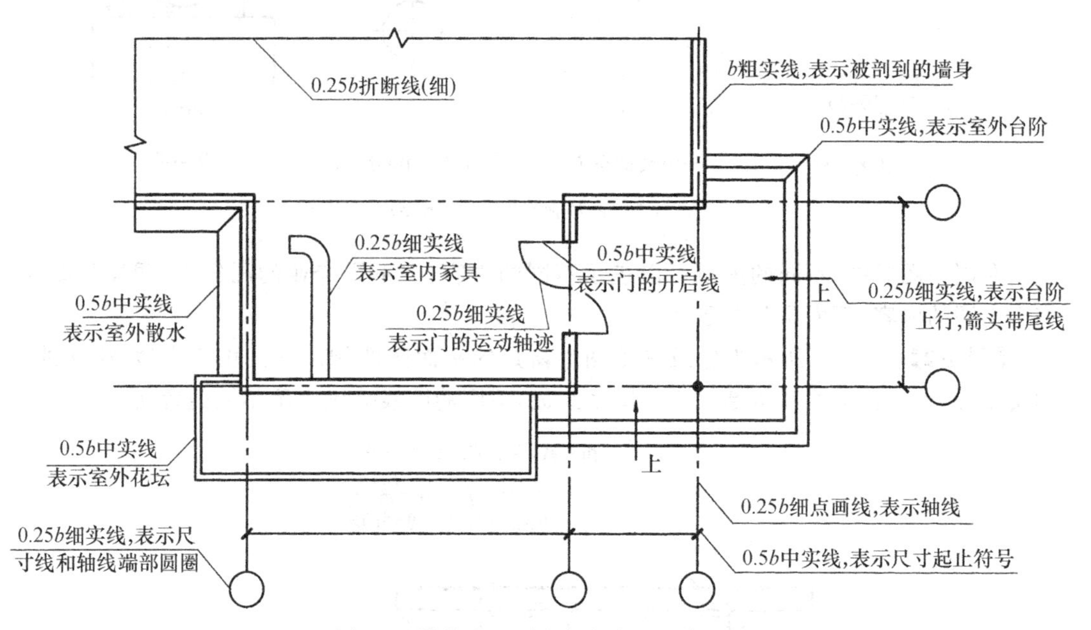

图 1-6　建筑平面图中各类线型及其应用

3. 图线画法

常用图线的画法如下。

(1) 同一张图纸内，相同比例的图样应选用相同的线宽组。

(2) 相互平行的图例线，它们的间隙不小于 0.2mm。

(3) 虚线、单点长画线和双点长画线的线段长度与间隔,应分别相等。

(4) 对于单点长画线和双点长画线,当在较小图形中绘制有困难时,可用实线代替。

(5) 单点画线和双点画线的两端,不应是点。点画线与点画线交接或点画线与其他图线交接时,应用线段连接。

(6) 虚线与虚线交接或虚线与其他图线交接时,应是线段交接。虚线为实线的延长线时,不得与实线连接。

(7) 图线不得与文字、数字或符号重叠、混淆;不可避免时,应首先保证文字、数字等的清晰。

图线的基本画法如图 1-7 所示。

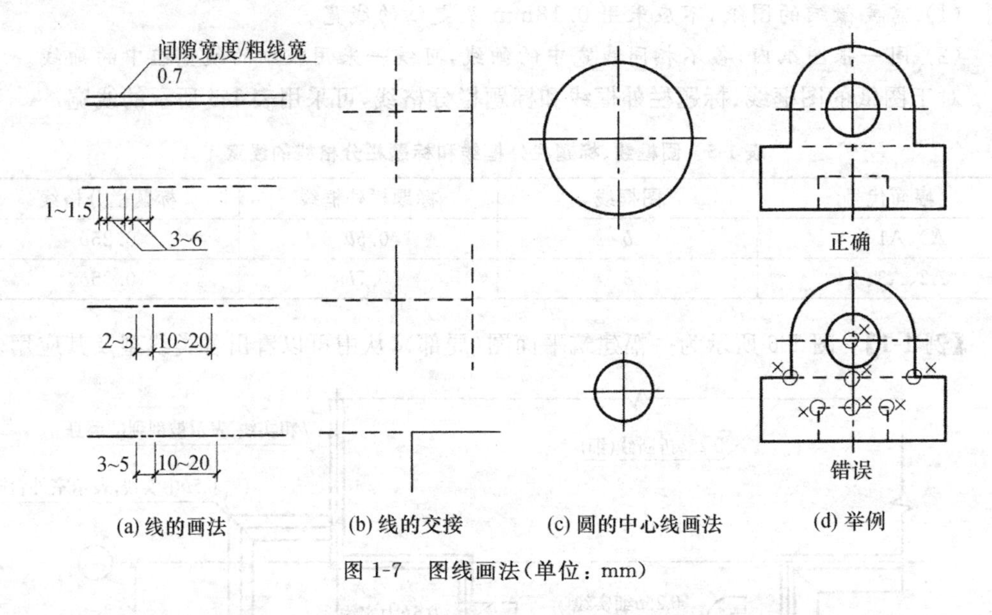

图 1-7　图线画法(单位: mm)

在同一图样中,不同的图线可以表示不同的内容;在不同专业的图样中,同样的图线表示不同的内容,下面是几个示例。

【例 1-2】 图 1-8 所示为建筑施工图中窗户的平面图图例。该图由粗实线、中实线、细实线、细单点长画线和折断线 5 种图线组成,不同的图线分别表示不同的含义。

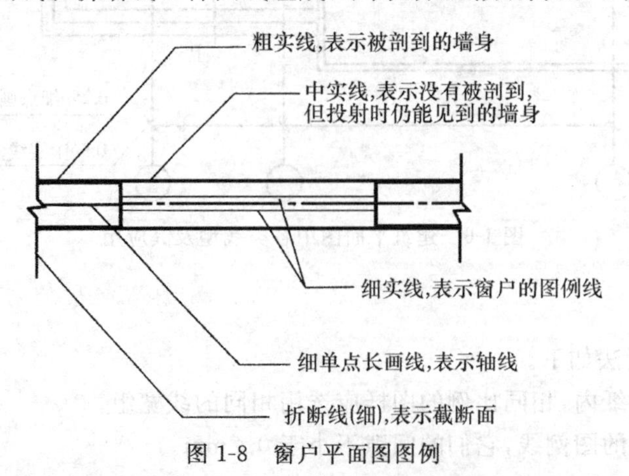

图 1-8　窗户平面图图例

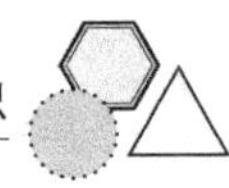

【例 1-3】 图 1-9 所示为建筑施工图中悬窗的平面图图例。悬窗是位置较高的窗，是剖切平面上方的窗，因此，它只有粗实线，没有中实线。最重要的是窗户的图例线是虚线，而不是实线。

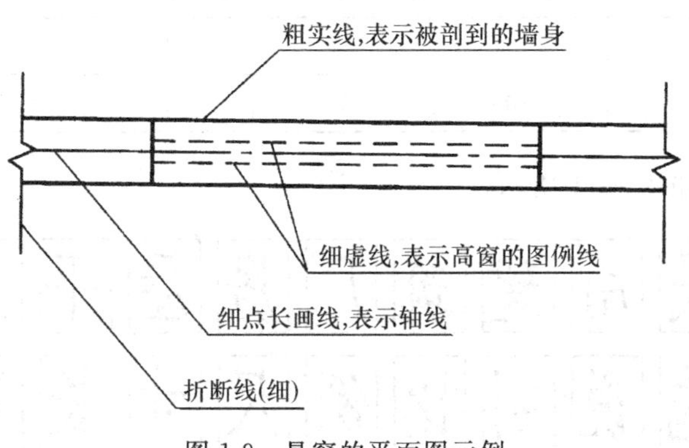

图 1-9　悬窗的平面图示例

【例 1-4】 图 1-10 所示为结构施工图中钢筋混凝土梁的断面图。从图中可以看出，梁的外轮廓线用细实线表示，而用粗实线表示的是钢筋，这和建筑施工图是完全不同的。

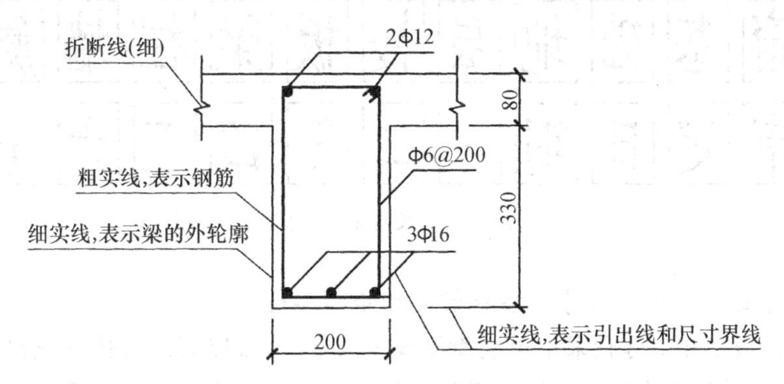

图 1-10　梁的断面图(单位：mm)

1.1.4　字体

建筑工程图上的字体有汉字、拉丁字母、阿拉伯数字、罗马数字和希腊字母等，这些字体应书写工整，笔画清晰，排列整齐，标点符号清楚正确。字体书写练习要持之以恒，多看、多摹、多写，应严格认真、反复刻苦地练习，熟能生巧，自然能熟练掌握。

1. 汉字

国标规定图样上及说明中的汉字，应采用长仿宋体(矢量字体)或黑体，同一图纸字体种类不要超过两种。

长仿宋体书写要领：笔画粗细一致，排列整齐，起落分明，顿挫有力，笔锋外露，清晰好认。

汉字的字高用字号来表示，如 5 号字的字高为 5mm。字高(单位：mm)系列标准有 3.5、5、7、10、14、20 等。当需要写更大的字体时，字高应按比例递增。此外，书写各种大小的长仿宋体字时，其高度和宽度关系应符合表1-6的规定；书写黑体字时，其宽度与高度应相同。大标题、图册封面、地形图等汉字，也可书写成其他字体，但应便于辨认。

表1-6 长仿宋字高度和宽度的关系 单位：mm

字高	20	14	10	7	5	3.5
字宽	14	10	7	5	3.5	2.5

长仿宋字示例如图1-11所示。

图1-11 长仿宋字示例

2. 拉丁字母、阿拉伯数字、罗马数字和希腊字母

图样中的数字和字母宜采用单线简体或罗马字体，可以写成直体字或斜体字。如需写成斜体字，则其斜度应从字的底线逆时针向上倾斜75°。斜体字的高度和宽度应与相应的直体字相等，如图1-12所示。数字和字母的字高不应小于2.5mm。

1.1.5 比例

在建筑工程图样中，大到整体建筑，小到局部具体的构造等，都要在图样上准确地表示出来。而实际的建筑和构造的大小都与图幅尺寸相差太大，所以需要通过比例进行不变形地缩小或放大，再绘制到图纸上。

比例是建筑图纸中的图形尺寸与实物尺寸之比。比例的大小就是比例值的大小，用阿拉伯数字表示。例如某建筑物的结构尺寸为25m，画在工程图纸上的长度为0.25m，则该图纸的比例如下：

比例＝图纸上线段的长度：实物上对应线段的长度＝0.25：25＝1：100

比值大于1的比例称为放大比例，比值小于1的比例称为缩小比例。例如，比例为1：10，表示图纸所画物体的实际尺寸为图纸所画尺寸的10倍。

图1-13所示为采用不同比例绘制的图形，图样上标注的尺寸必须为实际尺寸。比例

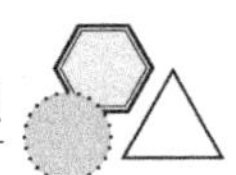

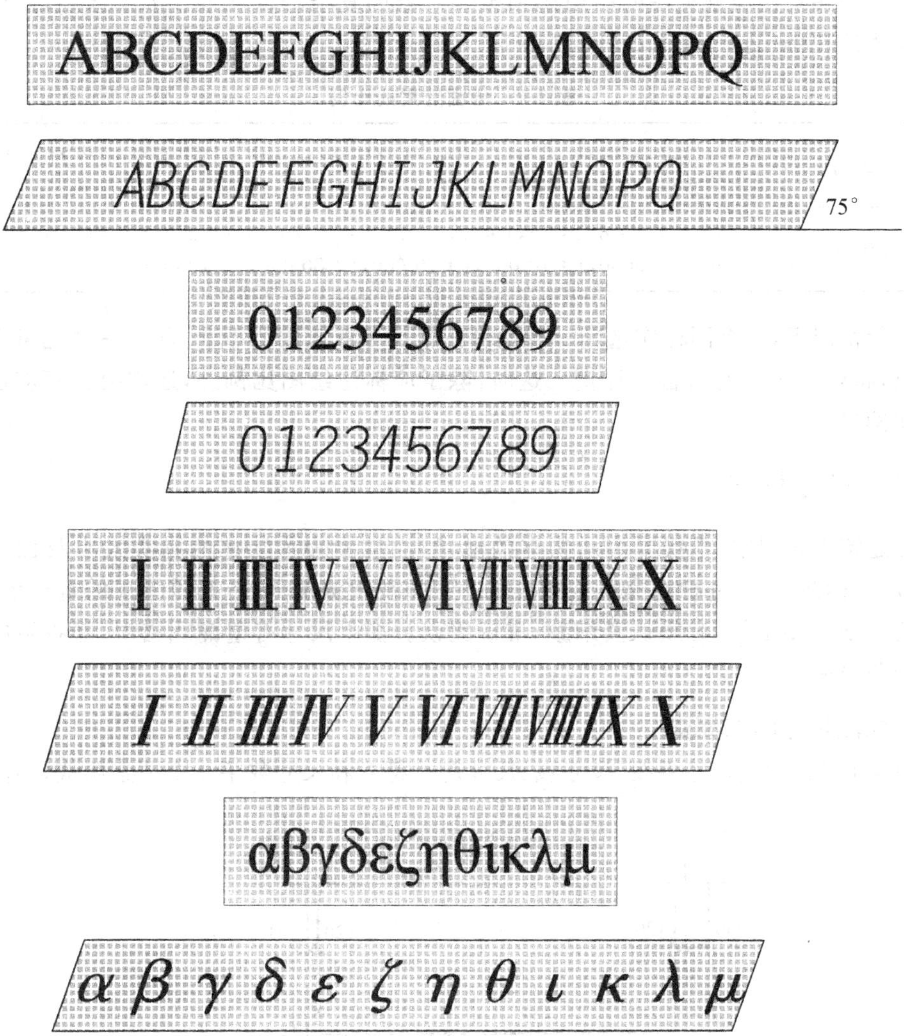

ABCDEFGHIJKLMNOPQ
ABCDEFGHIJKLMNOPQ
75°
0123456789
0123456789
Ⅰ Ⅱ Ⅲ Ⅳ Ⅴ Ⅵ Ⅶ Ⅷ Ⅸ Ⅹ
Ⅰ Ⅱ Ⅲ Ⅳ Ⅴ Ⅵ Ⅶ Ⅷ Ⅸ Ⅹ
αβγδεζηθικλμ
α β γ δ ε ζ η θ ι κ λ μ

图 1-12　数字和字母

宜注写在图名的右侧，字的基准应取平。比例的字高应比图名的字高小一号或二号，如图 1-14 所示。

100
1:1
100
1:2
100
1:3

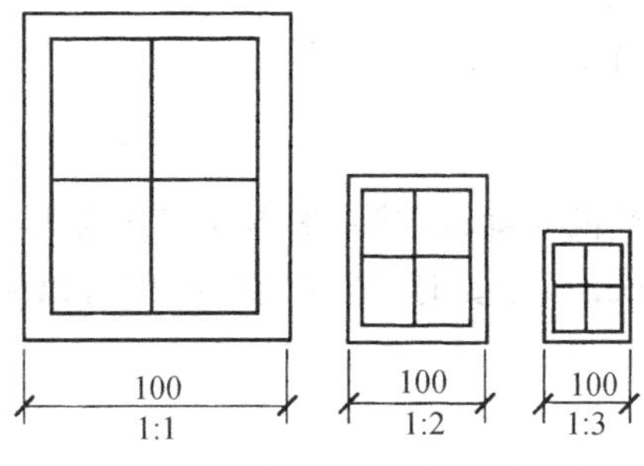

图 1-13　3 种不同比例的图形

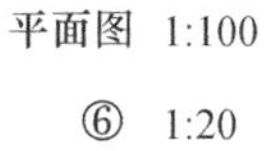

平面图 1:100
⑥ 1:20

图 1-14　比例的注写

绘图所用比例应根据图样的用途和被绘对象的复杂程度从表 1-7 中选用，并应优先选用常用的比例尺。

表 1-7　绘图选用的比例

常用比例	1∶1,1∶2,1∶5,1∶10,1∶20,1∶30,1∶50,1∶100,1∶150,1∶200,1∶500,1∶1000,1∶2000
可用比例	1∶3,1∶4,1∶6,1∶15,1∶25,1∶40,1∶60,1∶80,1∶250,1∶300,1∶400,1∶600,1∶5000,1∶10 000,1∶20 000,1∶50 000,1∶100 00

一般情况下，一个图样应选用一种比例。根据专业制图的需要，同一图样也可选用两种比例，特殊情况下也可自选比例。这时，除了应标注绘图比例外，还需要在相应位置绘制出比例尺。

1.1.6　尺寸标注

在建筑工程图中，不仅要表示物体的形状，而且要表示物体的真实大小及位置关系（称为尺寸标注）。尺寸标注是构成图样的一个重要组成部分，是建筑施工的重要依据，是制图的一项重要工作，必须认真细致，准确无误。如果尺寸有遗漏或错误，必将给施工造成困难和损失。

1. 标注尺寸的四要素

图样上的尺寸由尺寸界线、尺寸线、尺寸起止符号和尺寸数字 4 个要素组成，如图 1-15 所示。

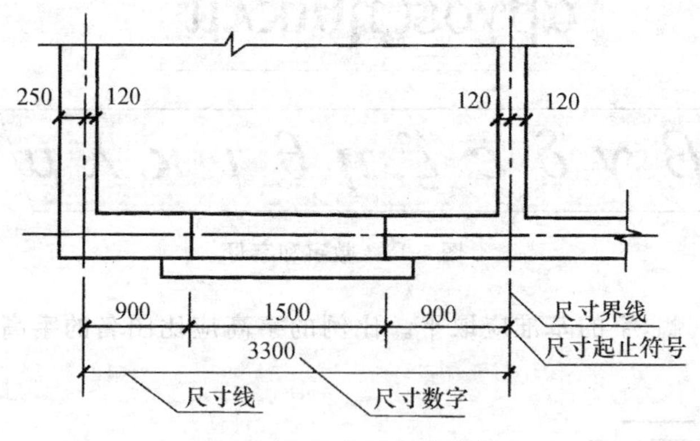

图 1-15　尺寸组成四要素

1）尺寸界线

尺寸界线用细实线绘制，应垂直于所要标注的轮廓线，其一端离开图样轮廓线的距离不小于 2mm，另一端应超出最外尺寸线 2～3mm。必要时，图样轮廓线也可以用作尺寸界线。

2）尺寸线

尺寸线用细实线绘制，应与所要标注的轮廓线平行，且不能超出尺寸界线。尺寸线与图样最外轮廓线的间距不应小于 10mm。平行排列的尺寸线的间隔应为 7～10mm，尺寸

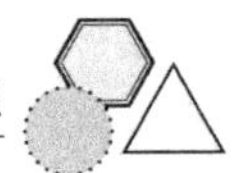

线应从所要标注的轮廓线由近向远整齐排列，较小尺寸离轮廓线近，较大尺寸离轮廓线远。

3) 尺寸起止符号

尺寸起止符号用中粗斜短线绘制，其倾斜方向应与尺寸界线成顺时针 45°，长度为 2～3mm，如图 1-15 所示。半径、直径、角度和弧长的尺寸起止符号应该用箭头表示，箭头的画法如图 1-16 所示。

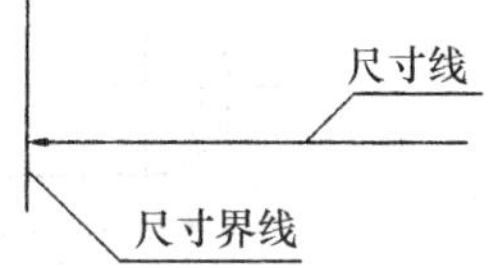

图 1-16　箭头的画法

4) 尺寸数字

尺寸数字必须用阿拉伯数字注写。图样上的尺寸应以尺寸数字为准，不得从图上直接量取。图样上的尺寸单位，除标高和总平面图以 m 为单位外，其他必须以 mm 作为单位。

尺寸数字的方向，应按照图 1-17(a)中所示的规定注写。若尺寸数字在 30°斜线区内，也可按照图 1-17(b)所示方式注写。

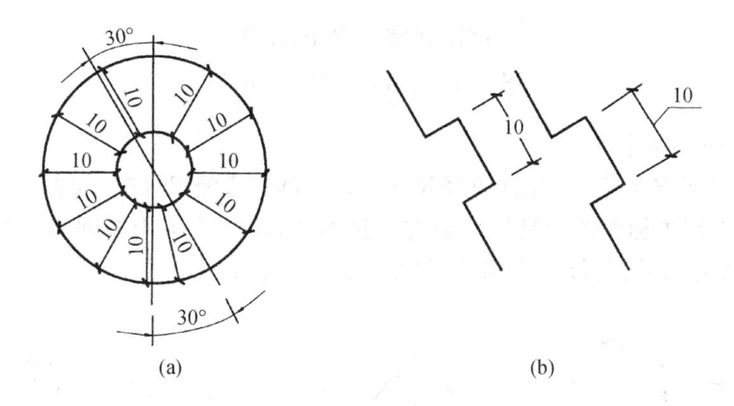

图 1-17　尺寸数字的注写方向

尺寸数字一般应根据其方向注写在靠近尺寸线上方的中部。如果没有足够的注写位置，最外边的尺寸数字可注写在尺寸界线的外侧。中间相邻的尺寸数字可上下错开注写，引出线端部用圆点表示标注尺寸的位置，如图 1-18(a)所示。尺寸应标注在图样轮廓线以外，不得与图线、文字及符号相交，如图 1-18(b)所示。

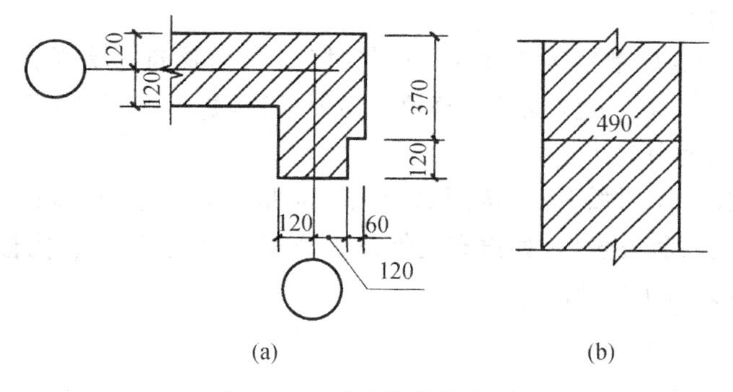

图 1-18　尺寸数字的注写

2. 半径、直径的尺寸标注

1）半径的尺寸标注

标注半径时，应在半径数字前加注半径符号 R。半径尺寸的标注方法如图 1-19 所示。

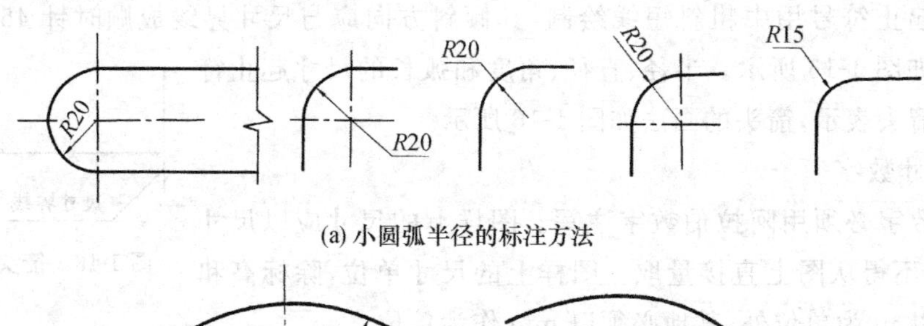

(a) 小圆弧半径的标注方法

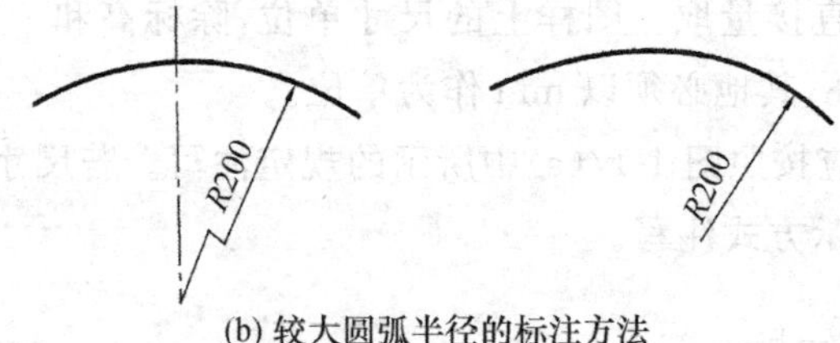

(b) 较大圆弧半径的标注方法

图 1-19　半径尺寸的标注方法

2）直径的尺寸标注

圆及大于半圆的圆弧，应标注直径尺寸。标注圆的直径尺寸时，应在直径数字前加注直径符号 ϕ。在圆内标注的直径尺寸线应通过圆心，两端箭头指向圆弧，如图 1-20(a)所示；较小圆的直径尺寸，可标注在圆外，如图 1-20(b)所示。

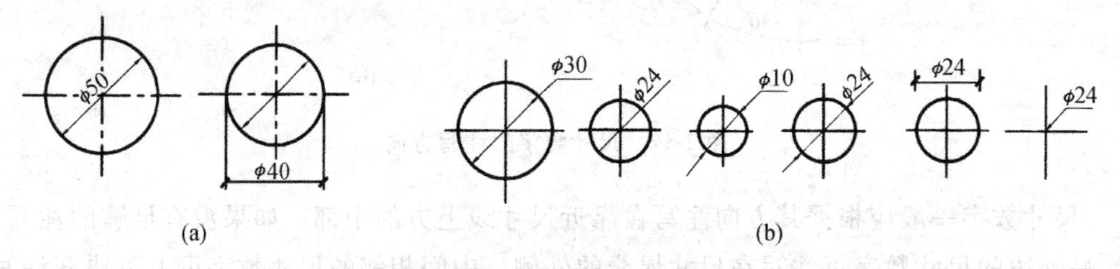

图 1-20　直径尺寸的标注方法

3. 坡度、角度的尺寸标注

1）坡度的尺寸标注

标注坡度时，在坡度数字下应加注坡度符号"←——"，该符号为单面箭头，应指向下坡方向，如图 1-21(a)所示。坡度也可用直角三角形标注，如图 1-21(b)所示。

2）角度的尺寸标注

角度的尺寸线应以圆弧表示，该圆弧的圆心应是该角的顶点，角的两边为尺寸界线。角度的起止符号应以箭头表示，如没有足够位置画箭头，可以用圆点代替。角度数字应按尺寸线方向标注，如图 1-22 所示。

4. 弧长、弦长的尺寸标注

1）弧长的尺寸标注

标注圆弧的弧长时，尺寸线应用与该弧同心的圆弧线表示，尺寸界线应指向圆心，起

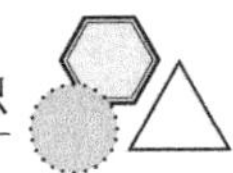

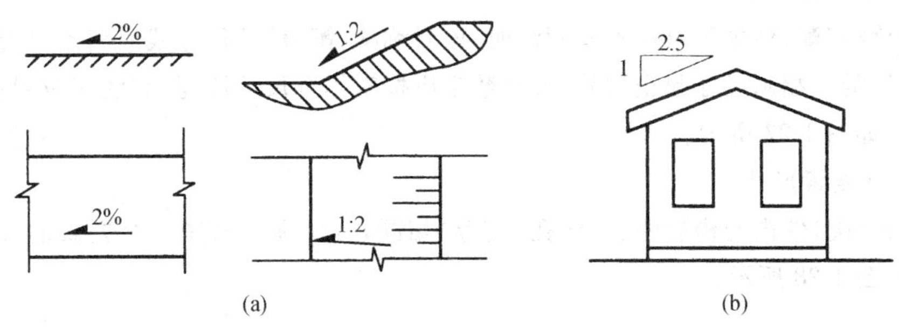

图 1-21　坡度的标注方法

止符号应用箭头表示，弧长数字的上方应加注圆弧符号“⌒”，如图 1-23 所示。

2）弦长的尺寸标注

标注圆弧的弦长时，尺寸线应用平行于该弦的直线表示，尺寸界线应垂直于该弦，起止符号应用中粗斜短线表示，如图 1-24 所示。

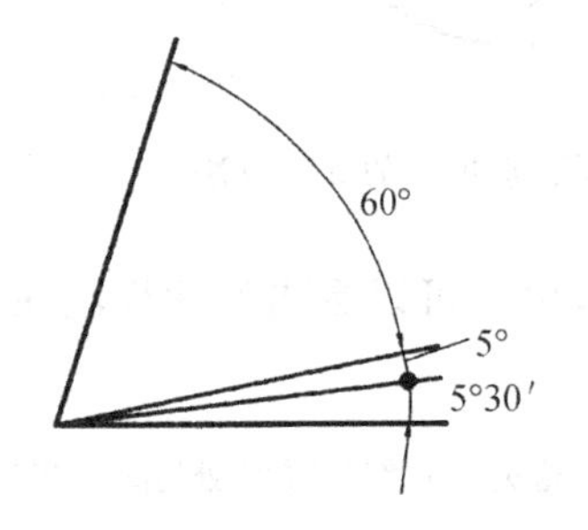

图 1-22　角度的尺寸标注

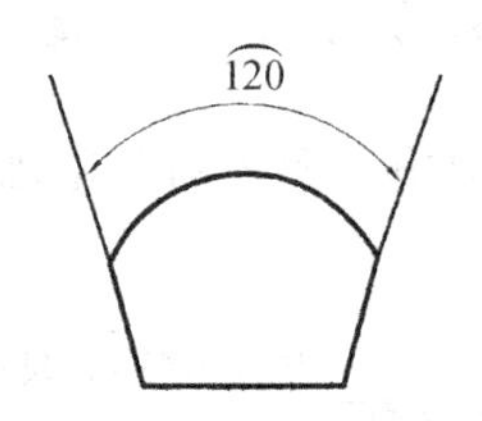

图 1-23　弧长的标注方法

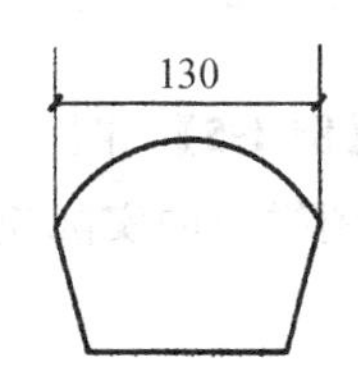

图 1-24　弦长的标注方法

5. 尺寸的简化标注

1）单线图尺寸

在单线图(如桁架简图、钢筋简图、管线简图等)中，可直接将构件或管线的尺寸数字沿杆件或管线的一侧注写，如图 1-25 所示。

2）连续排列等长尺寸

连续排列等长尺寸可用“个数×等长＝总长”的形式标注，如图 1-26 所示。

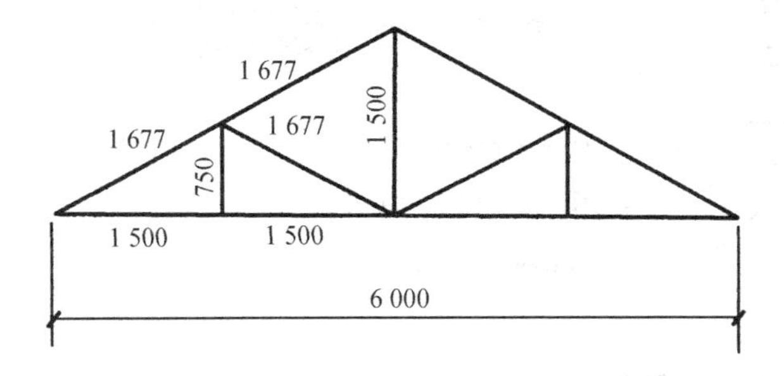

图 1-25　单线图尺寸的标注方法

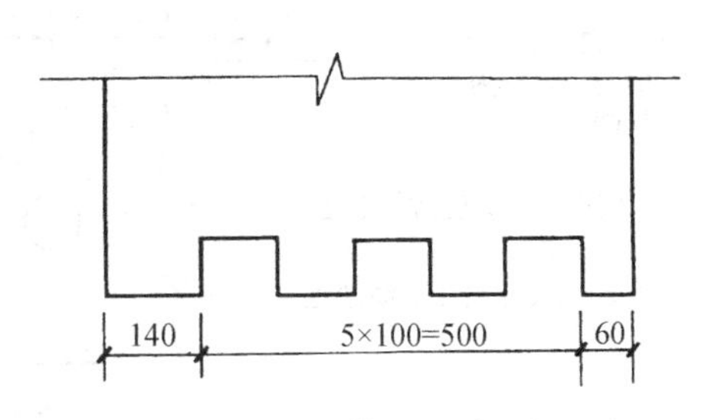

图 1-26　连续排列等长尺寸的标注方法

3）对称构（配）件尺寸

当对称构（配）件采用对称省略画法时，该对称构（配）件的尺寸线应略超过对称符号，仅在尺寸线的一端画尺寸起止符号，尺寸数字应按整体全尺寸注写，其注写位置应与对称符号对齐，如图 1-27 所示。

4）相同要素尺寸

如果构（配）件内的构造要素（如孔、槽等）相同，可仅标注其中一个要素的尺寸，并注写个数，如图 1-28 所示。

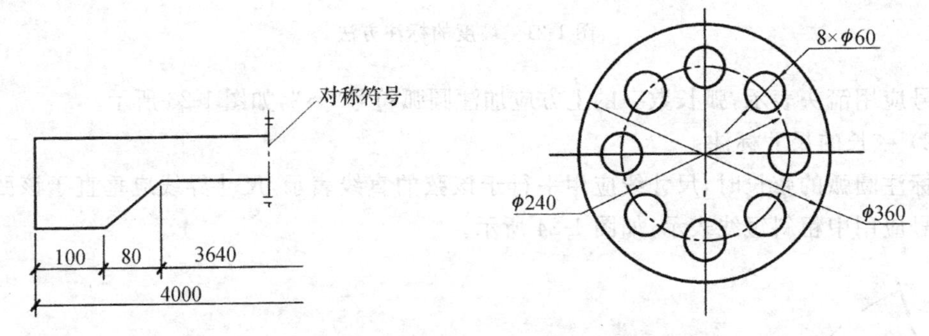

图 1-27　对称构（配）件尺寸的标注方法　　图 1-28　相同要素尺寸的标注方法

【例 1-5】 图 1-29 所示为结构施工图中的某基础断面图，由图可以看出尺寸标注在建筑图样中的实际应用。

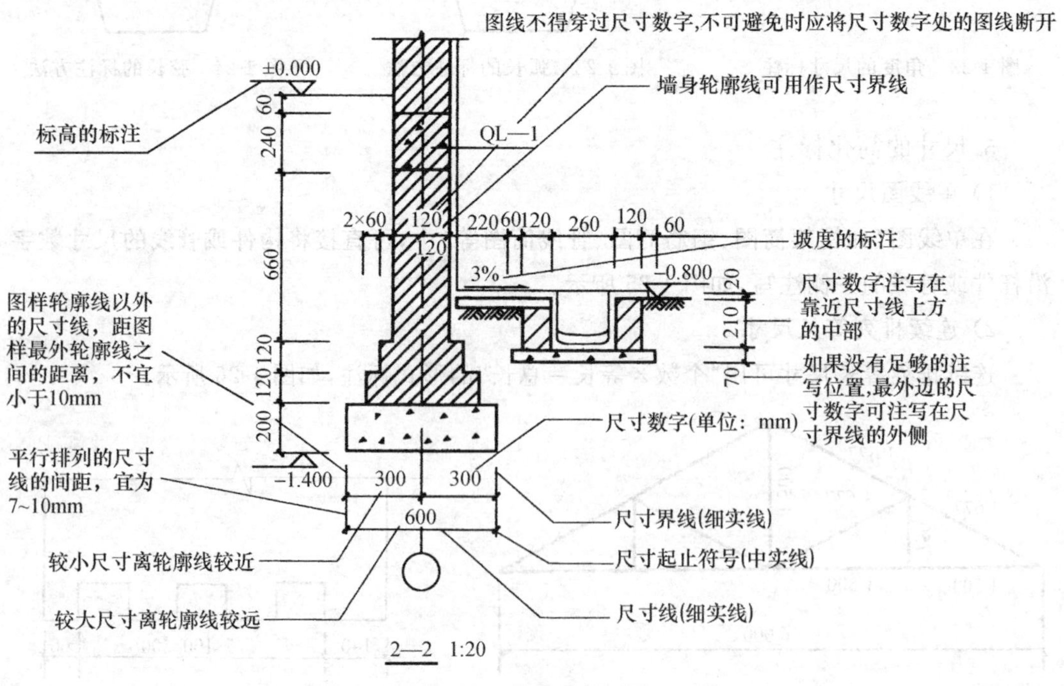

图 1-29　某基础断面图

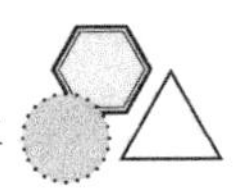

1.2　制图工具及使用

“工欲善其事，必先利其器。”正确使用绘图工具，既能保证绘图质量，又能提高绘图速度。同时，这也是计算机绘图的基本前提。下面介绍几种常用的绘图工具及使用方法。

1.2.1　图板、丁字尺、三角板

1. 图板和丁字尺

图板是供画图时使用的垫板，要求表面平坦光洁，左右两导边必须平直。

丁字尺由尺头和尺身组成，它是用来画水平线的长尺。使用时，应使尺头紧靠图板左侧的导边，沿尺身的工作边自左向右画出水平线。

注意： *尺头不能紧靠图板的其他边缘滑动而画线；丁字尺不用时应悬挂起来（尺身末端有小圆孔），以免尺身翘起变形。*

图板和丁字尺的使用方法如图 1-30 所示。

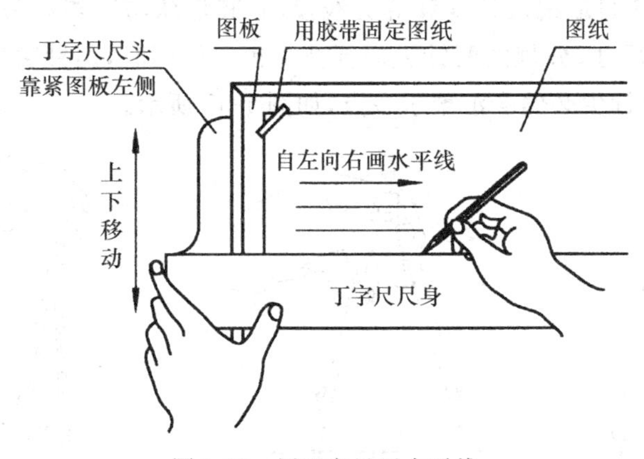

图 1-30　用丁字尺画水平线

2. 三角板

一套三角板是由一块 45°角的直角等边三角板和一块 30°、60°角的直角三角板组成，可配合丁字尺画铅垂线和与水平线成 15°、30°、45°、60°、75°的斜线及其平行线，如图 1-31 所示。

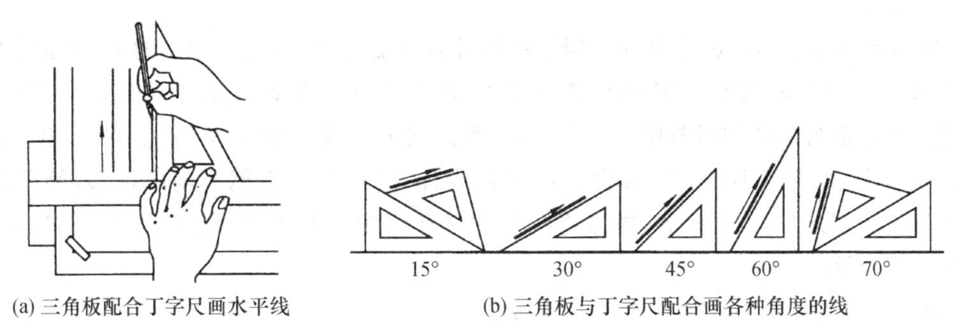

(a) 三角板配合丁字尺画水平线　　(b) 三角板与丁字尺配合画各种角度的线

图 1-31　三角板与丁字尺的使用方法

1.2.2 圆规、分规

1. 圆规

圆规是画圆和圆弧的工具。圆规的一支腿上装插针,另一支腿上装铅芯或鸭嘴笔,使用时应使插针、笔尖都与纸面垂直,如图 1-32 所示。

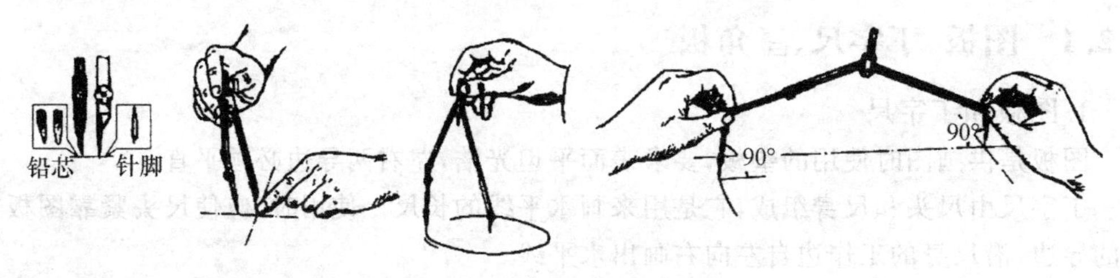

图 1-32 圆规的用法

2. 分规

分规主要是用来量取线段长度和等分线段的,其形状与圆规相似,但两腿都是钢针。为了能准确地量取尺寸,分规的两针尖应保持尖锐。使用时,两针尖应调整到平齐,即当分规两腿合拢后,两针尖必然会汇聚于一点,如图 1-33 所示。

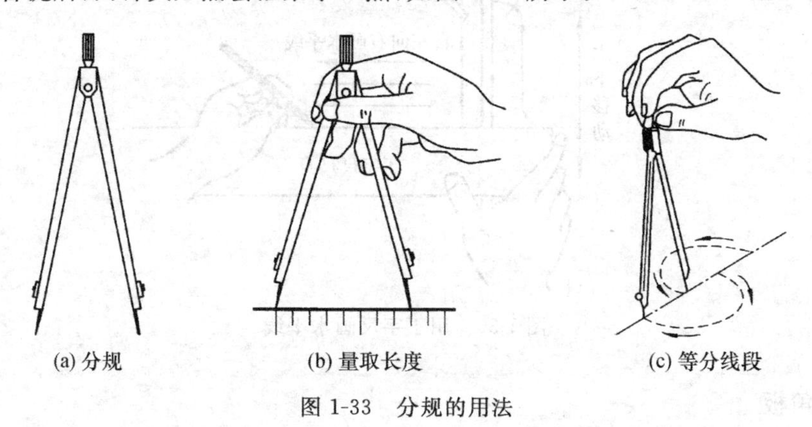

(a) 分规　　(b) 量取长度　　(c) 等分线段

图 1-33 分规的用法

1.2.3 铅笔和绘图笔

1. 铅笔

铅笔是用来画图线或写字的。铅笔的铅芯有软硬之分,铅笔上标注的 H 表示铅芯的硬度,B 表示铅芯的软度,HB 表示软硬适中,B、H 前的数字越大表示铅笔越软或越硬,6H 和 6B 分别为最硬和最软的。绘图时,一般采用 H、2H 画细实线、细点画线,用 HB 写汉字、标注尺寸,用 HB、B、2B 加深。画底稿线、注写文字的铅笔应削成锥形,笔芯露出 6～10mm,如图 1-34(a)所示;描深粗线用的铅笔宜削成扁方形,笔芯露出约 10mm,如图 1-34(b)所示。

注意:铅笔应从无硬度标示的一端削起。

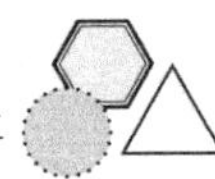

2. 绘图笔

绘图笔如图 1-35 所示，因头部装有带通针的针管，又称针管笔，能吸存碳素墨水，使用较方便。针管笔分不同粗细型号，可画出不同粗细的图线，通常用的笔尖有粗(0.9mm)、中(0.6mm)、细(0.3mm)三种规格，用来画粗、中、细三种线型。

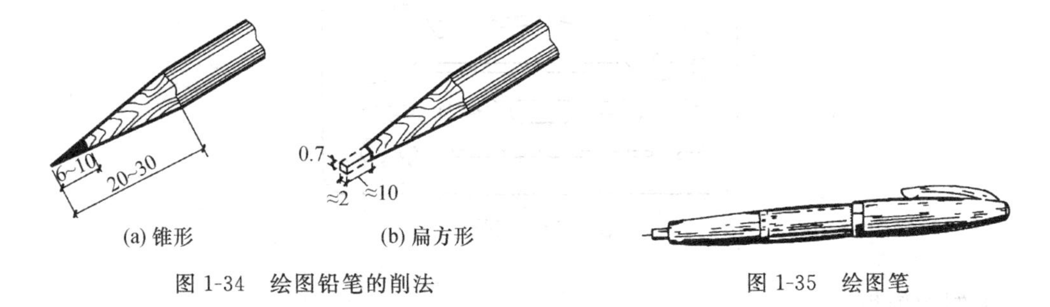

(a) 锥形　(b) 扁方形

图 1-34　绘图铅笔的削法

图 1-35　绘图笔

1.2.4　比例尺和曲线板

1. 比例尺

比例尺是用来按一定比例量取长度的专用量尺，可放大或缩小尺寸，如图 1-36 所示。常用的比例尺因外形为三棱柱体，上有六种不同的比例，也称为三棱尺。画图时可按所需比例，用尺上标注的刻度直接量取而不需换算。如按 1∶100 比例，画出实际长度为 2m 的图线，可在比例尺上找到 1∶100 刻度的一边，直接量取相应刻度即可，这时，图上画出的长度是 20mm。

2. 曲线板

曲线板是用来描绘非圆曲线的工具。常用的曲线板如图 1-37 所示。

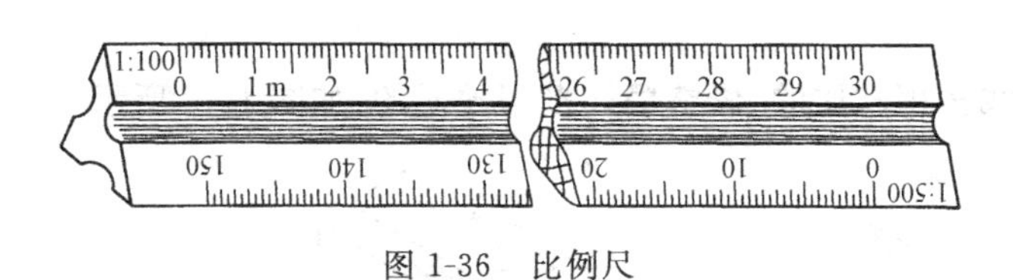

图 1-36　比例尺

图 1-37　曲线板

1.2.5　其他绘图用品

1. 图纸

图纸有绘图纸和描图纸两种。

绘图纸：用于画铅笔图或墨线图，要求纸面洁白、质地坚实。图纸有正反面之分，绘图前可用橡皮擦拭来检验其正反面，擦拭起毛严重的一面为反面。

描图纸(硫酸纸)：专门用于绘图笔的描绘作图，并以此复制蓝图，要求其透明度好、表面平整挺括。

2. 擦图片

擦图片是用于修改图线的，形状如图 1-38 所示，其材质多为不锈钢片。

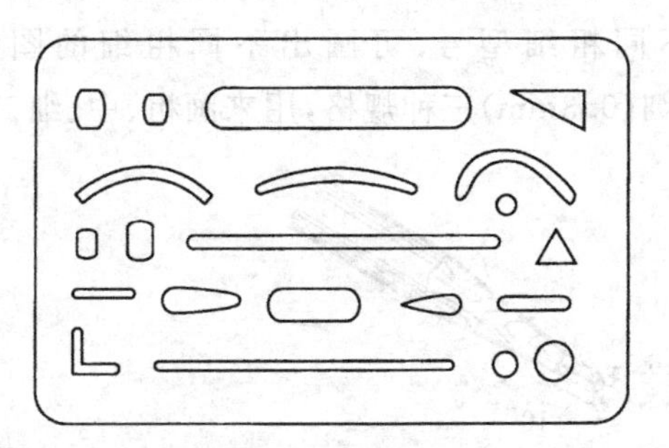

图 1-38　擦图片

3. 制图模板

目前有很多专业型的模板，如建筑模板（图 1-39）、结构模板、轴测图模板、数字模板等。

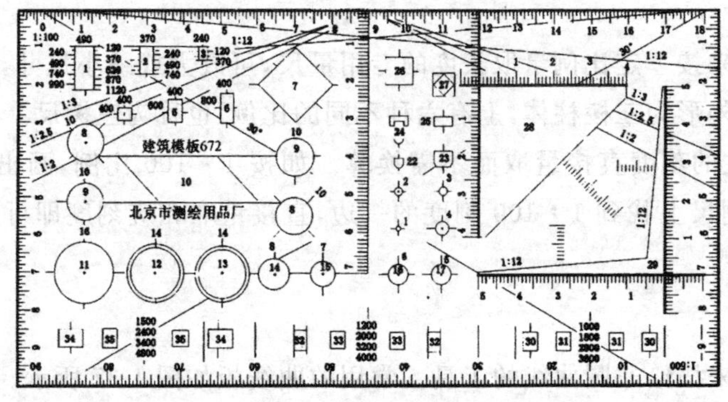

图 1-39　建筑模板

4. 橡皮

橡皮有软硬之分。修整铅笔线多用软质的，修整墨线多用硬质的，如图 1-40 所示。

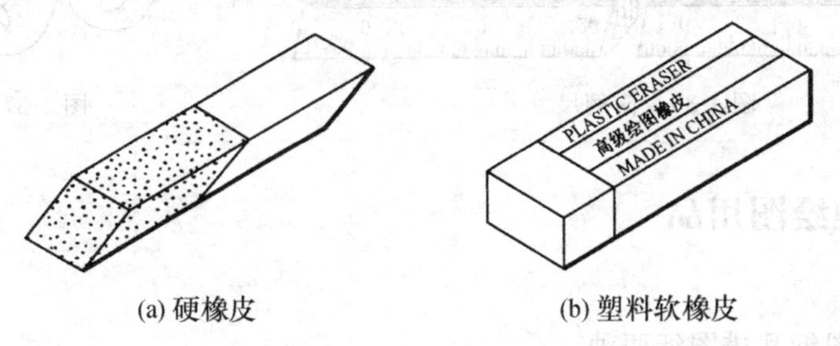

(a) 硬橡皮　　(b) 塑料软橡皮

图 1-40　橡皮

5. 其他

除上述用品外，绘图时还需要小刀、胶带纸、量角器等。

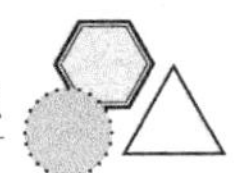

1.3 几何作图

几何作图在建筑制图中应用甚广，下面介绍几种常用的几何作图方法。

(1) 将直线段分为任意等份——以五等份为例(图 1-41)。

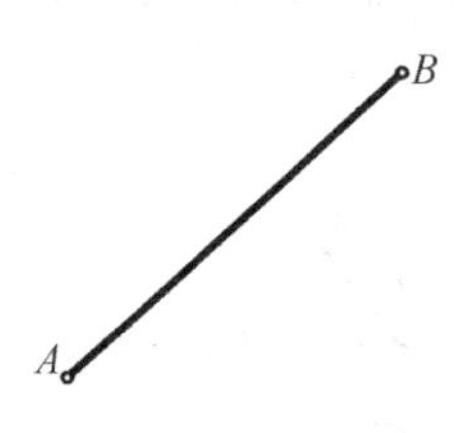

(a) 已知直线段AB

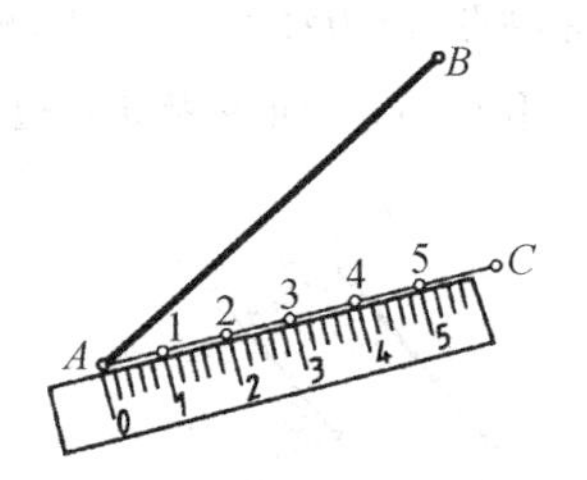

(b) 过点A作任意直线AC，用直尺在AC上从点A起截取任意长度的五等份，得1、2、3、4、5点

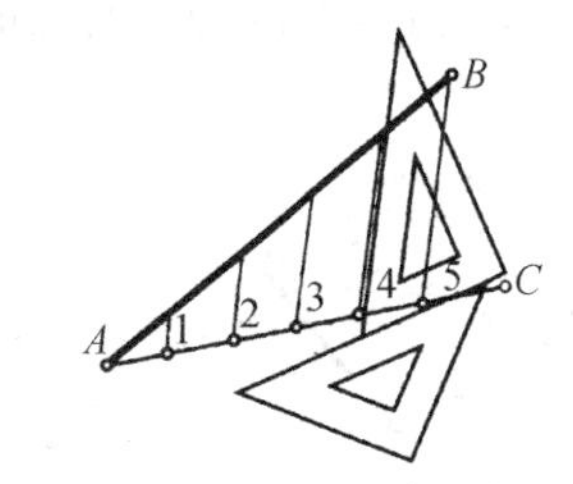

(c) 连B5，然后过其他点分别作直线平行于B5，并交AB于四个等分点，即为所求

图 1-41　等分线段 AB 为 5 份

(2) 将两平行线之间的距离分为任意等份——以五等份为例(图 1-42)。

(a) 已知平行线AB和CD

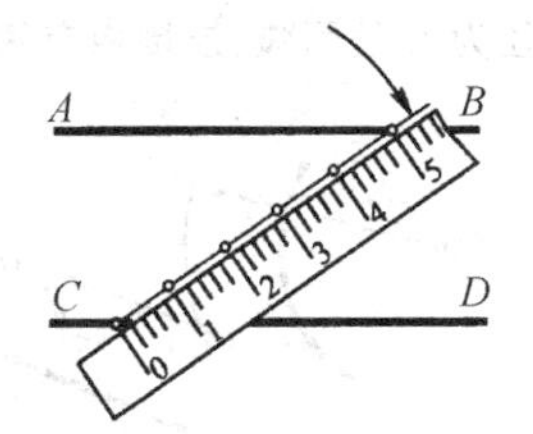

(b) 置直尺0点于CD上，摆动尺身，使刻度5落在AB上，得1、2、3、4各等分点

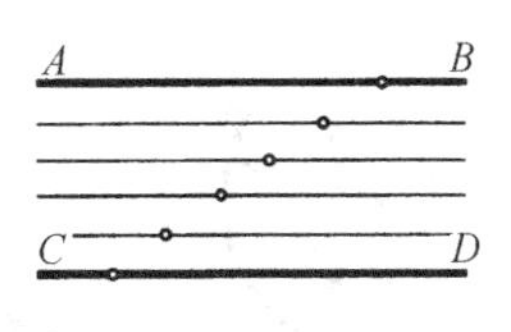

(c) 过各等分点作AB(或CD)的平行线，即为所求

图 1-42　将两平行线 AB 和 CD 之间的距离分为五等份

(3) 作已知圆的内接正五边形(图 1-43)。

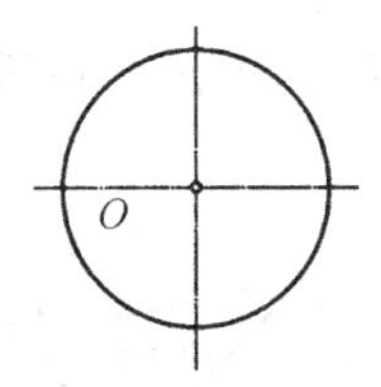

(a) 已知圆的圆心为O

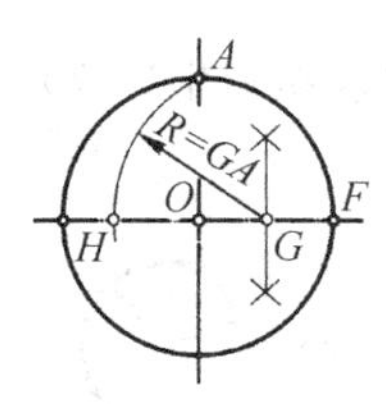

(b) 作出半径OF的等分点G。以G为圆心、GA为半径作圆弧，交直径于点H

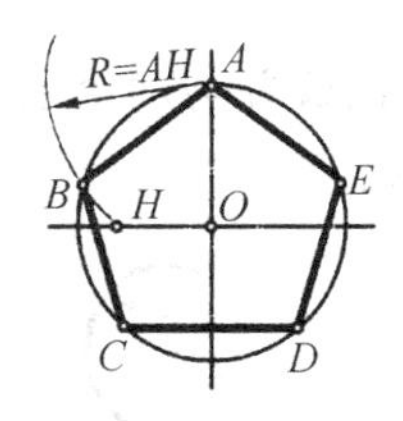

(c) 以AH为半径，将圆周分为五等份。顺序连各等分点A、B、C、D、E，即为所求

图 1-43　作圆 O 的内接正五边形

(4) 作已知圆的内接正六边形(图 1-44)。

(5) 作圆弧并与相交的两条直线连接(图 1-45)。

(6) 作圆弧并与一直线和一圆弧连接(图 1-46)。

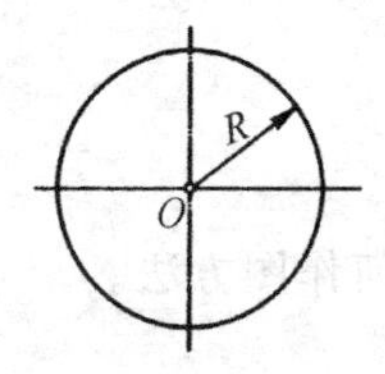

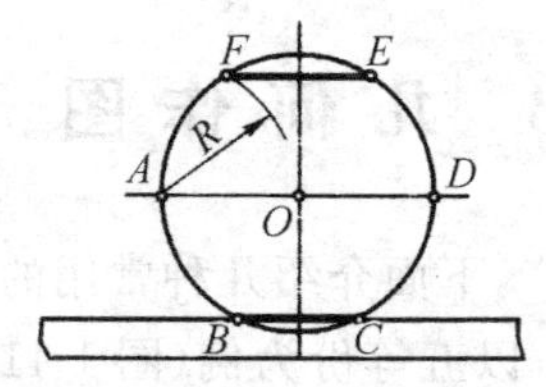

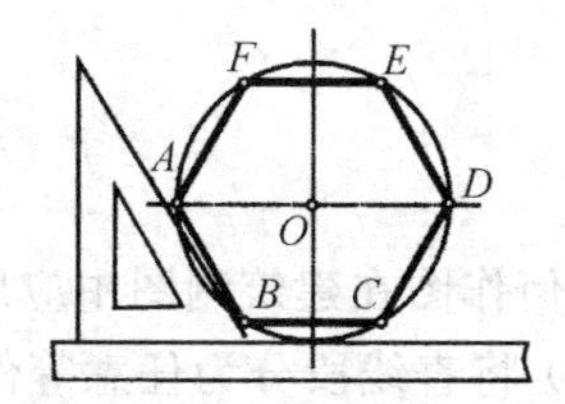

(a) 已知半径为R、圆心为O的圆　(b) 用R划分圆周为六等份　(c) 顺序将各等分点连起来,即为所求

图 1-44　作圆心为 O 的内接正六边形

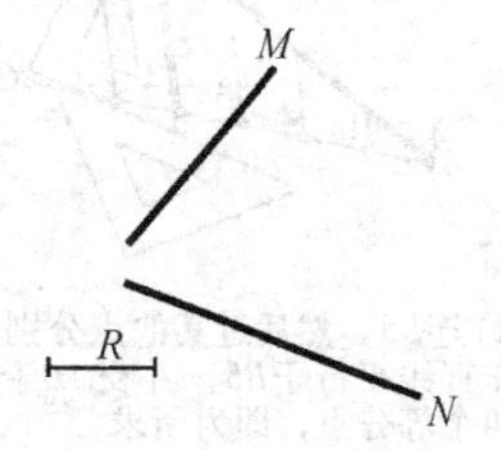

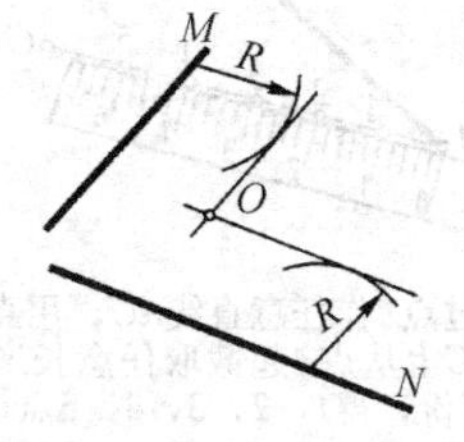

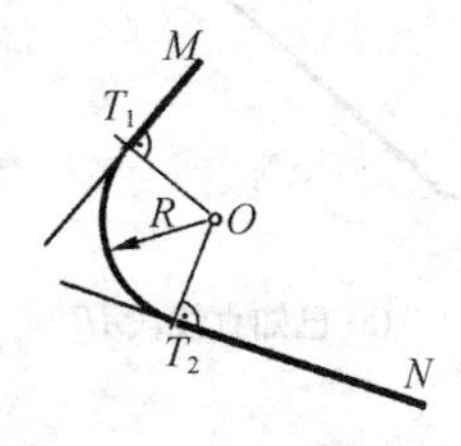

(a) 已知半径R和相交的两条直线M、N

(b) 分别作出与M、N平行且相距为R的两条直线，交点O即为连接圆弧的圆心

(c) 过点O分别作M和N的垂线，垂足T_1和T_2即为连接的切点。以O为圆心、R为半径作圆弧$\overset{\frown}{T_1T_2}$，即为所求

图 1-45　作半径为 R 的圆弧,连接相交两条直线 M 和 N

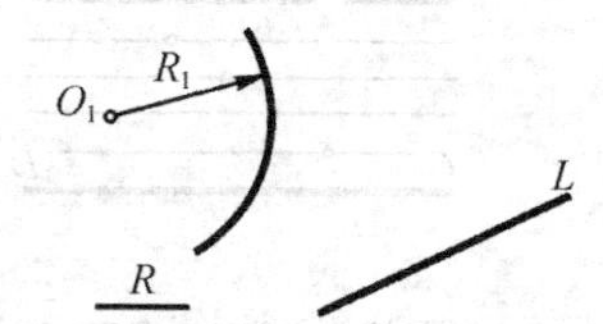

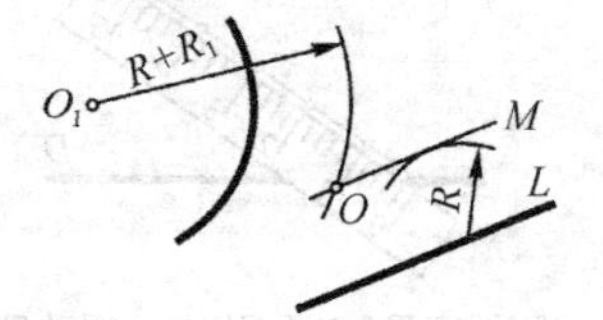

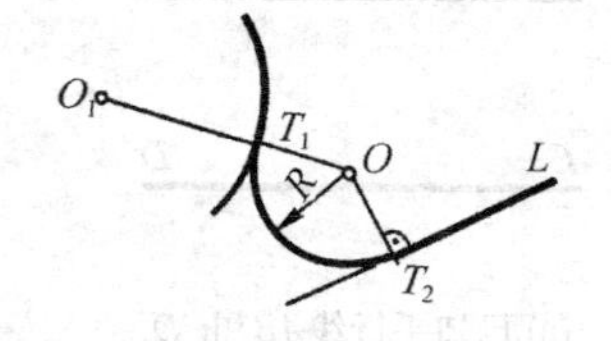

(a) 已知直线L、半径为R_1的圆弧和连接圆弧的半径R

(b) 作直线M，使其平行于L且相距为R；又以O_1为圆心、$R+R_1$为半径作圆弧，交直线M于点O

(c) 连接OO_1，交已知圆弧于切点T_1。又作OT_2垂直于L，得另一切点T_2。以O为圆心、R为半径作$\overset{\frown}{T_1T_2}$，即为所求

图 1-46　作半径为 R 的圆弧,连接直线和圆弧 O_1

(7) 作圆弧并与两个已知的圆弧内切连接(图 1-47)。所谓内切,即各圆心在所作圆弧的同一侧。

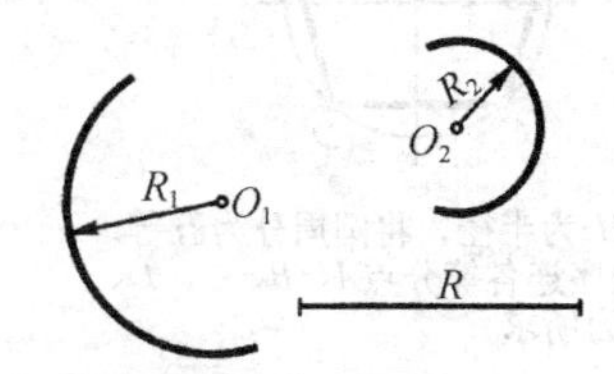

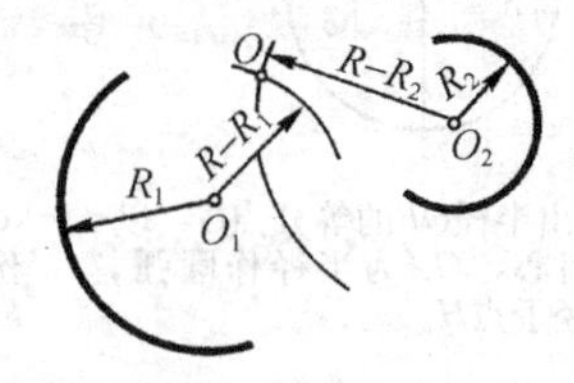

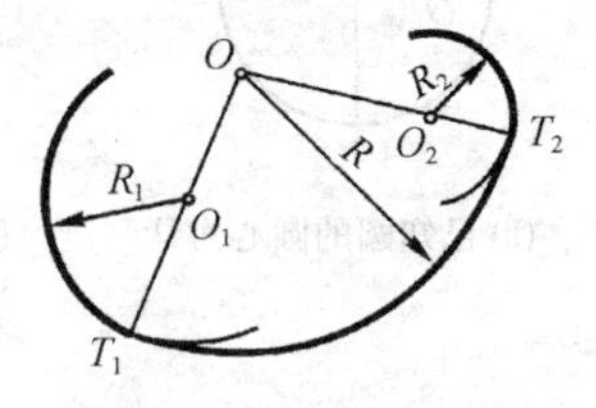

(a) 已知内切圆弧的半径R和半径为R_1、R_2的两个已知圆弧

(b) 以O_1为圆心、“$R-R_1$”为半径作圆弧。又以O_2为圆心、“$R-R_2$”为半径作圆弧,两弧相交于点O

(c) 延长OO_1，交圆弧O_1于切点T_1；延长OO_2，交圆弧O_2于切点T_2。以O为圆心、R为半径作$\overset{\frown}{T_1T_2}$，即为所求

图 1-47　作半径为 R 的圆弧与圆弧 O_1、O_2 内切连接

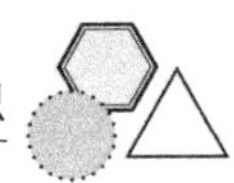

(8) 作圆弧并与两个已知圆弧外切连接(图 1-48)。所谓外切,即所求圆心与已知圆心分居所作圆弧两侧。

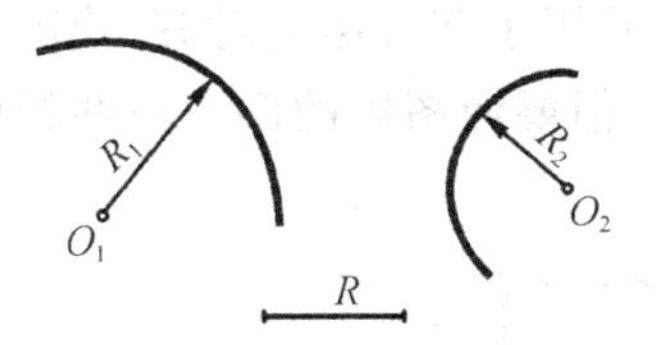

(a) 已知外切圆弧的半径R和半径为R_1、R_2的两个已知圆弧

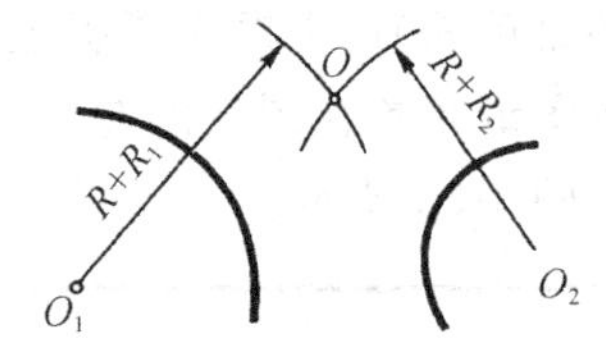

(b) 以O_1为圆心、"$R+R_1$"为半径作圆弧，又以O_2为圆心、"$R+R_2$"为半径作圆弧，两弧相交于点O

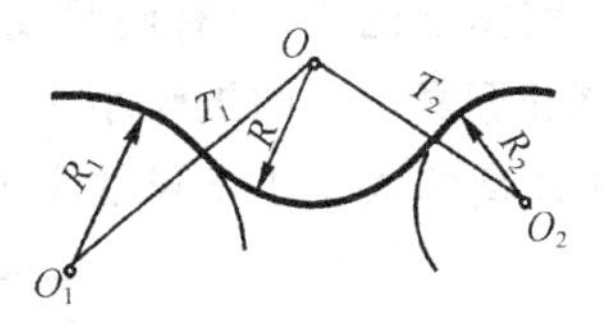

(c) 连接OO_1，交圆弧O_1于切点T_1；连接OO_2，交圆弧O_2于切点T_2。以O为圆心、R为半径作$\overset{\frown}{T_1T_2}$，即为所求

图 1-48　作半径为 R 的圆弧并与圆弧 O_1、O_2 外切连接

(9) 根据长、短轴作近似椭圆——四心法(图 1-49)。

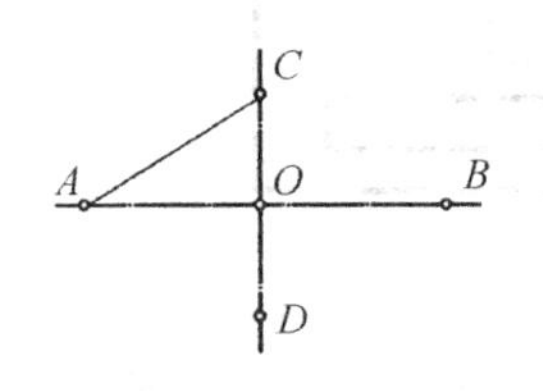

(a) 已知长、短轴AB和CD。连接AC

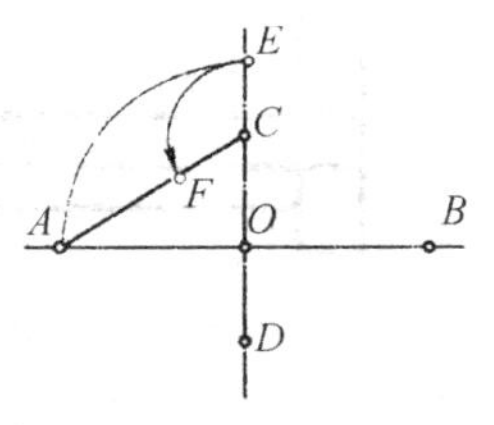

(b) 以O为圆心、OA为半径作圆弧，交CD延长线于点E。以C为圆心、CE为半径作圆弧，交AC于点F

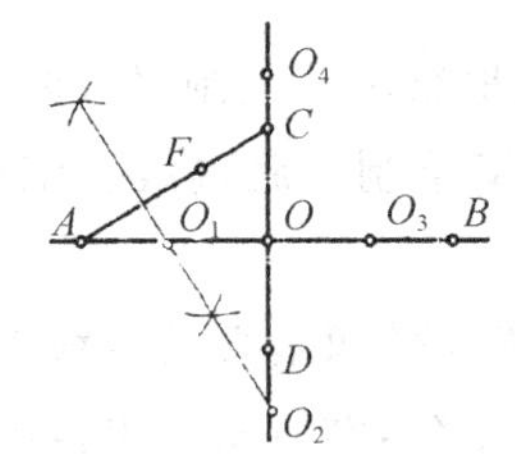

(c) 作AF的垂直平分线，交长轴于O_1，交短轴(或其延长线)于O_2。在AB上截取线段，使$OO_3=OO_1$。又在CD延长线上截取线段，使$OO_4=OO_2$

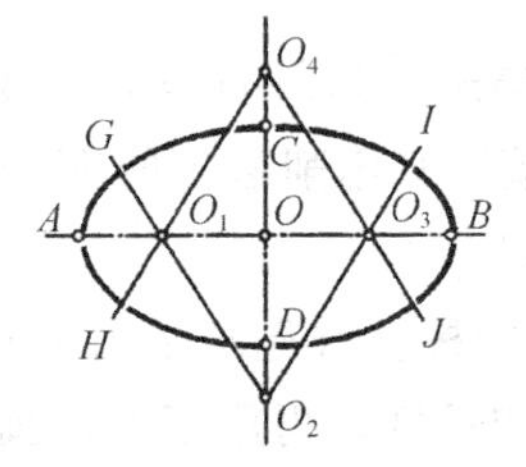

(d) 分别以O_1、O_2、O_3、O_4为圆心，O_1A、O_2C、O_3B、O_4D为半径作圆弧，使各弧在O_2O_1、O_4O_1、O_2O3、O_4O_3的延长线上的G、H、I、J四点处连接

图 1-49　根据长、短轴 AB、CD,用四心法作近似椭圆

1.4　建筑制图的一般步骤

制图工作应当有步骤地进行。为了提高绘图效果,保证图纸质量,必须掌握正确的绘图程序和方法,养成认真、负责、仔细、耐心的良好习惯。

1.4.1　制图前的准备工作

(1) 安放绘图桌或绘图板时,应使光线从图板的左前方射入;不宜对窗安置绘图桌,以免纸面反光而影响视力。将需要用的工具放在方便之处,以免妨碍制图工作。

(2) 擦干净全部绘图工具和仪器,削磨好铅笔及圆规上的铅芯。

(3) 固定图纸。

将图纸的正面(有网状纹路的是反面)向上贴于图板上,并用丁字尺尽量对齐,使图纸平整和绷紧。当图纸较小时,应将图纸布置在图板的左下方,但要使图纸的底边与图板的下边距离略大于丁字尺的宽度,如图 1-50 所示。

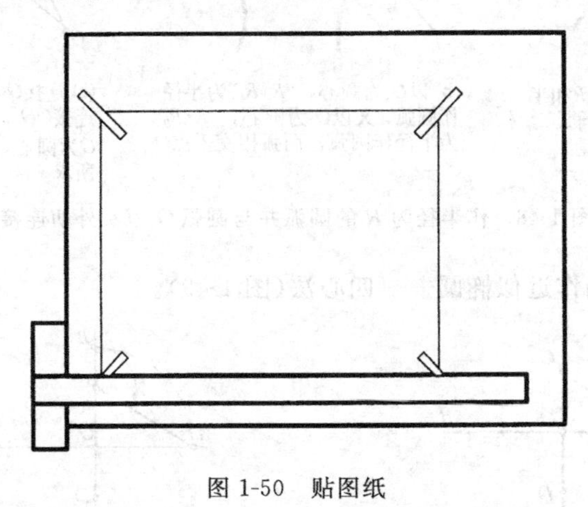

图 1-50　贴图纸

(4) 为保持图面整洁,画图前应洗手。

1.4.2　绘铅笔底稿图

铅笔细线底稿是一张图的基础,要认真、细心、准确地绘制。绘制时应注意以下几点。

(1) 铅笔底稿图宜用削磨尖的 H 或 HB 标号的铅笔绘制。底稿线要细而淡,绘图者自己能看得出即可。

(2) 画图框、图标。首先画出水平和垂直基准线,在水平和垂直基准线上分别量取图框和图标的宽度和长度。再用丁字尺画图框、图标的水平线,然后用三角板配合丁字尺画图框、图标的垂直线。

(3) 布图。预先估计各图形的大小及预留尺寸线的位置,将图形均匀、整齐地安排在图纸上,避免某部分太紧凑或某部分过于宽松。

(4) 画图形。一般先画轴线或中心线,其次画图形的主要轮廓线,然后画细部。图形完成后,再画尺寸线、尺寸界线等。材料符号在底稿中只需画出一部分或不画,待加深或上墨线时再全部画出。对于需上墨线的底稿,在线条的交接处可画出头一些,以便清楚地辨别上墨线的起止位置。

1.4.3　铅笔加深的方法和步骤

在加深之前,要认真校对底稿,修正错误和填补遗漏。底稿经查对无误后,擦去多余的线条和污垢。一般用 2B 铅笔加深粗线,用 B 铅笔加深中粗线,用 HB 铅笔加深细线、写字和画箭头。加深圆时,圆规的铅芯应比画直线的铅笔芯软一级。用铅笔加深图线时用力要均匀,边画边转动铅笔,使粗线均匀地分布在底稿线的两侧,如图 1-51 所示。加深时

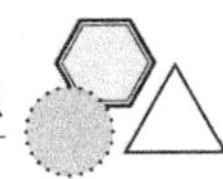

还应做到线型正确、粗细分明，图线与图线的连接要光滑、准确，图面要整洁。

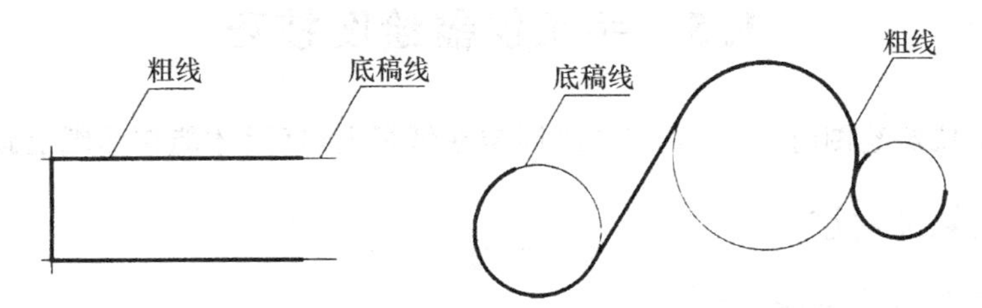

图 1-51　加深的粗线与底稿线的关系

加深图线的一般步骤如下：

(1) 加深所有的点画线；

(2) 加深所有粗实线的曲线、圆及圆弧；

(3) 用丁字尺从图的上方开始，依次向下加深所有水平方向的粗实直线；

(4) 用三角板配合丁字尺从图的左方开始，依次向右加深所有的铅垂方向的粗实直线；

(5) 从图的左上方开始，依次加深所有倾斜的粗实线；

(6) 按照加深粗实线同样的步骤加深所有的虚线曲线、虚线圆和虚线圆弧，然后加深水平的、铅垂的和倾斜的虚线；

(7) 按照加深粗线的同样步骤加深所有的中实线；

(8) 加深所有的细实线、折断线、波浪线等；

(9) 画尺寸起止符号或箭头；

(10) 加深图框、图标；

(11) 注写尺寸数字、文字说明，并填写标题栏。

1.4.4　上墨线的方法和步骤

画墨线时，首先应根据线型的宽度调节直线笔的螺母(或选择好针管笔的号数)，并在与图纸相同的纸片上试画，待满意后再在图纸上描线。如果需改变线型宽度重新调整螺母，必须经过试画，才能在图纸上描线。

上墨线时相同形式的图线宜一次画完，这样可以避免由于经常调整螺母而出现使相同形式的图线粗细不一致的情况。

如果需要修改墨线，可待墨线干透后在图纸下垫一个三角板，用锋利的薄型刀片轻轻修刮，再用橡皮擦净余下的污垢，待错误线或墨污全部去净后，以指甲或者钢笔头磨实，然后再画正确的图线。但需注意，在用橡皮时要配合擦线板，并且宜向一个方向擦，以免擦破图纸。

上墨线的步骤与铅笔加深基本相同，但还需注意以下几点：

(1) 一条墨线画完后，应将笔立即提起，同时用左手将尺子移开；

(2) 画不同方向的线条必须等到墨干了再画；

(3) 加墨水要在图板外进行。

最后需要指出的是，每次制图最好连续进行 3～4 个小时，这样效率最高。

1.5 手工仪器绘图技巧

使用手工仪器绘图时，必须先将图纸固定在纸板上，然后才能在图纸上画线。

1.5.1 直线的画法

1. 用丁字尺画水平线

如图 1-52 所示，画水平线时，丁字尺的尺头紧靠图板的左边缘，尺头沿此边缘上下滑动至需要画线的位置，然后左手向右按牢尺头，使丁字尺紧贴图板，右手握铅笔沿丁字尺的尺身上边缘自左向右画出水平线。

注意：不能将丁字尺的尺头紧靠图板的其他边缘画线。

2. 用丁字尺、三角尺配合画直线

将丁字尺的尺头紧靠图板左边缘后，再配合 30°、60°和 45°三角尺，可以画出不同方向的直线。

(1) 画竖直线如图 1-53 所示，将三角尺的一直角边紧靠丁字尺尺身上边，另一直角边朝左，然后沿丁字尺边将三角尺移动至需要画线的位置，左手将丁字尺的尺身及三角尺按牢，右手握铅笔并沿三角尺左侧直角边由下而上画竖直线。

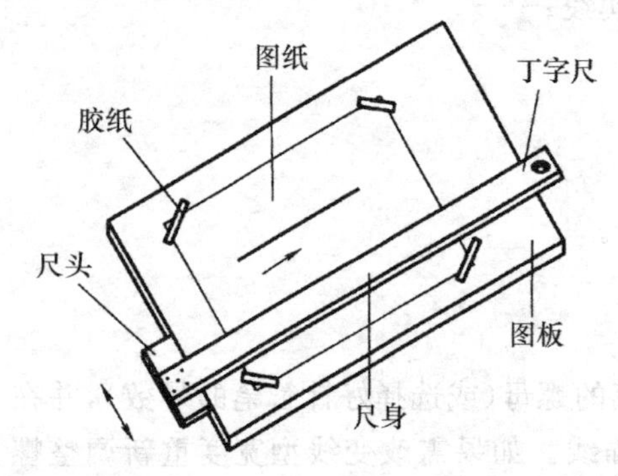

图 1-52 用丁字尺画水平线

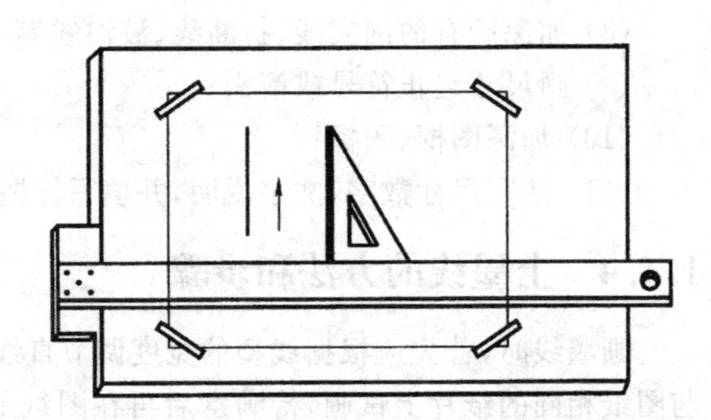

图 1-53 丁字尺配合三角尺画竖直线

(2) 画 30°、60°和 45°斜线。如图 1-54 所示，将 30°、60°或 45°三角尺一直角边紧靠丁字尺尺身上边，就可沿斜边画出 30°、60°、45°线。

(3) 画 15°、75°斜线如图 1-55 所示，用丁字尺和两把三角尺配合进行。

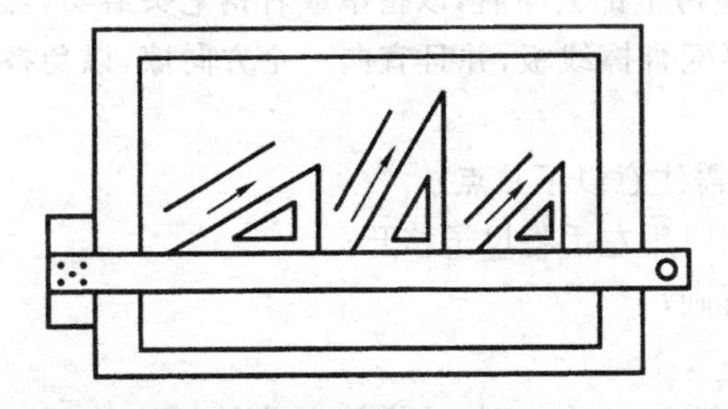

图 1-54 丁字尺、三角尺配合画 30°、60°、45°斜线

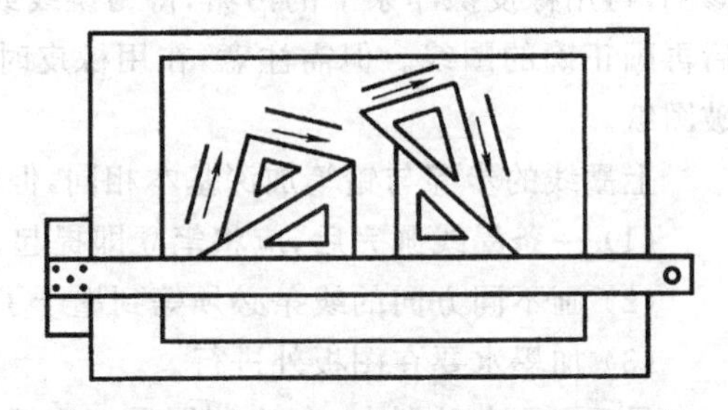

图 1-55 丁字尺、三角尺配合画 15°、75°斜线

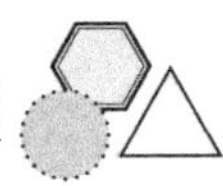

3. 用两把三角尺作已知直线的平行线或垂直线

如图 1-56 所示，已知直线 AB 的平行线按图 1-56 中的(a)、(b)两步画出，而 AB 的垂直线则要按图 1-56(c)这步画出。

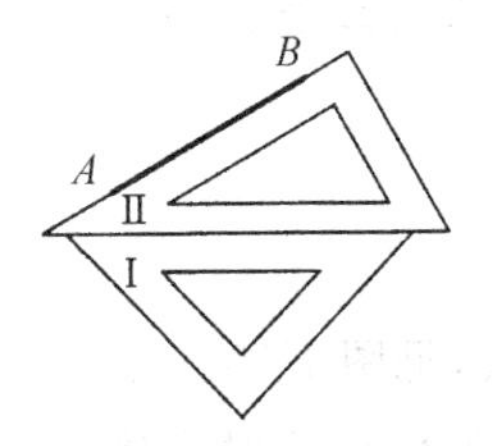

(a) 三角尺Ⅱ的一尺边对准已知直线AB，并与三角尺Ⅰ的一尺边紧靠

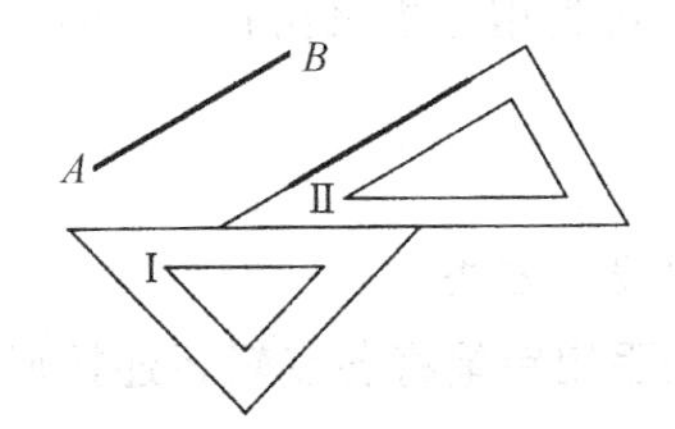

(b) 按牢三角尺Ⅰ，三角尺Ⅱ紧靠三角尺Ⅰ的尺边移动至所需位置，沿原尺边画出与AB平行的直线

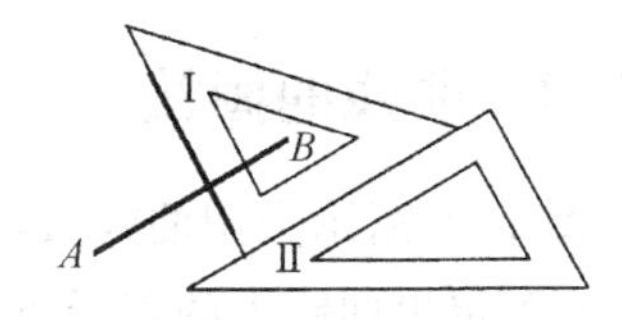

(c) 将三角尺Ⅱ按牢，将三角尺Ⅰ的直角边紧靠三角尺Ⅱ的原尺边移动至所需位置，画出AB的垂直线

图 1-56　用两把三角尺作已知直线的平行线、垂直线

4. 直线段长度的度量

图线(直线段)的长度根据线段的实际长度和绘图所用的比例确定。为了避免计算，通常使用图 1-57 所示的比例尺度量。比例尺的三个尺面刻有 1∶100、1∶200、1∶300、1∶400、1∶500、1∶600 共 6 种比例，作图时，将实际尺寸按选定的比例在相应的尺面刻度上量取图线的长度。

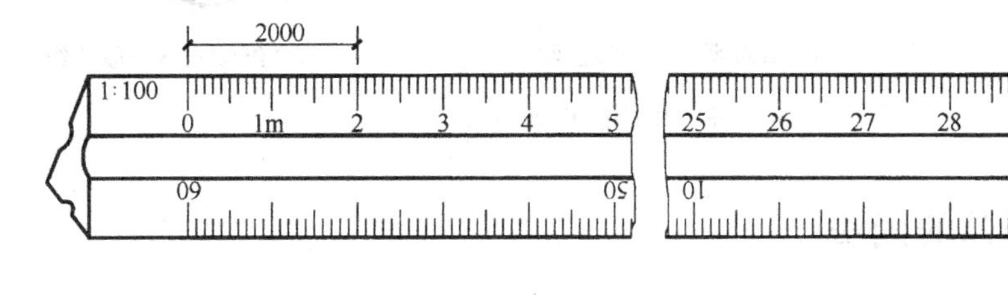

图 1-57　用比例尺量取图线长度

5. 直线段的等分以及多条等长度直线段的量取

图 1-58 所示为用分规将直线段 AB 分成三等份的方法。首先将分规两针尖的距离目测调整到约为 AB 的 1/3，然后使分规的一针尖落在端点 A 上，通过摆转将 AB 试分，

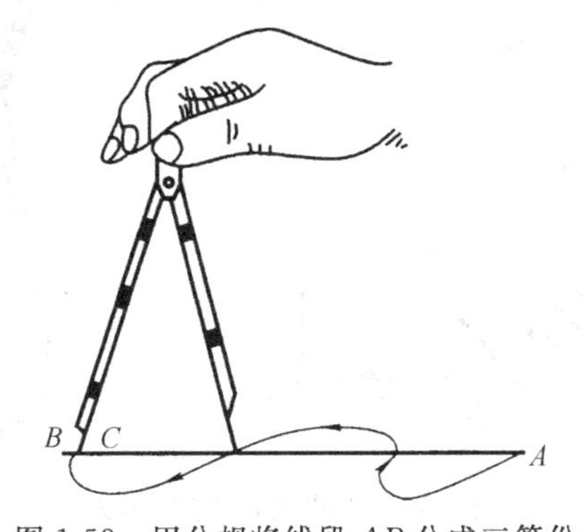

图 1-58　用分规将线段 AB 分成三等份

若第三分点 C 落在 AB 之内，则将针尖间距离放大 BC 的 1/3，再进行试分；若点 C 落在 AB 之外，则要将针尖间的距离缩小 BC 的 1/3 后再试分，直至点 C 与点 B 重合。

这种方法也可以用来等分圆周、圆弧。

当要量取多条等长度直线段时，可先用分规量出长度，再移至各直线段处。

1.5.2 曲线的画法

图 1-59 所示为用曲线板绘画曲线的方法。

(1) 定出曲线上的若干点，并徒手用铅笔将各点轻轻连接成曲线，见图 1-59(a)。

(2) 选出曲线板上与曲线吻合的一段边缘，逐段依次进行画线，但前后两段连接处要有一小段重合，这样画出的曲线才显得光滑，见图 1-59 中的(b)、(c)。

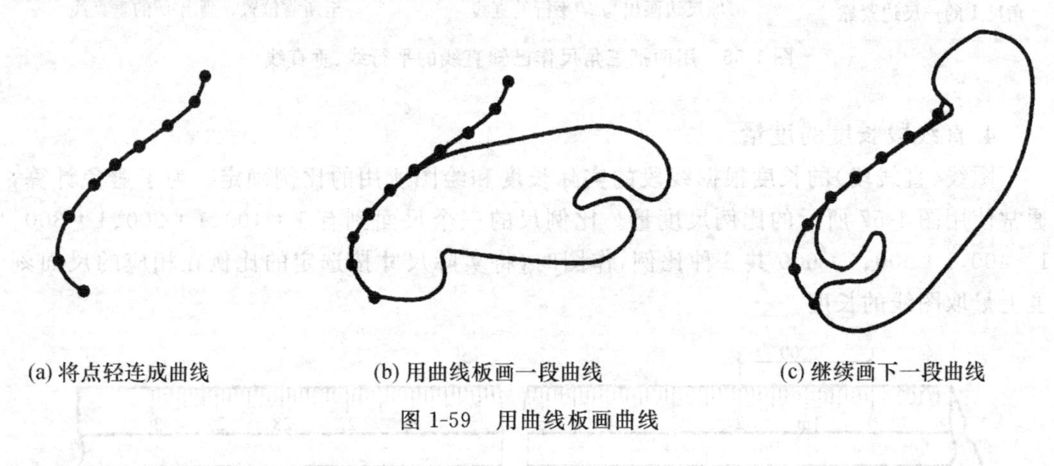

(a) 将点轻连成曲线　(b) 用曲线板画一段曲线　(c) 继续画下一段曲线

图 1-59　用曲线板画曲线

1.5.3 圆周、圆弧的画法

用圆规画圆周、圆弧的方法如图 1-60 所示。画圆周或圆弧时，先将圆规的铅芯与针尖的距离调整至等于圆周或圆弧的半径，然后用左手食指协助将针尖轻插圆心，用右手转动圆规顶部手柄，按顺时针方向将圆周或圆弧一次画成。

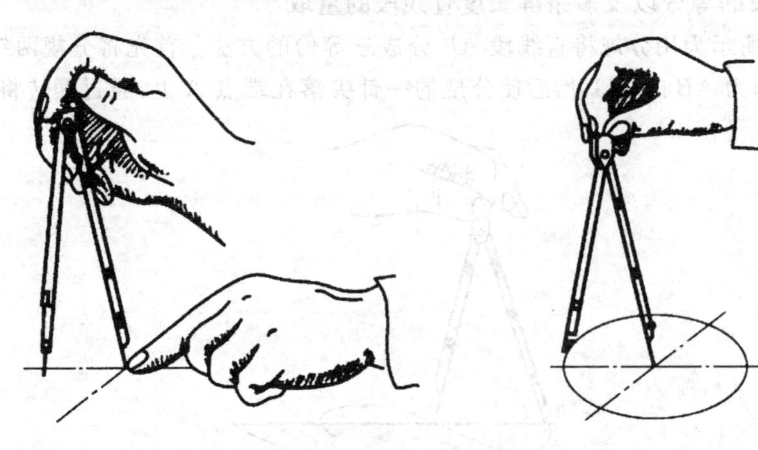

图 1-60　用圆规画圆周、圆弧

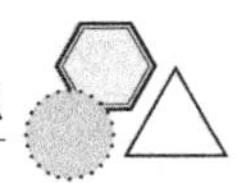

注意：画圆前要调整好铅芯和针尖的相互位置，使圆规靠拢时，铅芯与针尖台肩平齐（图 1-61）；画圆时，圆规的两脚大致与纸面垂直（图 1-62）。

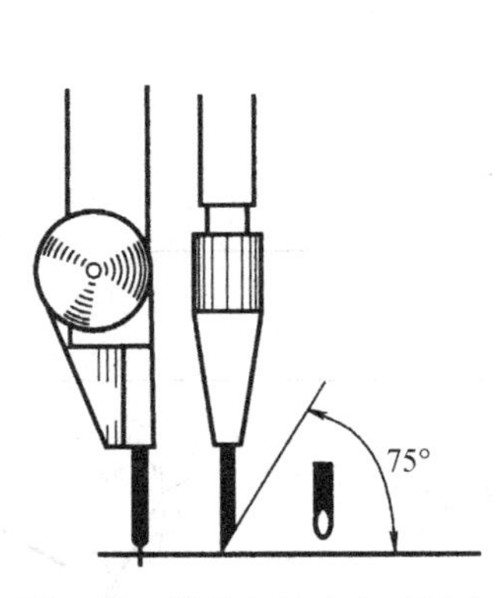

图 1-61　铅芯与针尖台肩平齐

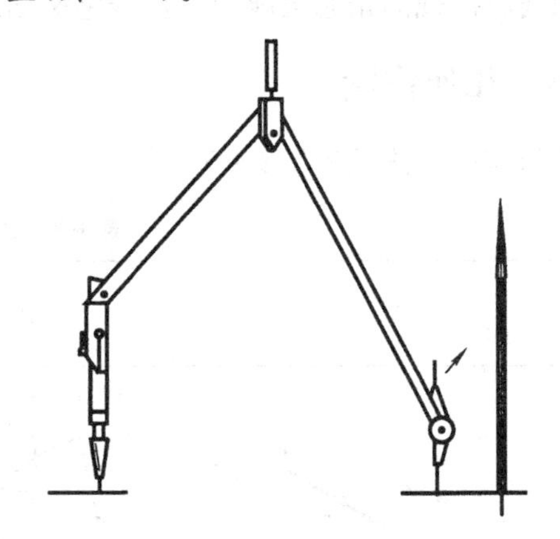

图 1-62　圆规两脚垂直纸面

1.5.4　画墨线

1. 画直线和曲线

通常使用如图 1-63 所示的直线笔（又称鸭嘴笔）画直线，以及配合曲线板画曲线。

画线前，通过转动笔尖上的螺母将两叶片间的距离调整到所需的线型宽度，再用注墨水器具将墨水注进两叶片之间，含墨水的高度约为 5mm。如果叶片外表面上沾有墨水，要用软布拭干。然后在同质纸面上试画，直至墨线符合规定宽度后再正式画线。

执笔画线时，螺母应朝外，手指不要抵压叶片，两叶片要同时触及纸面，笔杆不应向尺的内、外侧倾斜，而是向画线方向倾斜约 20°。

当直线笔不下墨时，要及时张开叶片，用软布拭净后再注入墨画线。

图 1-64 所示的绘图墨水笔由于可以储存墨水，因此绘图时不需要频繁加墨，而且具有不同的线宽规格可供选用，不必进行调整，现已逐步代替直线笔。

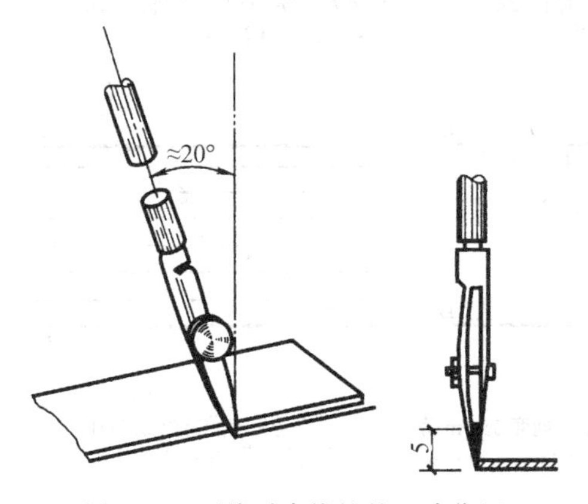

图 1-63　画线时直线笔的正确位置

图 1-64　绘图墨水笔（针管笔）

2. 画圆周、圆弧

只要将圆规的铅芯插腿换上墨线笔头插腿，就可以进行墨线圆周、圆弧的绘画。

1.5.5 几何作图

几何作图方法见表 1-8～表 1-11。

表 1-8 线段的等分

作图效果	作图步骤		
作直线段的垂直平分线	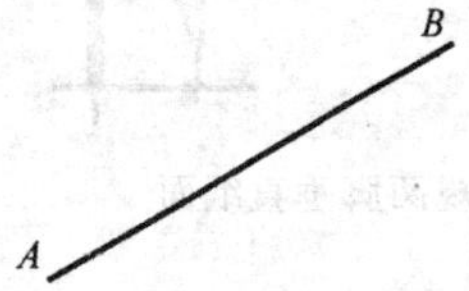 作直线段AB的垂直平分线	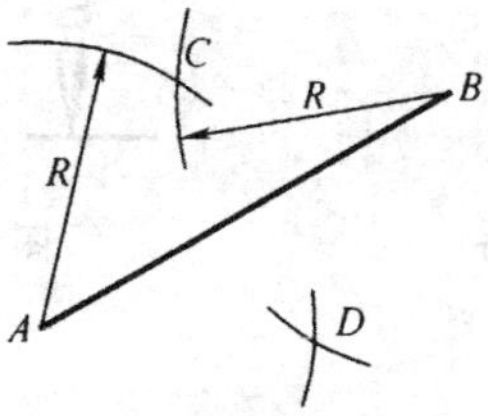 以大于$\frac{1}{2}AB$的线段R为半径，以A、B为圆心画弧，交于点C和点D	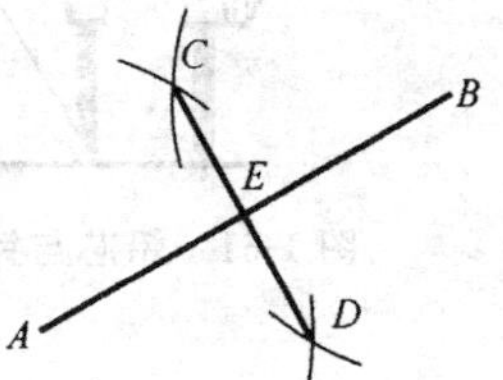 以直线连接C、D，即为AB的垂直平分线，CD与AB的交点E等分AB
直线段的任意等分	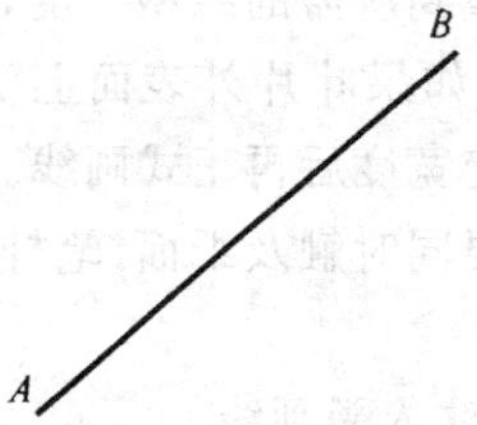 将直线段AB分成六等份	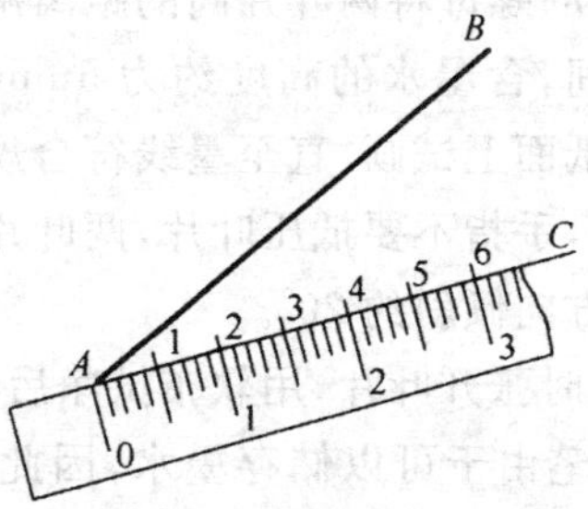 过点A作任意直线AC，用直尺在AC上从点A起截取任意长度的六等份，得1、2、3、4、5、6点	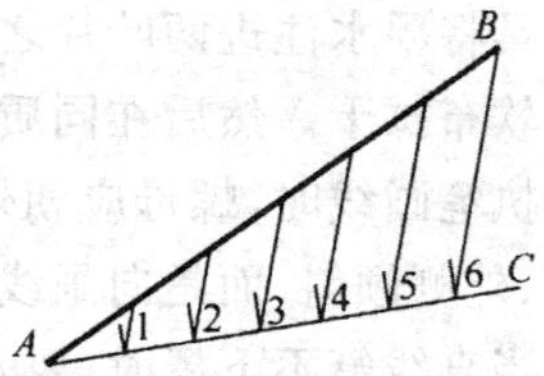 连接B6，然后过5、4、3、2、1点作B6的平行线，它们与AB的交点即为AB的等分点
平行两直线之间距离的任意等分	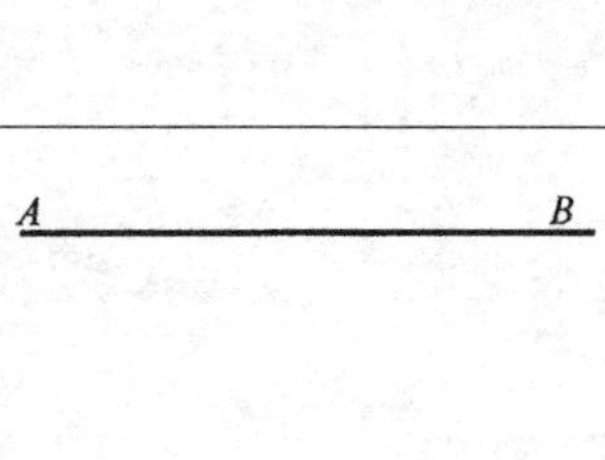 将平行两直线AB、CD之间的距离分成七等份	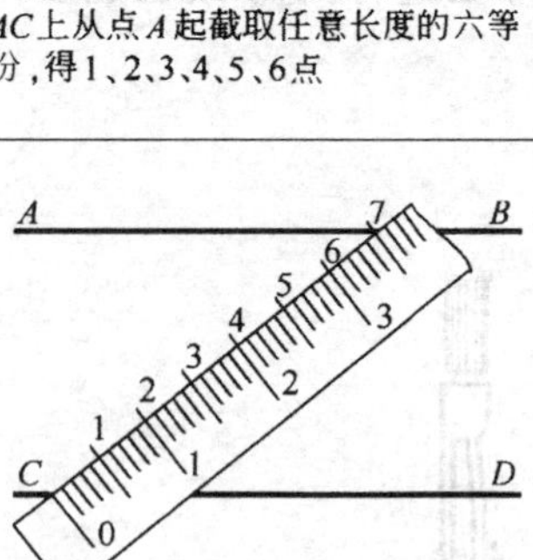 置直尺0点于CD上，使刻度35mm落在AB上，沿刻度边缘每隔5mm定出1、2、3、4、5、6各等分点	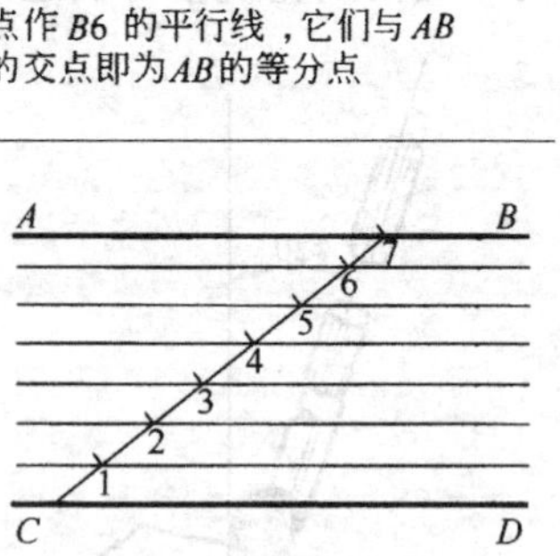 过各等分点作AB(或CD)的平行线，即为所求

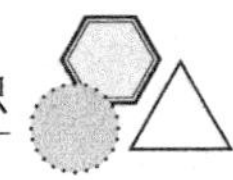

表 1-9　圆内接正多边形的画法

作图效果	作图步骤		
作圆内接正方形	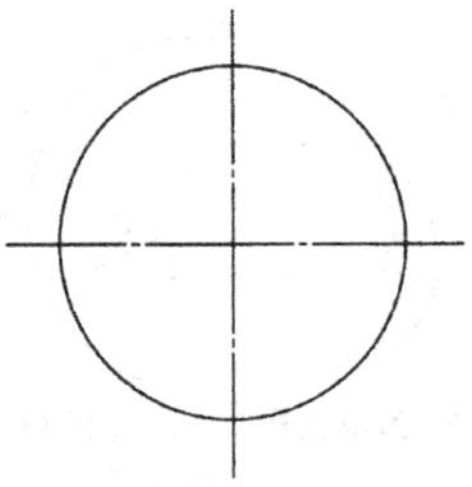 画出正方形的外接圆	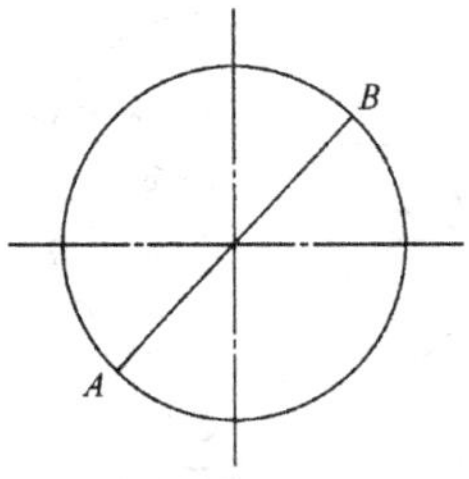 作出 45°直径，交圆周于 A、B 两点	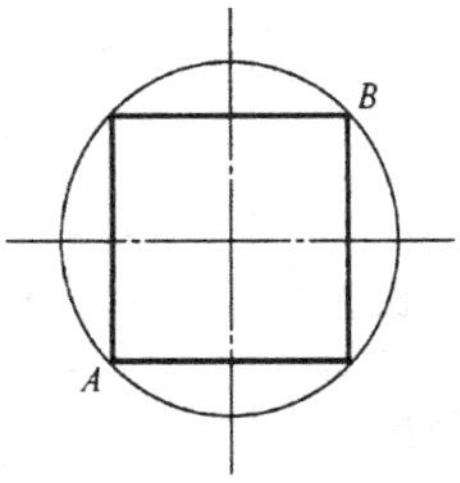 过 A、B 两点作水平线、竖直线，完成作图
作圆内接正五边形	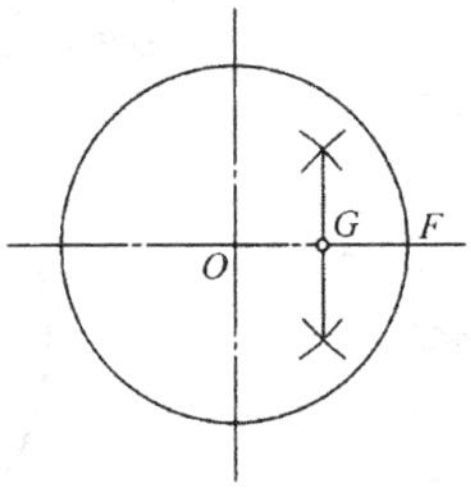 画出正五边形的外接圆。作出半径 OF 的等分点 G	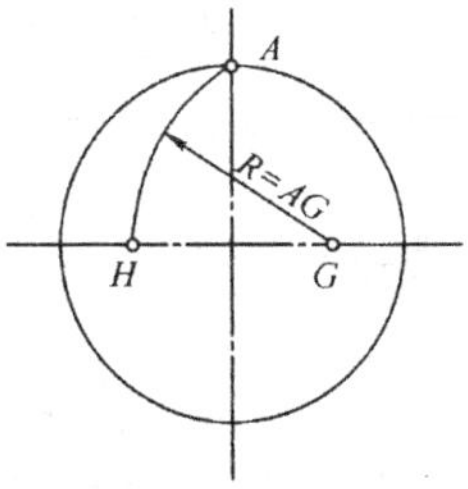 以 G 为圆心，GA 为半径作圆弧交直径于点 H	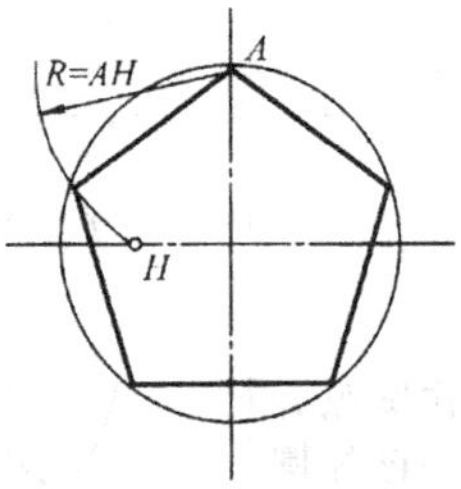 以 AH 为半径，分圆周为五等份，顺序连接各等分点，即为所求
作圆内接正六边形	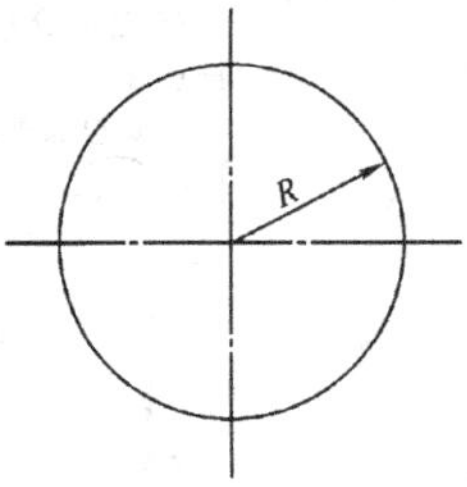 画出半径为 R 的正六边形的外接圆	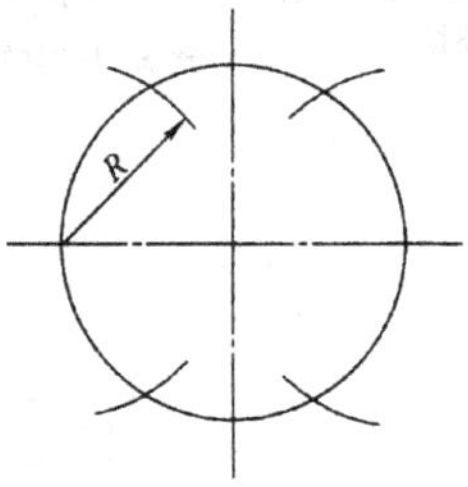 用长度 R 划分圆周为六等份	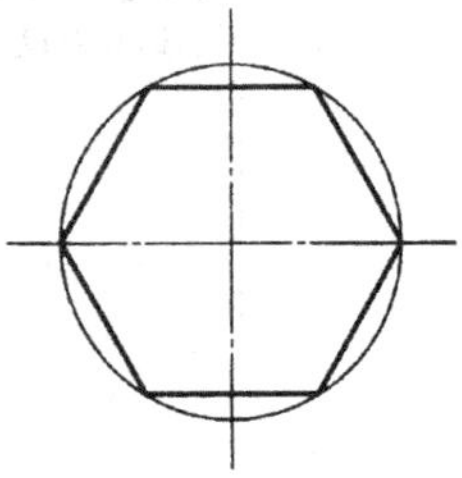 顺序将各等分点用直线段连接，即为所求

表 1-10　圆弧连接

作图效果	作图步骤		
作圆弧并与两已知圆弧内接	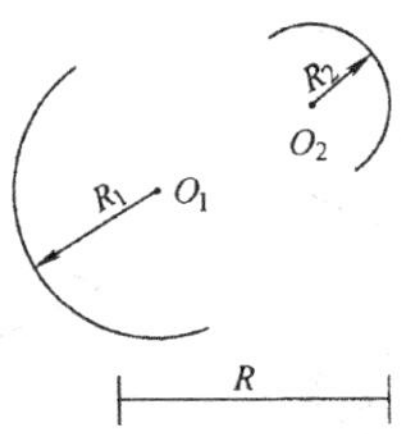 作半径为 R 的圆弧，与半径为 R_1、R_2、圆心为 O_1 和 O_2 的两圆弧内接	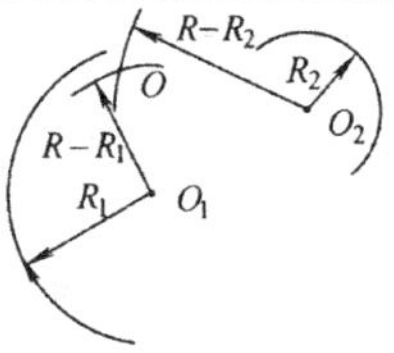 ① 以 O_1 为圆心、$R-R_1$ 为半径作圆弧。 ② 以 O_2 为圆心、$R-R_2$ 为半径作圆弧，与①的圆弧交于点 O。	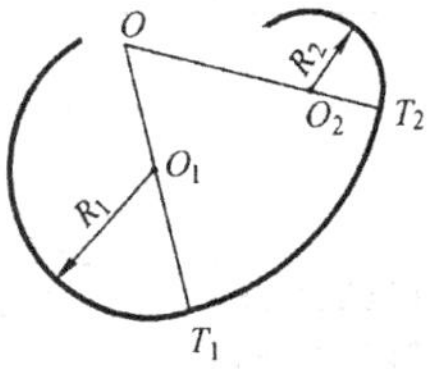 ① 连接 OO_1，延长至与圆弧并交于连接点 T_1。 ② 连接 OO_2，延长至与圆弧并交于连接点 T_2。 ③以 O 为圆心、R 为半径，画连接弧 $\overset{\frown}{T_1T_2}$

续表

作图效果	作图步骤		
作圆弧并与两已知圆弧外接	作半径为 R 的圆弧，与半径为 R_1 和 R_2、圆心为 O_1 和 O_2 的两圆弧外接	①以 O_1 为圆心、$R+R_1$ 为半径作圆弧。 ②以 O_2 为圆心、$R+R_2$ 为半径作圆弧，与①的圆弧交于点 O	①连接 OO_1，交圆弧（O_1）于连接点 T_1。 ②连接 OO_2，交圆弧（O_2）于连接点 T_2。 ③以 O 为圆心、R 为半径画连接弧 $\overset{\frown}{T_1T_2}$
作圆弧并与一已知圆弧内接，与另一已知圆弧外接	作半径为 R 的圆弧，与半径为 R_1、圆心为 O_1 的圆弧内接；与半径为 R_2、圆心为 O_2 的圆弧外接	①以 O_1 为圆心、R_1-R 为半径作圆弧。 ②以 O_2 为圆心、R_2+R 为半径作圆弧，与①的圆弧交于点 O	①连接 OO_1，延长至与圆弧（O_1）交于连接点 T_1。 ②连接 OO_2，交圆弧（O_2）于连接点 T_2。 ③以 O 为圆心、R 为半径画连接弧 $\overset{\frown}{T_1T_2}$
作圆弧并与正交的两直线连接	作半径为 R 的圆弧，与正交两直线 AB、AC 连接	以 A 为圆心、R 为半径作圆弧，交 AC、AB 于 T_1、T_2；以 T_1、T_2 为圆心、R 为半径作圆弧，交于点 O	以 O 为圆心、R 为半径作圆弧 $\overset{\frown}{T_1T_2}$，即为所求。T_1、T_2 为连接点
作圆弧并与斜交的两直线连接	作半径为 R 的圆弧，与斜交两直线 AB、AC 连接	分别作出与 AB、AC 平行且相距为 R 的两直线，其交点 O 即为所求圆弧的圆心	过 O 分别作 AC、AB 的垂线，垂足 T_1、T_2 即为所求连接点。以 O 为圆心、R 为半径作连接弧 $\overset{\frown}{T_1T_2}$

续表

作图效果	作 图 步 骤
作圆弧，并与直线及其他圆弧连接	作半径为 R 的圆弧，与直线 L 及半径为 R_1、圆心为 O_1 的圆弧连接 ① 作与直线 L 平行且相距为 R 的直线(N)。 ② 以 O_1 为圆心、$R+R_1$ 为半径作圆弧，交直线N于 O。 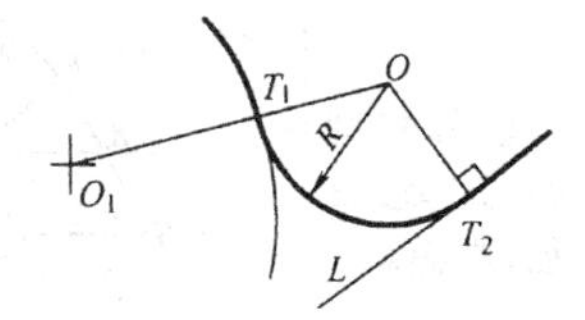 ① 连接 OO_1，交已知圆弧于连接点 T_1。 ② 过 O 作直线垂直于 L，垂足 T_2 为另一连接点。 ③ 以 O 为圆心、R 为半径作连接弧$\overset{\frown}{T_1T_2}$

表 1-11　椭圆的画法

作图效果	作 图 步 骤
已知椭圆的长短轴，画椭圆	已知椭圆长轴 AB、短轴 CD 连接 AC，以 O 为圆心、OA 为半径作弧，交短轴延长线于 E 以 C 为圆心、CE 为半径画弧，交 AC 于 F；作 AF 的垂直平分线，交长轴于 O_1，交短轴延长线于 O_3
	在 AB 上截取 $OO_2=OO_1$，在 CD 延长线上截取 $OO_4=OO_3$，连接 O_1O_3、O_1O_4、O_2O_4、O_2O_3 并延长 以 O_1和O_2 为圆心、O_1A 为半径画弧，与 O_1O_4、O_1O_3 和 O_2O_4、O_2O_3 的延长线交于 H、G、J、I 以 O_3和O_4 为圆心、O_3C 为半径画弧$\overset{\frown}{GI}$、$\overset{\frown}{HJ}$
已知椭圆的共轭直径，画椭圆	已知椭圆的共轭直径 AB、CD 过点 C、D 作 AB 的平行线，过点 A、B 作 CD 的平行线，作出平行四边形 $EFGH$，并作对角线 EG、FH 以 EC 为斜边，作一等腰直角三角形△ECM

续表

作图效果	作图步骤
已知椭圆的共轭直径,画椭圆	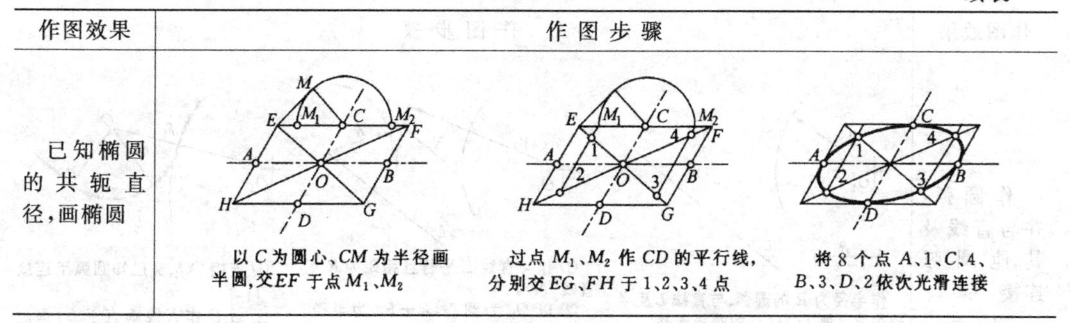 以 C 为圆心、CM 为半径画半圆,交 EF 于点 M_1、M_2；过点 M_1、M_2 作 CD 的平行线,分别交 EG、FH 于 1、2、3、4 点；将 8 个点 A、1、C、4、B、3、D、2 依次光滑连接

1.6　平面几何图形的画法

1.6.1　已知线段分为任意等份

如图 1-65 所示为已知线段等分五份的作图方法。

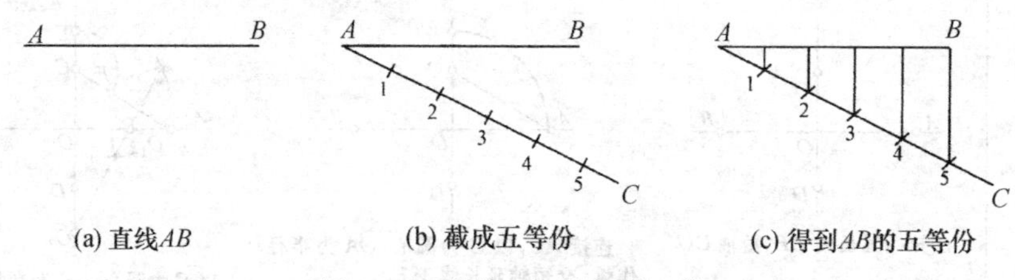

(a) 直线AB　(b) 截成五等份　(c) 得到AB的五等份

图 1-65　等分已知线段为 5 份

已知直线 AB,过 A 点作任意一直线 AC,在 AC 上任意截成 5 等份,标注 1、2、3、4、5 点;连接 B 点和 5 点,再分别过各等分点作 B 点和 5 点连接线的平行线,交 AB 得到 4 个点,这样就把 AB 等分为 5 份了。

1.6.2　两平行线间的距离分为任意等份

如图 1-66 所示为等分两条平行线间的距离为 5 份的作图方法。

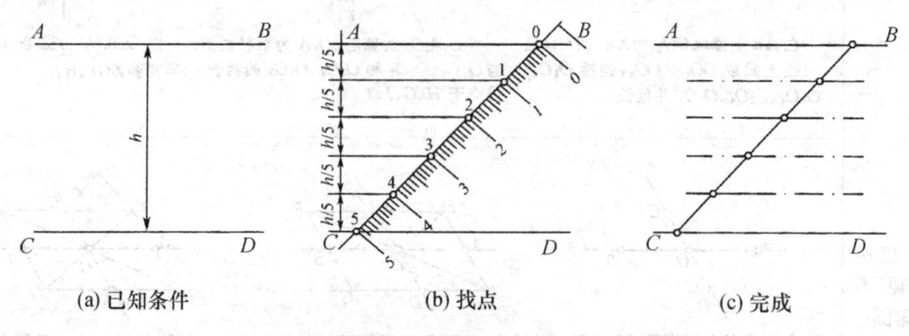

(a) 已知条件　(b) 找点　(c) 完成

图 1-66　将两条平行线间的距离分为五等份

已知平行线 AB、CD,其间距为 h。将直尺上刻度的 0 点固定在 AB 上,以 0 点为圆心摆动直尺,使刻度的 5 点落在 CD 上,在 1、2、3、4、5 各点处做标记;过各等分点作 AB 的平

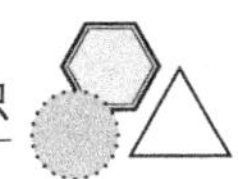

行线，即为所求。

1.6.3 圆弧连接

(1) 直线与圆弧连接。图 1-67(a)所示为一条直线与圆弧连接，图 1-67(b)所示为两条直线与圆弧连接。

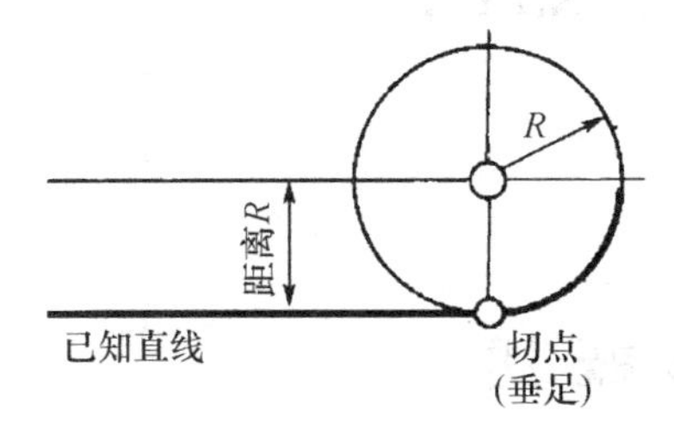

(a) 一条直线与圆弧连接

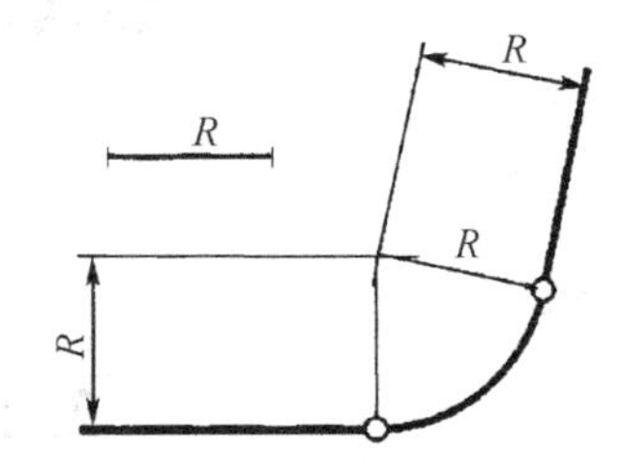

(b) 两条直线与圆弧连接

图 1-67　直线与圆弧连接

(2) 已知半径长的圆弧与两圆弧连接。如图 1-68(a)所示为已知半径长的圆弧与两圆弧外切的作图方法，如图 1-68(b)所示为已知半径长的圆弧与两圆弧内切的作图方法。

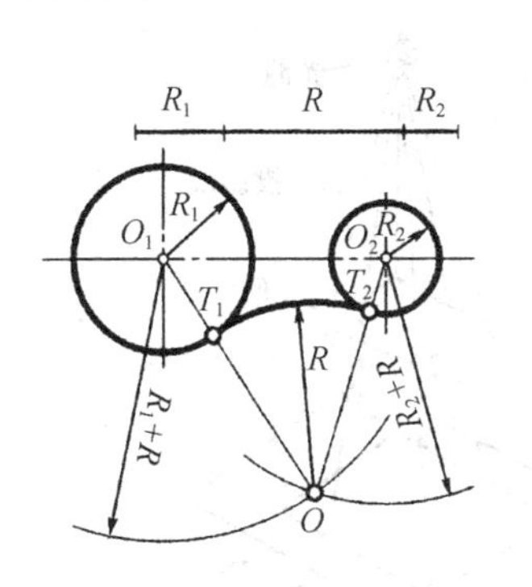

(a) 与两圆弧外切

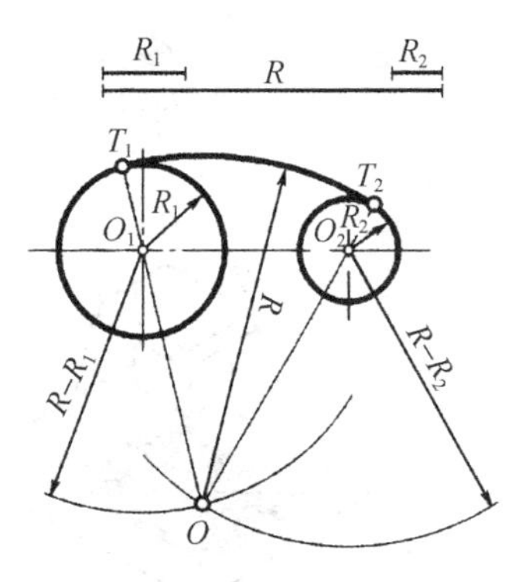

(b) 与两圆弧内切

图 1-68　已知半径长的圆弧与两圆弧连接

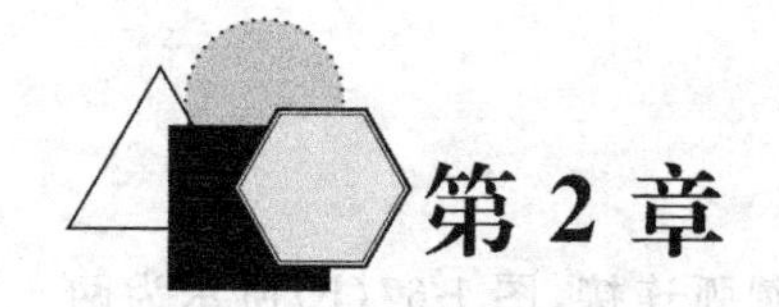

第 2 章 投影的基本知识

2.1 投 影 概 述

2.1.1 投影的概念

假设形体上方有一个光源，在其下方有个平面，在光线的照射下，将形体上的棱线清楚地投到平面上，组成一个能反映形体形状的图形，该图形称为投影，上述光源称为投影中心，光线称为投影线，平面称为投影面，如图 2-1 所示。

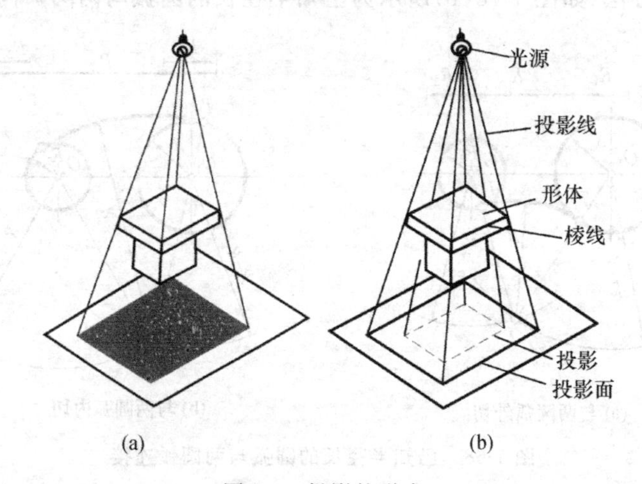

图 2-1 投影的形成

要产生投影必须具备 3 个条件：形体（只考虑形状和大小的物体）、投影线和投影面，这三者缺一不可。这种研究空间形体与其投影之间关系的方法称为投影法。工程上常用各种投影法来绘制图样，该图样称为投影图。

需要注意的是，生活中的影子和工程制图中的投影是有区别的，投影必须将物体的各个组成部分的轮廓全部表示出来，而影子只能表达物体的整体轮廓，并且内部为一个整体，如图 2-2 所示。

2.1.2 投影法分类

根据投影线与投影面相对位置的不同，投影法分为两种。

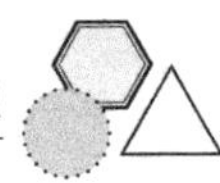

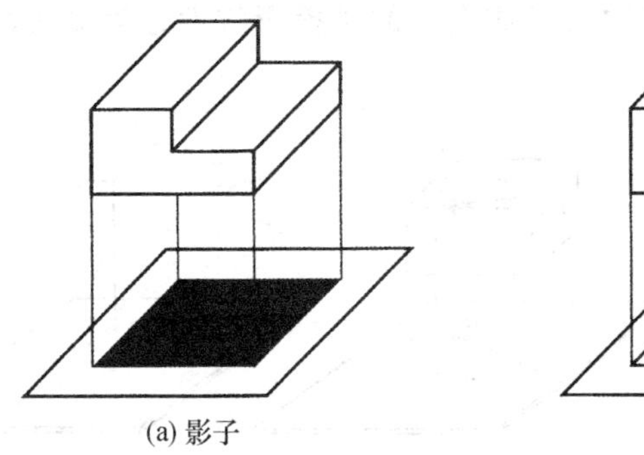

(a) 影子

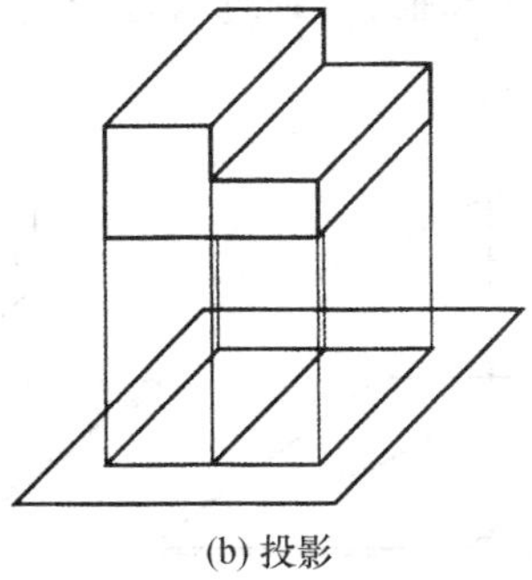

(b) 投影

图 2-2　投影与影子的区别

1. 中心投影法

投影线从一点出发,经过空间物体在投影面上得到投影的方法称为中心投影法(投影中心位于有限远处),如图 2-1(b)所示。

2. 平行投影法

所有投影线都相互平行地经过空间物体,在投影面上得到投影的方法称为平行投影法(投影中心位于无限远处)。平行投影法根据投影线与投影面的角度不同,又分为斜投影法和正投影法,如图 2-3 所示。

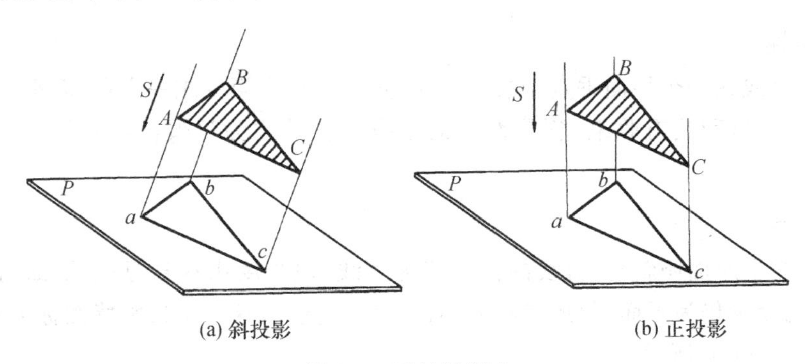

(a) 斜投影　　(b) 正投影

图 2-3　平行投影法

当投影线采用平行光线,且投影方向倾斜于投影面时,所做的空间形体的平面投影称为斜投影。用斜投影法作出的投影图不能反映形体的真实形状和大小,常用于轴测投影图。

当投影线采用平行光线,且投影线垂直于投影面时,所作的空间形体的平面投影称为正投影。正投影法能够表达物体的真实形状和大小,作图方法也较简单,所以广泛用于绘制建筑工程图。本书也是以正投影图为主要内容进行讲解。

2.1.3　正投影的特性

1. 显实性

平行于投影面的直线段或平面图形,在该投影面上的正投影反映了该直线段或者平面图形的实长或实形，这种具有反映实长或实形的正投影特性称为显实性，如图 2-4 中的(a)和(b)所示。

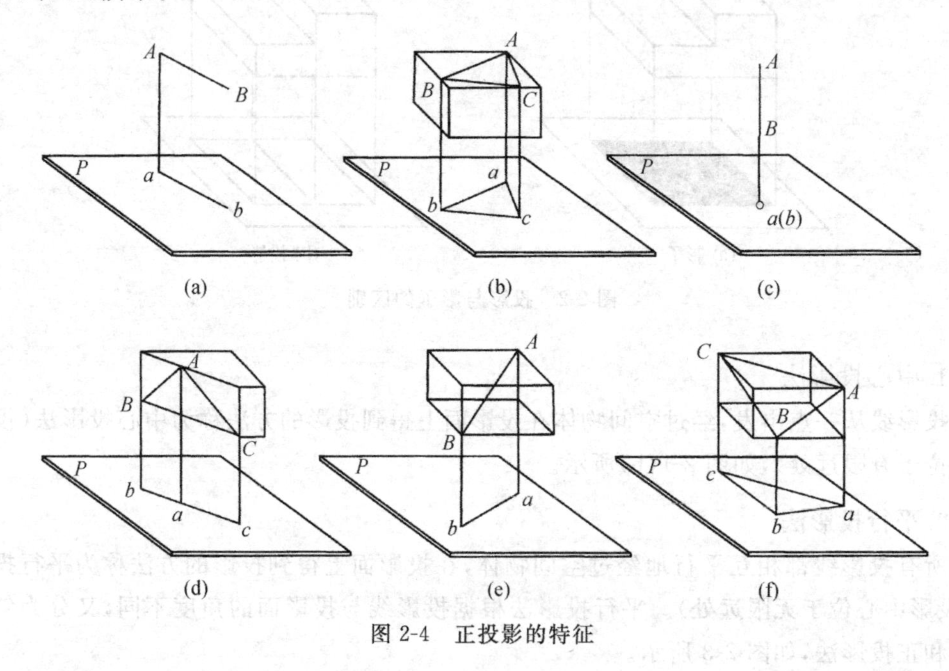

图 2-4　正投影的特征

2. 积聚性

当一条直线或一个平面垂直于投影面时，直线的正投影变成一个点，而平面的正投影变成一条直线，这种具有收缩、积聚性质的正投影特性称为积聚性，如图 2-4 中的(c)和(d)所示。

3. 类似性

当直线与投影面倾斜时，直线的投影仍为直线，但长度比本身短；当平面与投影面倾斜时，平面的投影仍为平面，但形状和大小都会发生变化，这种正投影特性称为类似性，如图 2-4 中的(e)和(f)所示。

2.2　点、直线和平面正投影的基本特性

2.2.1　点的正投影特性

点的正投影仍为一点，如图 2-5 所示。

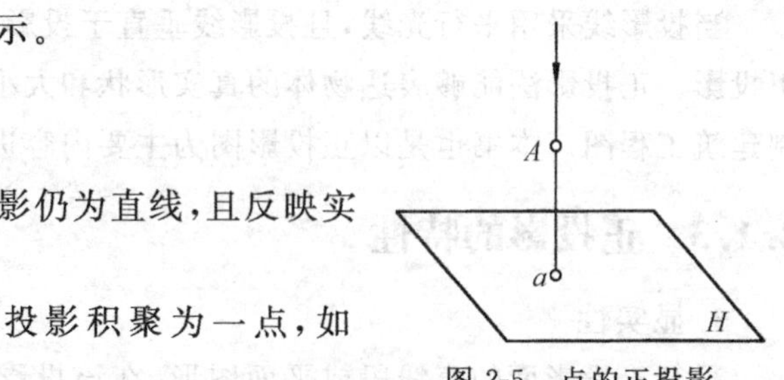

图 2-5　点的正投影

2.2.2　直线的正投影特性

(1) 当直线平行于投影面时，其投影仍为直线，且反映实长($ab=AB$)，如图 2-6(a)所示。

(2) 当直线垂直于投影面时，其投影积聚为一点，如图 2-6(b)所示。

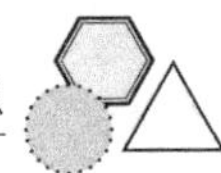

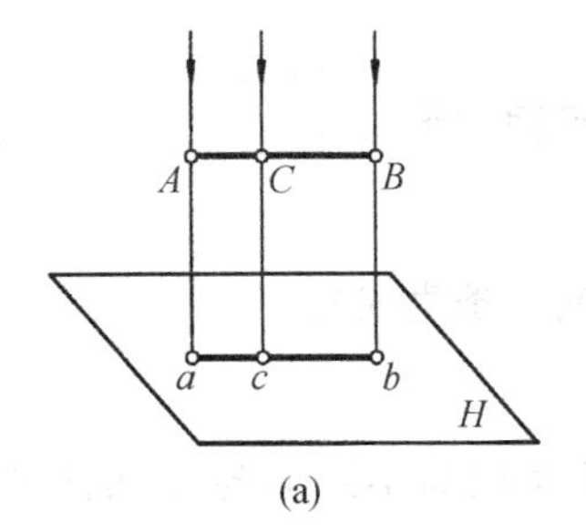

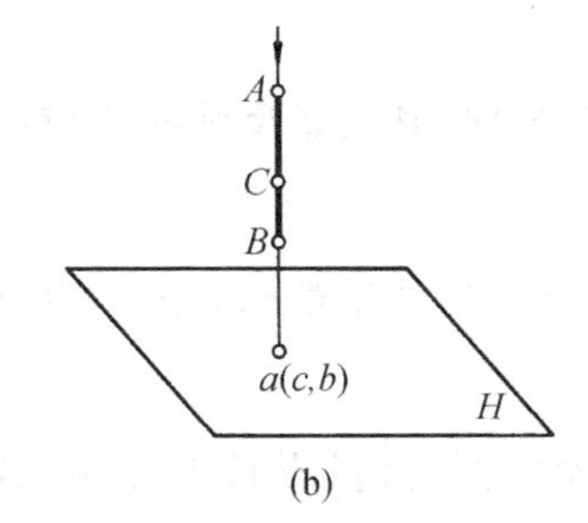

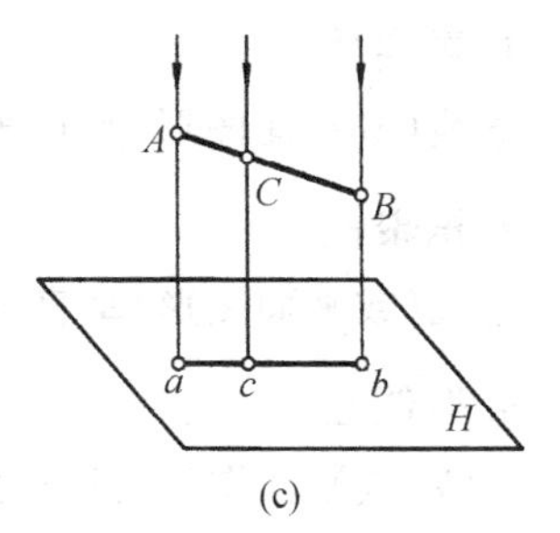

图 2-6　直线的正投影

(3) 当直线倾斜于投影面时，其投影仍为直线，但其长度比原长度短($ab<AB$)，如图 2-6(c)所示。

(4) 直线上点的投影必在该直线的投影上，如图 2-6(c)所示。C 点在 AB 上，则 C 点的投影 c 在直线 AB 的投影 ab 上。

(5) 用一点将一条直线分为两段，则两线段的长度之比等于两线段的投影之比，即 $AC:CB=ac:cb$，如图 2-6(c)所示。

2.2.3　平面的正投影特性

(1) 当平面平行于投影面时，其投影仍为平面，且反映实形($abcd=ABCD$)，如图 2-7(a)所示。

(2) 当平面垂直于投影面时，其投影积聚为一条直线，如图 2-7(b)所示。

(3) 当平面倾斜于投影面时，其投影仍为平面，但其面积会缩小($abcd<ABCD$)，如图 2-7(c)所示。

(4) 平面上一条直线的投影，必在该平面的投影上，如图 2-7(c)所示。若直线 EF 在平面 $ABCD$ 上，则 EF 的投影 ef 在平面 $ABCD$ 的投影 $abcd$ 上。

(5) 平面上一条直线分该平面后的两部分面积之比等于各自的投影所分面积之比，即 $S_{ABCD}:S_{EFCD}=S_{abfe}:S_{efcd}$，如图 2-7(c)所示。

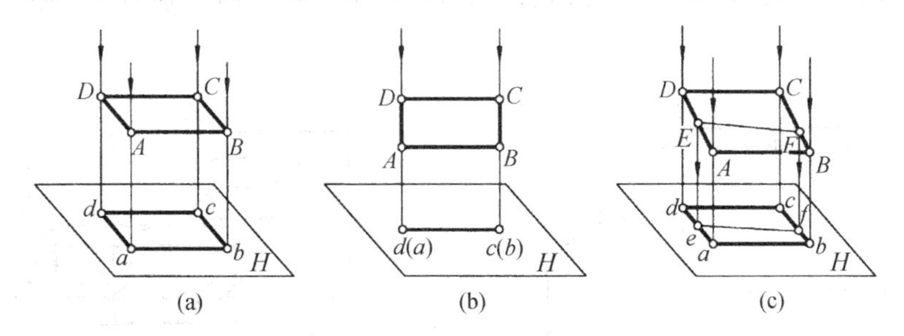

图 2-7　平面的正投影

2.2.4　由点、直线和平面的正投影概括出的基本特性

由以上点、直线和平面的正投影特性，可以总结出正投影的基本特性如下。

1. 真实性

直线(或平面图形)平行于投影面,其投影反映实长(或平面实形)。

2. 积聚性

直线(或平面图形)垂直于投影面,其投影积聚为一点(或一条直线)。

3. 类似性

直线(或平面图形)倾斜于投影面,其投影长度缩短(或面积缩小),但与原几何形状相仿。

4. 从属性

点在直线上,则点的投影必在该直线的投影上;点(或直线)在平面上,则点(或直线)的投影必在该平面的投影上。

5. 定比性

一个点分线段后所得到的两部分所成的比例,等于该点的正投影所分该线段两部分的正投影的比例;一条直线分平面所得的两部分所成的面积之比,等于该直线的正投影所分平面后得到的两部分的投影的面积之比。

2.3 三面正投影图

2.3.1 三投影面体系的建立

设一个空间中有三个相互垂直的投影面(图 2-8):水平投影面,用 *H* 表示;正立投影面,用 *V* 表示;侧立投影面,用 *W* 表示。三个投影面的交线 *OX*、*OY*、*OZ* 称为投影轴,交点 *O* 称为原点。

2.3.2 三面正投影图的形成

将物体放置在 *H*、*V*、*W* 三个投影面中间,按箭头所指方向分别向三个投影面作正投影(图 2-9)。

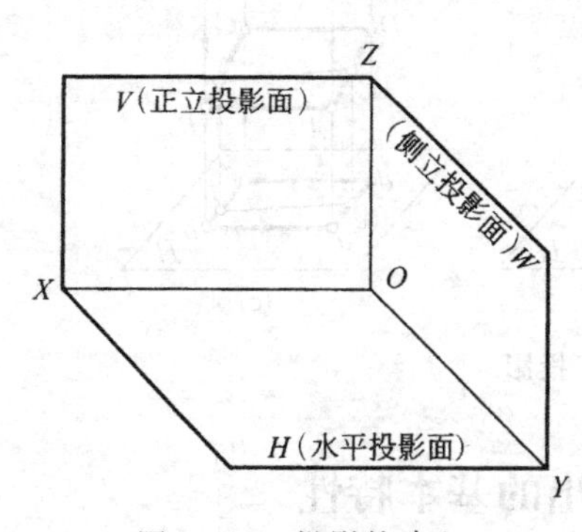

图 2-8 三投影的建立

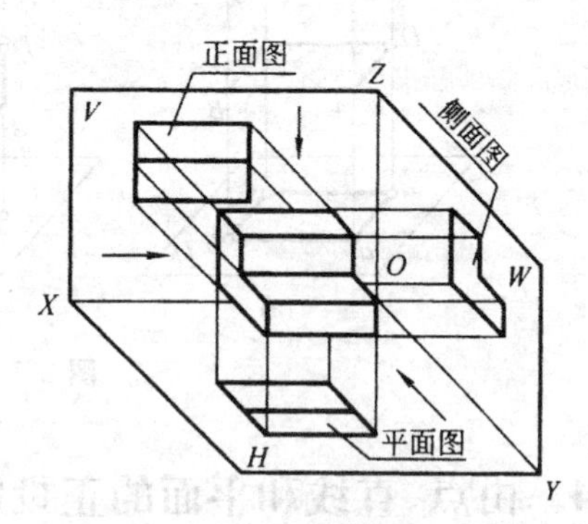

图 2-9 三投影图的形成

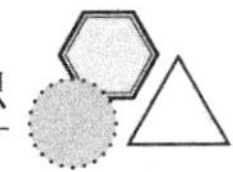

由上向下在 H 面上得到的投影称为水平投影图，简称平面图。

由前向后在 V 面上得到的投影称为正立投影图，简称正面图。

由左向右在 W 面上得到的投影称为侧立投影图，简称侧面图。

2.3.3　三个投影面的展开

为了把空间三个投影面上得到的投影图画在一个平面上，需要将三个相互垂直的投影面进行展开，如图 2-10 中的(a)、(b)所示。

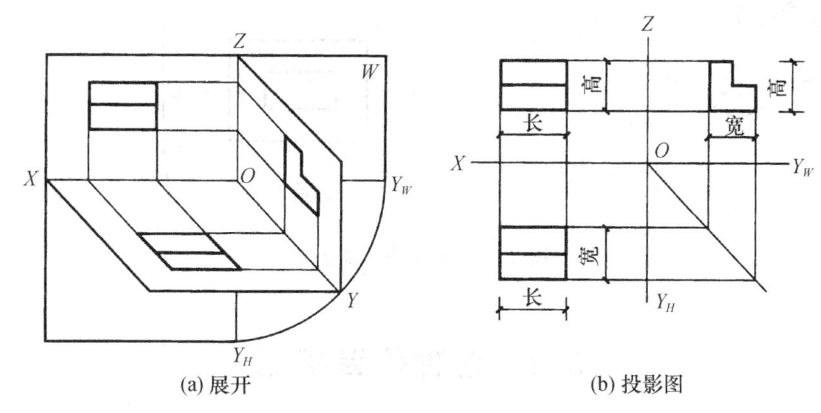

(a) 展开　　(b) 投影图

图 2-10　三投影面展开

三个投影面展开后，原三面相交的交线 OX、OY、OZ 成为两条垂直相交的直线，原 OY 轴则分为两条，在 H 面上用 OY_H 表示，在 W 面上的用 OY_W 表示。

从展开后的三面投影图的位置来看：左下方为水平投影图；左上方为正立投影图；右上方为侧立投影图。

2.3.4　三面正投影图的投影规律

任何一个空间物体都有长、宽、高三个方向的尺度，以及上、下、左、右、前、后六个方位。每一个投影能反映长、宽、高三个方向尺度中的两个及六个方位中的四个。

1. 投影图中的三种关系

正立投影图反映物体的长度和高度；水平投影图反映物体的长度和宽度；侧立投影图反映物体的宽度和高度，因此可以归纳为：正立投影图与水平投影图为长对正；正立投影图与侧立投影图为高平齐；水平投影图与侧立投影图为宽相等。

“长对正、高平齐、宽相等”的三种关系反映了三面正投影图之间的投影规律，是画图、尺寸标注、识图应遵循的准则。

2. 方位对应关系

在三面投影图中可知，正立投影图反映物体的左右、上下面；水平投影图反映物体的左右、前后面；侧立投影图反映物体的前后、上下面，如图 2-11 所示。

熟练地掌握投影图之间的三种关系及方位判别，对画图、识图将会有极大的帮助。

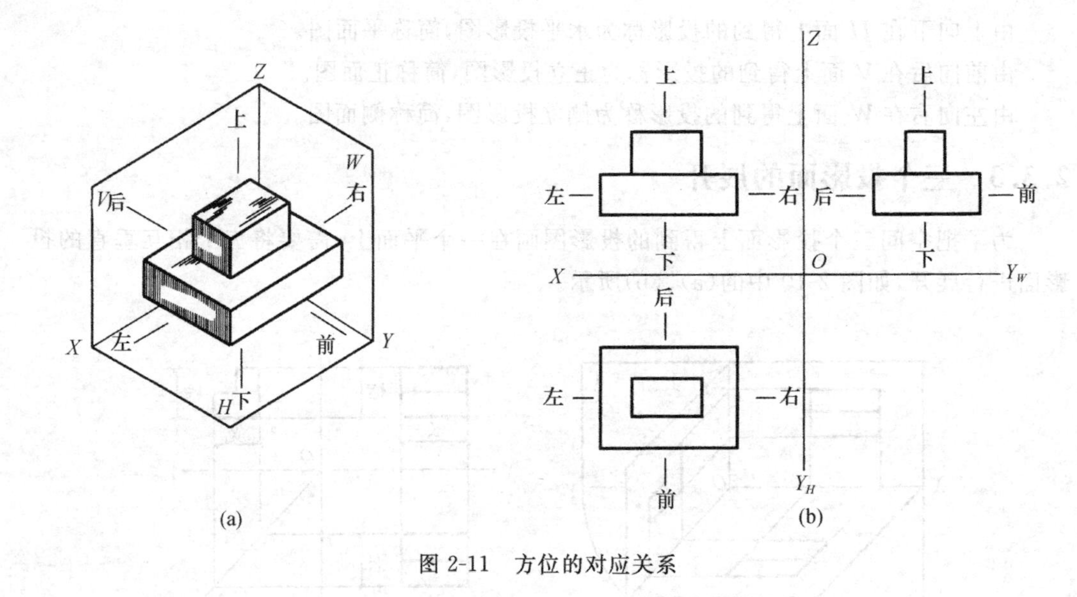

图 2-11　方位的对应关系

2.4　各种位置平面

根据平面和投影面的相对位置,可以分为特殊位置平面和一般位置平面。而特殊位置平面又分为投影面的垂直面——它垂直于某一个投影面,倾斜于另外两个投影面;投影面的平行面——它平行于某一个投影面,垂直于另外两个投影面。一般位置平面与三个投影面都倾斜。

2.4.1　投影面的垂直面

投影面的垂直面按其所垂直于的投影面的不同,又分为以下几种。

(1) 垂直于 H 面的平面叫作铅垂面;

(2) 垂直于 V 面的平面叫作正面垂直面,简称正垂面;

(3) 垂直于 W 面的平面叫作侧面垂直面,简称侧垂面。

表 2-1 分别列出了铅垂面、正垂面和侧垂面的投影图及投影特性。

表 2-1　投影面的垂直面

平面的位置	直　观　图	投　影　图	投 影 特 征
垂直于 H 面(铅垂面),即 $P\perp H$			(1) 水平投影 p 积聚为一直线,并反映出对 V、W 面的倾角 β、γ; (2) 正面投影 p' 和侧面投影 p'' 为与 P 面类似的图形

续表

平面的位置	直　观　图	投　影　图	投影特征
垂直于 V 面（正垂面），即 $Q \perp V$	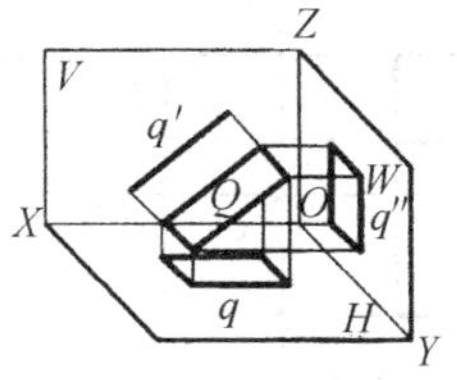	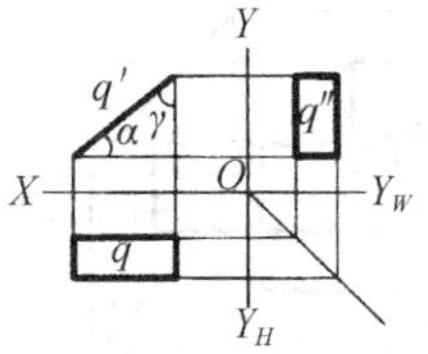	(1) 正面投影 q' 积聚为一直线，并反映出对 H、W 面的倾角 α、γ；(2) 水平投影 q 和侧面投影 q'' 为与 Q 类似的图形
垂直于 W 面（侧垂面），即 $R \perp W$	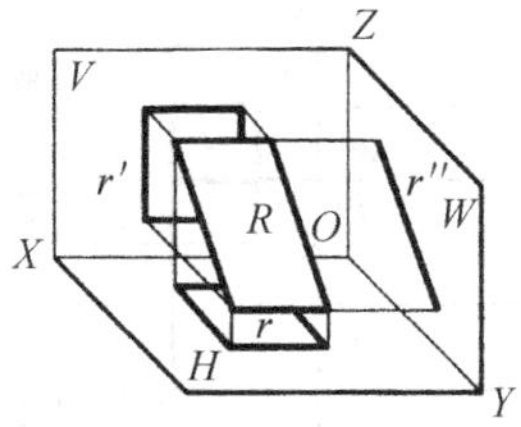	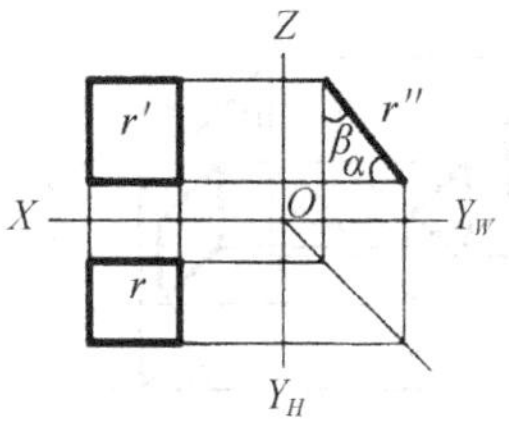	(1) 侧面投影 r'' 积聚为一直线，并反映出对 H、V 面的倾角 α、β；(2) 水平投影 r 和正面投影 r' 为与 R 面类似的图形

从表 2-1 中可以分析归纳出投影面的垂直面的投影特性为：

(1) 平面在它所垂直的投影面上的投影积聚为一直线，且该直线与投影轴的夹角分别反映平面对其他两投影面的倾角；

(2) 平面在另外两个投影面上的投影为与平面图形相类似的图形，但面积有所缩小。

2.4.2　投影面的平行面

投影面的平行面因其所平行的投影面不同，又分为以下几种：

(1) 平行于 H 面的平面叫作水平面平行面，简称水平面；

(2) 平行于 V 面的平面叫作正面平行面，简称正平面；

(3) 平行于 W 面的平面叫作侧面平行面，简称侧平面。

表 2-2 分别列出了水平面、正平面和侧平面的投影面和投影特性。

表 2-2　投影面的平行面

平面的位置	直　观　图	投　影　图	投影特性
平行于 H 面（水平面），即 $P//H$	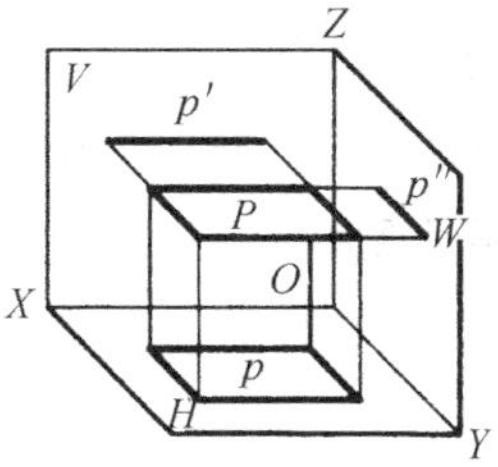	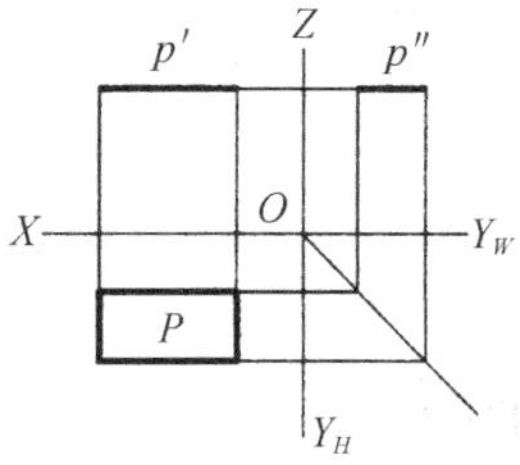	(1) 水平投影 P 反映实形；(2) 正面投影 p' 积聚为一直线，且平行于 OX 轴。侧面投影 p'' 积聚为一直线，且平行于 OY_W 轴

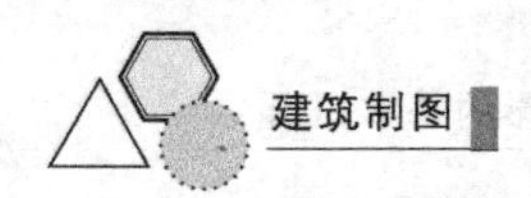

续表

平面的位置	直观图	投影图	投影特性
平行于 V 面（正平面），即 $Q//V$			(1) 正面投影 q' 反映实形； (2) 水平投影 q 积聚为一直线，且平行于 OX 轴。侧面投影 q'' 积聚为一直线，且平行于 OZ 轴
平行于 W 面（侧平面），即 $R//W$			(1) 侧面投影 r'' 反映实形； (2) 水平投影 r 积聚为一直线，且平行于 OY_H 轴。正面投影 r' 积聚为一直线，且平行于 OZ 轴

从表 2-2 中可以分析归纳出投影面的平行面的投影特性如下：

(1) 平面在它所平行的投影面上的投影反映实形；

(2) 平面在另外两个投影面上的投影积聚为一直线，且分别平行于相应的投影轴。

图 2-12 所示的是用迹线表示的铅垂面 P，其水平迹线 P_H 积聚为一与 OX、OY 轴倾斜的直线，它与 OX、OY_H 的夹角分别反映平面 P 对 V 面和 W 面的倾角 β 及 γ，正面迹线 P_V、侧面迹线 P_W 分别垂直于 OX 和 OY_W 轴。这种平面的空间位置，只用有积聚性的迹线可以充分表达。如图 2-12(c)所示，P_H 即可表示铅垂面 P。因此，我们约定：以后凡是投影面的垂直面只用有积聚性的迹线表示，不画其他迹线。

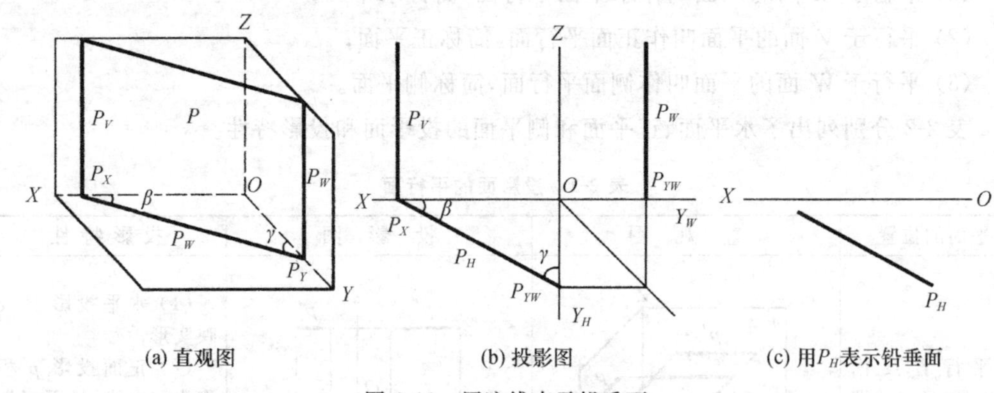

图 2-12　用迹线表示铅垂面

2.4.3　一般位置平面

如图 2-13(a)所示，$\triangle ABC$ 对投影面 H、V、W 都倾斜，因此是一般位置平面。这种位置平面在 H、V、W 面上的投影仍然为一个三角形，且各面投影的三角形的面积都小于

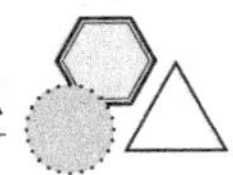

$\triangle ABC$ 的实形。由此可知，一般位置平面的投影特性为：

(1) 三面投影都成为与空间平面图形相类似的平面图形，且面积较空间平面图形的实际面积小。

(2) 平面图形的三面投影都不反映该面对投影面的真实倾角。

如果要求作一般位置平面的投影，只作平面三个点 A、B、C 的三个投影。再分别将三个点的同面投影连接起来，如图 2-13(b)所示，就可得到$\triangle ABC$ 的三面投影，如图 2-13(c)所示。

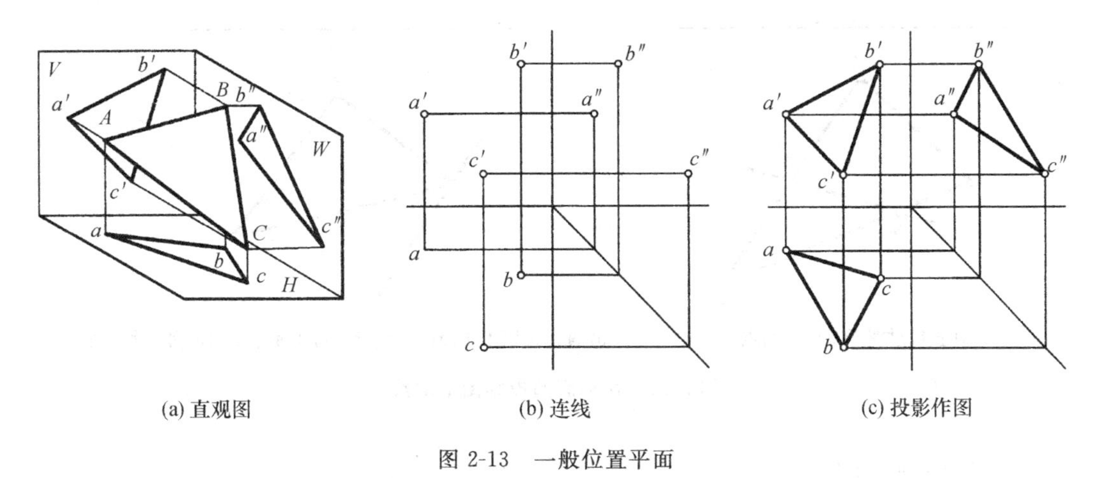

(a) 直观图　(b) 连线　(c) 投影作图

图 2-13　一般位置平面

2.4.4　属于平面的直线和点

1. 属于平面的直线

直线属于平面的几何条件是：

(1) 直线若通过属于平面的两个点，则直线属于此平面，如图 2-14(a)中的 MN。

(2) 直线若通过属于平面的一点，且平行于属于平面的另一条直线，则直线属于此平面，如图 2-14(b)中的 L。

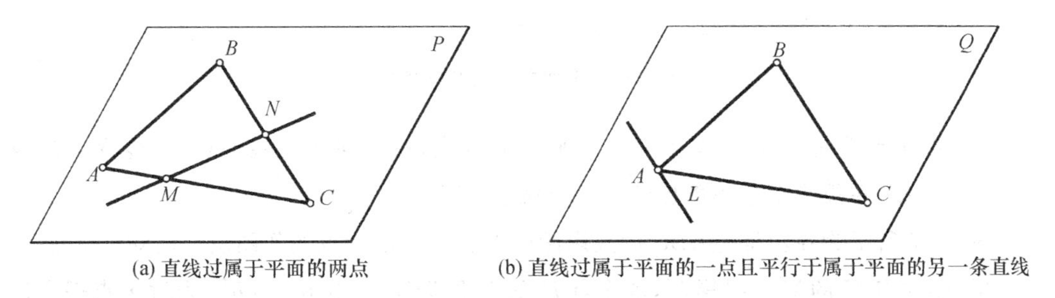

(a) 直线过属于平面的两点　(b) 直线过属于平面的一点且平行于属于平面的另一条直线

图 2-14　平面上取线的几何条件

图 2-15 所示为在已知$\triangle ABC$ 的投影图中取属于平面的直线的作图法。图 2-15(a)为先取属于$\triangle ABC$ 的两点 $M(m'、m)$、$N(n'、n)$，然后分别将其连成直线 $m'n'$、mn，则直线

MN 一定属于△ABC。图 2-15(b)为过△ABC 平面上一点 A(可为平面上任意一点),且平行于△ABC 的一条边 BC($b'c'$、bc)作一直线 L(l'、l),则直线 L 一定属于△ABC。

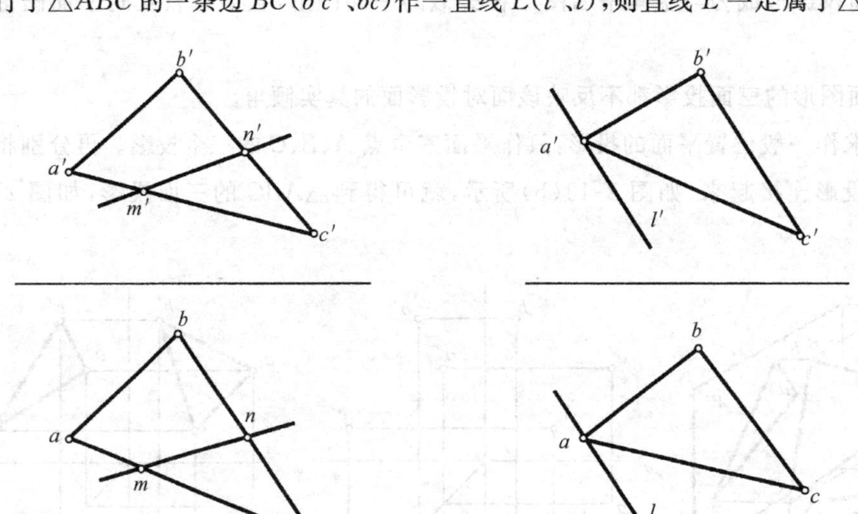

(a) 直线过属于平面的两点　　(b) 直线过属于平面的一点且平行于属于平面的另一条直线

图 2-15　在平面的投影图上取线

2. 属于平面的点

点属于平面的几何条件是:

(1) 点属于平面的任一直线,则点属于此平面,如图 2-16 所示。

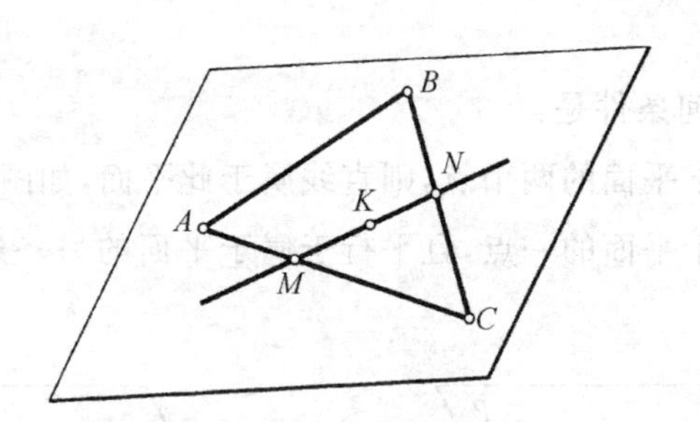

图 2-16　平面取点的几何条件

(2) 取属于平面的点,只有先取属于平面的直线,再取属于直线的点,才能保证点属于平面。否则,在投影图中不能保证点一定属于平面。

图 2-17 所示为在已知△ABC 的投影图中取属于平面的点的作图法。已知点 K 属于△ABC,还知点 K 的 V 面投影 k',求作点 K 的水平投影 k。先在△$a'b'c'$ 内过 k' 点任意作一直线 $m'n'$,然后求出其 H 面投影 mn,进而求出在 mn 上的 k 点,k 点一定属于△abc,即 k 点一定属于△ABC。

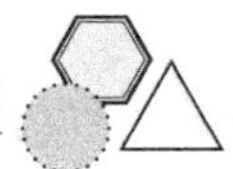

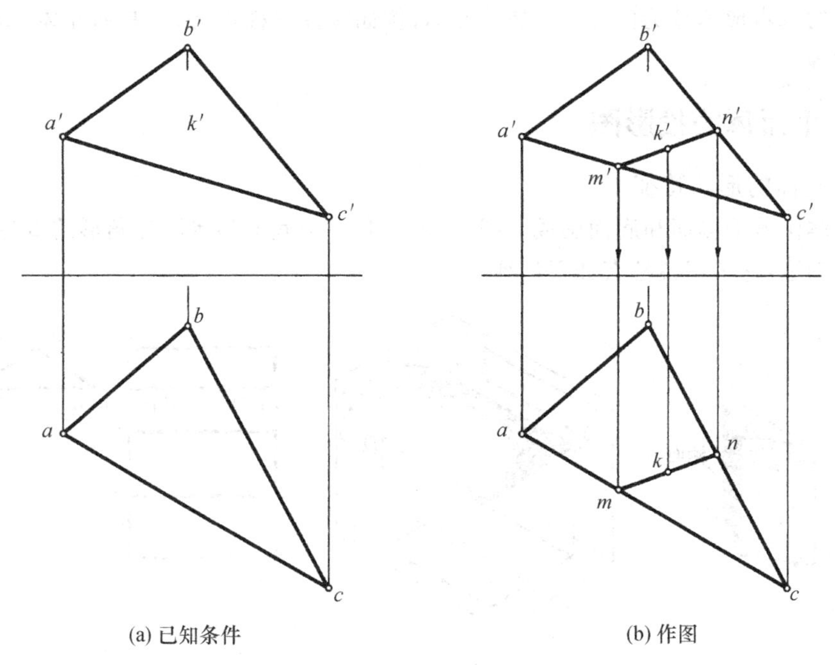

(a) 已知条件　　(b) 作图

图 2-17　在平面的投影图上取点

2.5　基本形体的投影

一般建筑物(例如房屋、纪念碑、水塔等)及其构配件(包括基础、台阶、梁、柱、门、窗等),如果对它们的形体进行分析,不难看出,它们总可以被看成是由一些简单几何体叠砌或切割而成。例如,图 2-18(a)所示的纪念碑,它的形体可以被看成是由棱锥、棱台、斜棱柱和若干正棱柱等组成。图 2-18(b)所示的水塔,它的形体可以被看成是由圆锥、球、圆台、圆柱等组成。在建筑制图中,这些简单几何体称为基本形体,建筑物及其构配件的形体称为建筑形体。

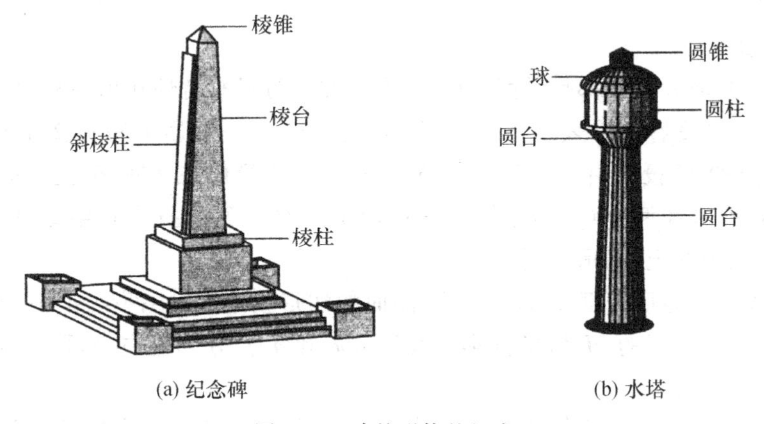

(a) 纪念碑　　(b) 水塔

图 2-18　建筑形体的组成

常见的基本形体分为两类：一是平面体，例如棱柱和棱锥等；二是曲面体，例如圆柱、圆锥和球等。

2.5.1 平面体的投影图

1. 平面体的形状特征

平面体由若干侧面和底面围成。图 2-19(a)是一个底面为等腰三角形的直三棱柱，从立体几何知道，这个三棱柱有如下特征。

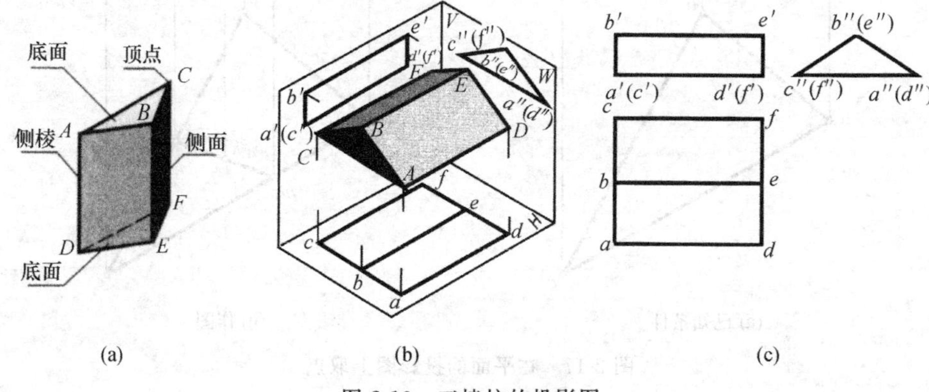

(a) (b) (c)

图 2-19 三棱柱的投影图

(1) 上、下底面是两个平行且相等的等腰三角形；

(2) 三个侧面都是矩形，一个较宽，两个较窄且相等；

(3) 所有侧棱相互平行且相等又垂直于底面，其长度等于棱柱的高。

2. 安放位置

安放形体时，一要使形体处于稳定状态，二要考虑形体的工作状况。进行投射时，要使投影面尽量平行于形体的主要侧面和侧棱，以便作出更多的实形投影。

三棱柱形体在建筑中常见于两坡顶屋面。为此，可将三棱柱平放，并使 H 面平行于大侧面，V 面平行于侧棱，见图 2-19(b)。

3. 作投影图

平面体的侧面和底面都是平面图形，只要按照平行投影特性作出各侧面的投影，就可以作出平面体的投影。为表达清楚起见，规定空间点一般用大写英文字母（A、B、C、D、…）标记，点的 H 投影用小写字母（a、b、c、d、…），V 投影在小写字母上加一撇（a'、b'、c'、d'、…），W 投影加两撇（a''、b''、c''、d''、…）标记。看不见的投影在字母外加一括号如(a)、(b')、(c'')、…标记，以示区别。

(1) H 投影。矩形线框 $adfc$ 是水平侧面的实形投影，其中两个相等的小线框 $adeb$ 和 $befc$ 是两个斜侧面的 H 仿形投影。线段 abc 和 def 分别是左、右两底面的 H 积聚投影。

(2) V 投影。矩形 $a'd'e'b'$ 和“$(c')(f')e'b'$”是前、后斜侧面重合的 V 仿形投影。水平侧面的 V 投影积聚为一水平线，左、右底面的 V 投影积聚为矩形的左、右竖直边。

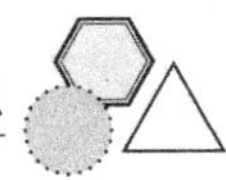

(3) W 投影。反映左、右底面的实形——等腰三角形，其底边及两腰分别是水平侧面和前、后斜侧面的积聚投影。

其他平面体（如六棱柱和三棱锥）的投影图及其特征见表 2-3。

表 2-3　平面体投影图

名　称	形体在三投影面体系中的投影	投　影　图	投影特点
六棱柱	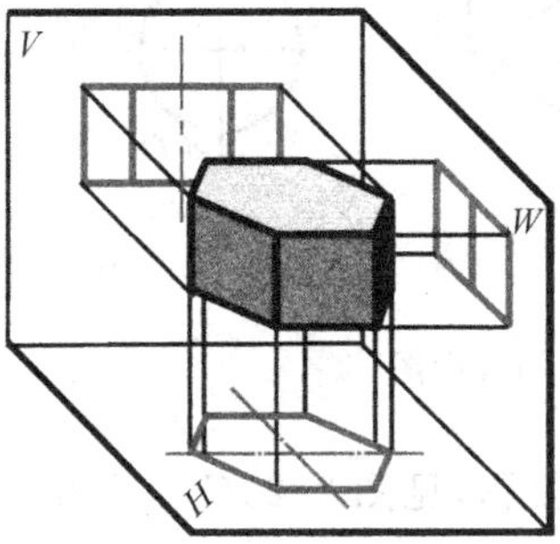	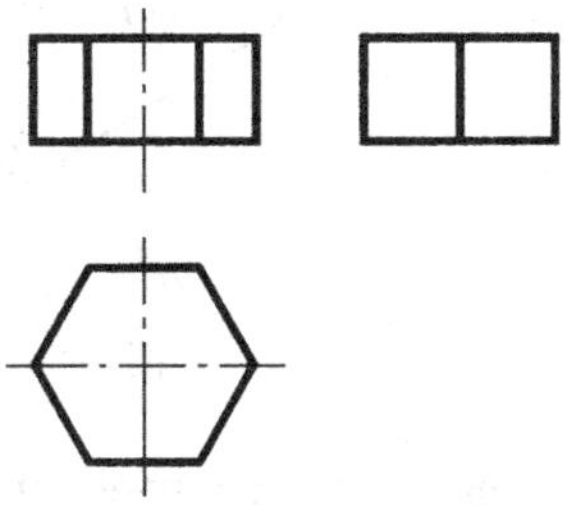	一个投影的外形是正六边形，反映上、下底面的实形，另两个投影的外形是同一高度的若干矩形
三棱柱	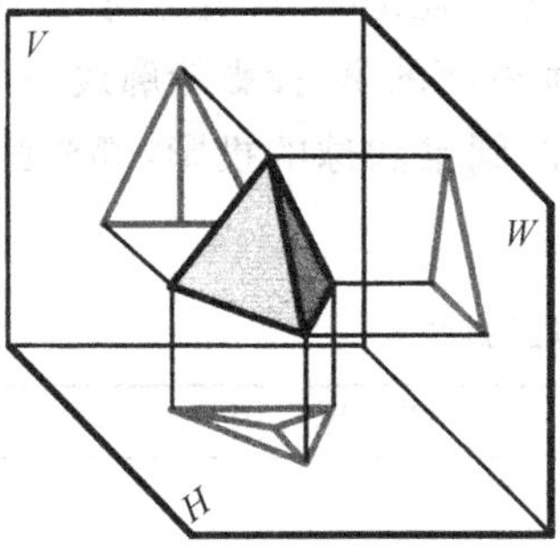	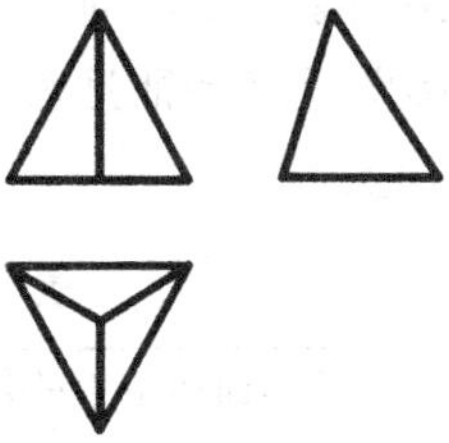	一个投影的外形是三角形，反映下底面的实形，另两个投影的外形是同一高度的三角形

如果投影图只要求表示出形体的形状和大小，而不要求反映形体与各投影面的距离，通常不画投影轴，见图 2-19(c)。在这种无轴投影图中，各个投影之间仍保持正投影的投影关系。在表 2-3 中各基本形体的投影图都属于无轴投影图。

2.5.2　曲面体的投影图

1. 曲面体的形状特征

设给出一个直圆柱，如图 2-20(a)所示。直圆柱面可以看成由无数根与柱的轴线平行、等距且长度相等的素线所围成，上、下底面是两个相等且平行的圆平面。

2. 安放位置

在建筑物上，圆柱一般用作支柱，即轴线处于竖直位置，因此 H 面平行于上、下底面，V、W 面平行于圆柱轴线。

3. 作投影图

(1) H 投影是一个与底面相等的圆，其圆周又是圆柱表面的积聚投影。

(2) V 投影是一个矩形，上、下边是圆柱上、下底面的积聚投影。左、右边是向 V 面投

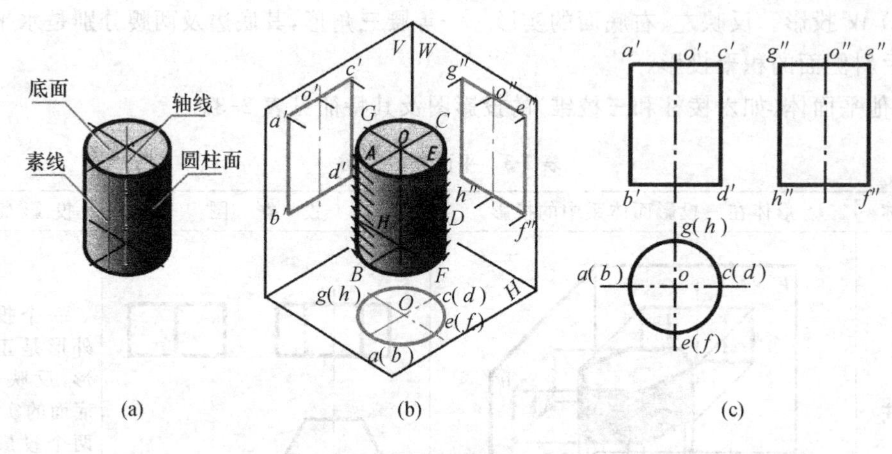

图 2-20　直圆柱的投影图

射时圆柱上最左素线 AB 和最右素线 CD 的 V 投影，见图 2-20(b)，为圆柱面的 V 投影轮廓线。

(3) W 投影也是一个矩形，形状与 V 投影一样，但其左、右边是向 W 面投射时圆柱面上最后素线 GH 和最前素线 EF 的 W 投影，为圆柱面的 W 投影轮廓线。

圆锥和球的投影图及其特征见表 2-4。圆柱、圆锥和球的投影，都要画上它们的轴线和中心线[图 2-20(c)]。

表 2-4　曲面体投影图

名　称	形体在三投影面体系中的投影	投　影　图	投影特点
圆锥			一个投影是圆，反映正圆锥底面的实形。另外两个投影是大小相等的等腰三角形，其底边等于圆锥底面的直径，是圆锥底面的积聚投影
球			三个投影都是圆，它们的直径相等

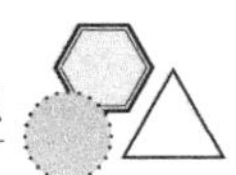

2.5.3　读投影图

每画完一个投影图，都应仔细阅读，看看根据这个投影图想象出来的空间形体是否和原来的形体完全一样。这不但可以检查作图是否正确，而且经过多次的从物到图又从图到物的反复训练，对读图能力的提高会大有裨益。要培养读图能力，应熟练掌握各种基本形体的投影特征，做到一看见基本形体的投影图，便立即知道所表示的是哪一种形体。

2.6　组合形体的投影

由若干个基本形体叠砌而成[图 2-21(a)]，或由一个大的基本形体切割掉一个或若干个小的基本形体而成[图 2-21(b)]，或既有叠砌又有切割[图 2-21(c)]的形体，统称为组合形体(combined solid)。在绘制组合形体的投影图时，可以先分析该组合形体是由哪几个基本形体叠砌或切割而成，然后根据各基本形体的相对位置，逐个画出它们的投影，从而组成组合形体的投影。

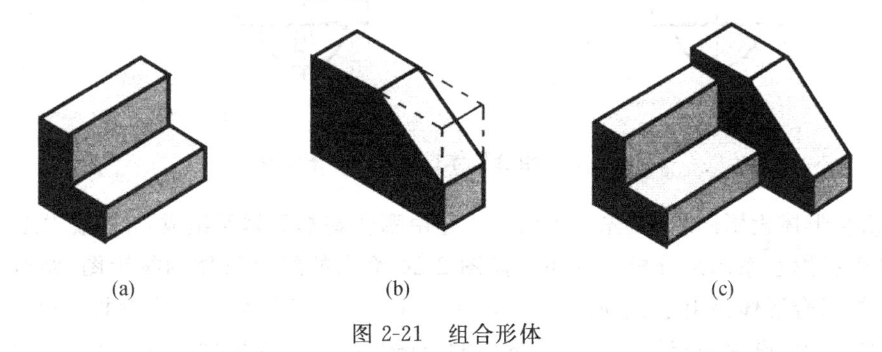

图 2-21　组合形体

设给出的组合形体如图 2-22(a)所示。经过分析，可知它是由一个大的长方体[图 2-22(b)]、一个半圆柱[图 2-22(c)]和一个小三棱柱[图 2-22(d)]叠砌组成。要画出该组合形体的投影图，作图步骤如下。

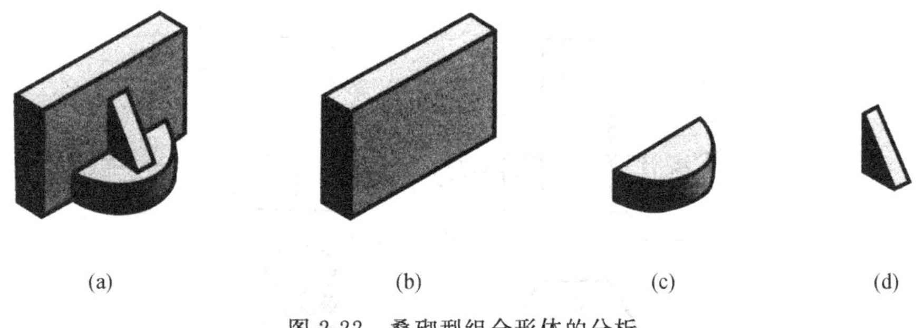

图 2-22　叠砌型组合形体的分析

(1) 在图纸的适当位置，画出组合形体的 H、V、W 投影的对称线和投影的底边，布置好三个投影的位置[图 2-23(a)]。

(2) 画出竖立的大长方体的三投影[图 2-23(b)]。

(3) 加上半圆柱的三投影[图 2-23(c)]。

(4) 再加上小三棱柱的三投影[图 2-23(d)]。

(5) 进行复核,检查画出的组合形体投影图是否与给出的模型或立体图相符。

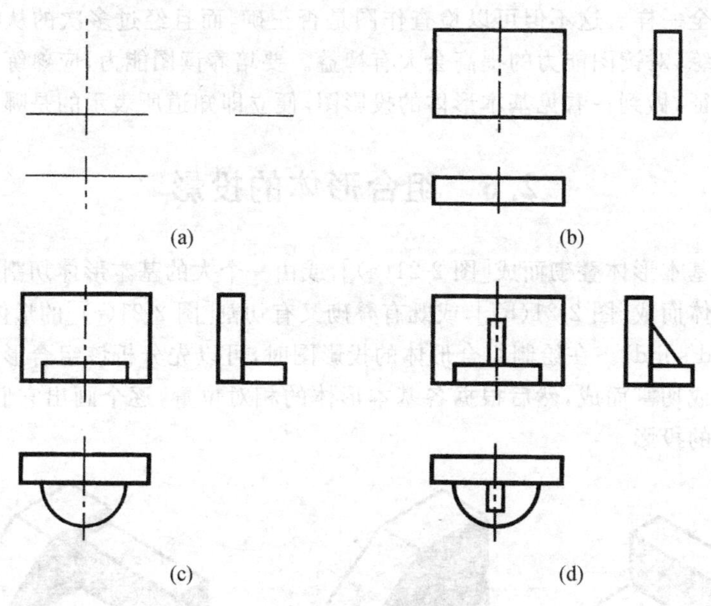

图 2-23 组合形体投影图的作图步骤

读组合形体投影图时,要先分析该形体是由哪些基本形体所组成,并根据投影图的特性,将几个投影联系起来分析。例如阅读图 2-24 给出的组合形体的投影图,结合三个投影看,可知组合形体是由上、下两个基本形体组成。上面的形体是一个圆柱,它的 H 投影是一个圆,V、W 投影是相等的矩形。下面的形体是一个直六棱柱,它的 H 投影是一个正六边形,它是六棱柱的上、下底面的实形投影。V、W 投影的大、小矩形线框,是六棱柱各侧面的 V、W 投影。综合起来,这个组合形体的形状如图 2-24 的立体图所示。这种将组合形体分析为由若干个基本形体组成,以便于画图和读图的方法,称为形体(分析)法。

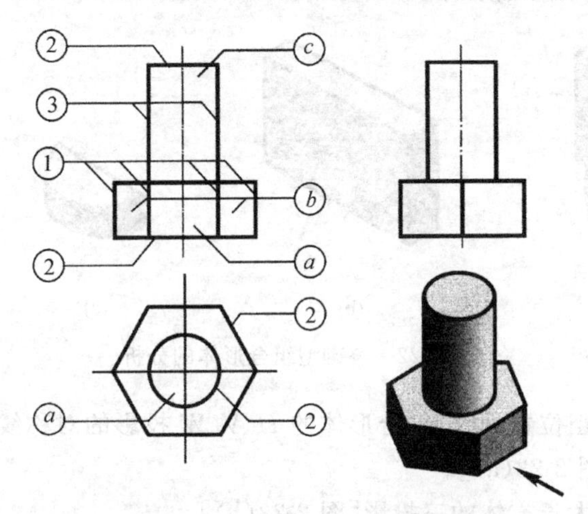

图 2-24 读组合形体投影图

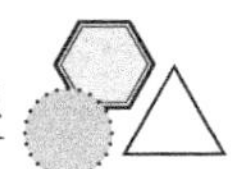

现在分析一下组合形体投影图中的线段和线框的意义。

1. 投影图中线段的意义

从图 2-24 所示组合形体的投影可知，投影图中的线段有三种不同的意义：

(1) 它可能是形体表面上相邻两面的交线，亦即是形体上棱边的投影。例如图 2-24 中 V 投影上标记为①的四根竖直线，就是六棱柱上侧面交线的 V 投影。

(2) 它可能是形体上某一个表面的积聚投影。例如图 2-24 中标记为②的线段和圆，就是六棱柱的顶面、底面、侧面和圆柱面的积聚投影。

(3) 它可能是曲面的投影轮廓线。例如图 2-24 中 V 投影上标记为③的左、右两竖直线段，就是圆柱面的 V 投影轮廓线。

2. 投影图中线框的意义

投影图中的线框有四种不同的意义：

(1) 它可能是某一表面的实形投影，例如图 2-24 中标记为ⓐ的线框，是圆柱上、下底面的 H 面实形投影和六棱柱上平行于 V 面的侧面的实形投影。

(2) 它可能是某一表面的仿形投影，例如图 2-24 中 V 投影上标记为ⓑ的线框，是六棱柱上垂直于 H 面但对 V 面倾斜的侧面的仿形投影。

(3) 它可能是某一个曲面的投影，例如图 2-24 中 V 投影上标注为ⓒ的线框，是圆柱面的 V 投影。

(4) 它也可能是形体上一个空洞，即“虚”的形体表面的投影。

分析三面投影图中相互对应的线段和线框的意义，可以进一步认识各个基本形体的形状和组合形体的整体形状。这种方法称为线面(分析)法。

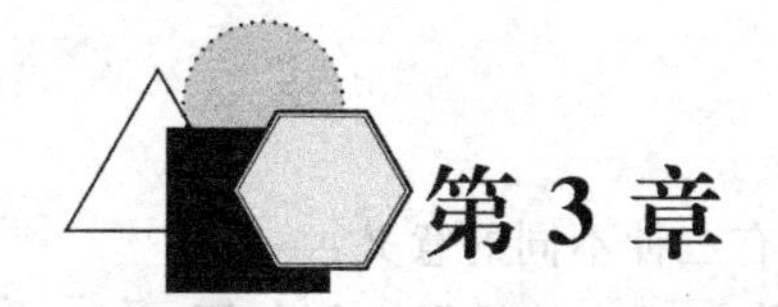

第3章 点、直线、平面的投影

3.1 点的投影

一切形体的构成都离不开点、直线和面(平面、曲面)等基本几何元素。例如,图3-1所示的房屋建筑形体是由7个侧面所围成的,各个侧面相交形成15条侧棱线,各侧棱线又相交于A、B、C、D、…,J共10个顶点。从分析的观点看,只要把这些顶点的投影画出来,再用直线将各点的投影一一连接起来,便可以作出一个形体的投影。掌握点的投影规律是研究线、面、体投影的基础。

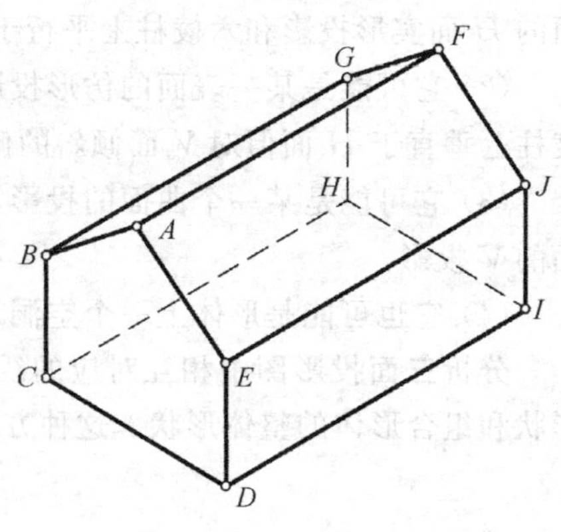

图3-1 房屋形体

3.1.1 点的三面投影及投影规律

1. 点的三面投影

表示空间点A在三投影面体系中的投影,如图3-2(a)所示,将点A分别向3个投影面投射,就是过点A分别作垂直于3个投影面的投射线,则其相应的垂足a、a'、a''就是点A的三面投影。点A在水平投影面上的投影用a表示,称为点A的水平投影;在正投影面上的投影用a'表示,称为点A的正面投影;在侧面投影面上的投影用a''表示,称为点A的侧面投影。图3-2(b)所示为点A的三面投影图。

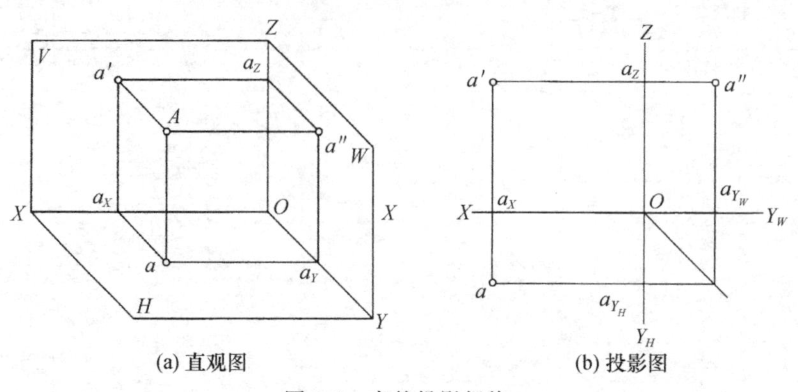

(a) 直观图 (b) 投影图

图3-2 点的投影规律

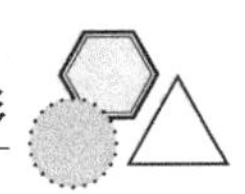

2. 三面投影体系中点的投影规律

从图 3-2(a)可知，平面 $Aa'a_Xa$ 是一个矩形，以 $a'a_X$ 与 Aa 平行并且相等，反映出点 A 到 H 面的距离；aa_X 与 Aa'平行并且相等，反映出点 A 到 V 面的距离；aa_Y 与 Aa''平行并且相等，反映出点 A 到 W 面的距离。

可见三面投影体系中点的投影规律是：

(1) 点的 V 面投影和 H 面投影的连线垂直于 OX 轴，即 $a'a \perp OX$。

(2) 点的 V 面投影和 W 面投影的连线垂直于 OZ 轴，即 $a'a'' \perp OZ$。

(3) 点的 H 面投影至 OX 轴的距离等于其 W 面投影至 OZ 轴的距离，即 $aa_X = a''a_Z$。

应用上述投影规律，可根据一点的任意两个已知投影，求得它的第 3 个投影。

【例 3-1】 如图 3-3(a)所示。已知点 A 的正面投影 a'和侧面投影 a''，求作水平投影 a。

分析：根据点的投影规律，即可作出点的三面投影。

作图步骤如下：

(1) 过点 a'。按箭头方向，作 $a'a_X$ 垂直于 OX 轴，并适当延长。

(2) 过点 a''。按箭头方向，作线垂直于 OY_W 轴并延长，交于转折线后再向左垂直交于 OY_H 轴并适当延长，与 $a'a_X$ 延长线交于点 a，点 a 即为所求，如图 3-3(b)所示。

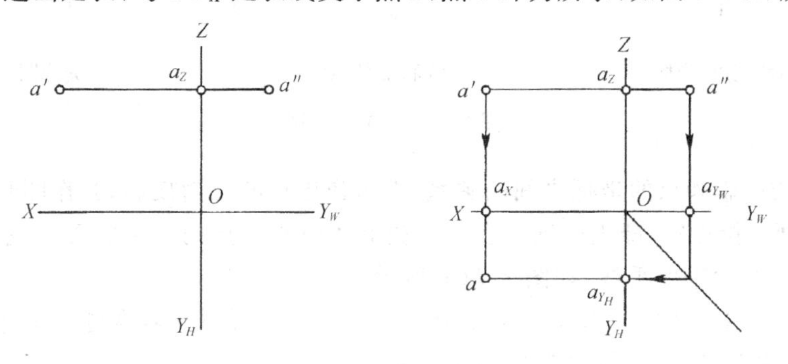

(a) 已知条件　　(b) 作图步骤

图 3-3　已知点的两面投影并求第三投影

3.1.2 点的投影与直角坐标

如图 3-4 所示，空间一点的位置可用其直角坐标表示为 $A(x,y,z)$，点 A 三投影的坐标分别为 $a(x,y)$，$a'(x,z)$，$a''(y,z)$。

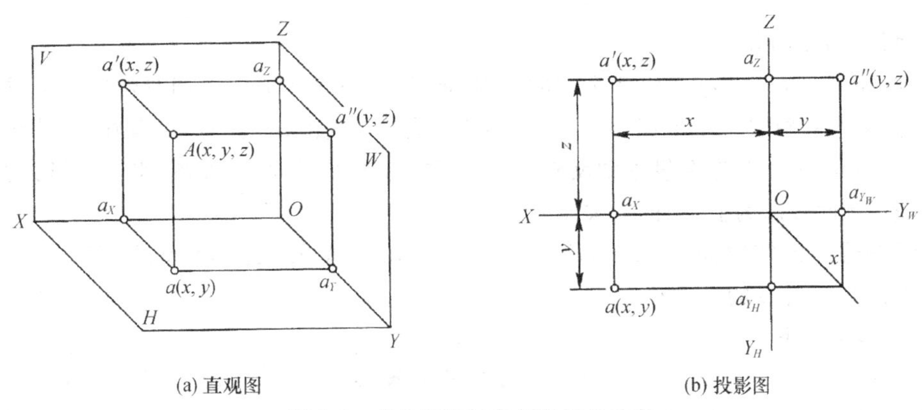

(a) 直观图　　(b) 投影图

图 3-4　点的投影与直角坐标的关系

点 A 的直角坐标与点 A 的投影及点 A 到投影面的距离有如下关系。

(1) 点 A 的 X 坐标(x)=点 A 到 W 面的距离,即 $Aa''=a'a_Z=aa_{Y_H}=a_XO$。

(2) 点 A 的 Y 坐标(y)=点 A 到 V 面的距离,即 $Aa'=a''a_Z=aa_X=a_{YO}$。

(3) 点 A 的 Z 坐标(z)=点 A 到 H 面的距离,即 $Aa=a''a_{Y_H}=a'a_X=a_ZO$。

由于空间点的任一投影都包含了两个坐标,所以一点的任意两个投影的坐标值,就包含了确定该点空间位置的 3 个坐标,即确定了点的空间位置。可见,若已知空间点的坐标,则可求其三面投影,反之亦可。

【例 3-2】 如图 3-5 所示,已知空间点 A(15,12,20),求作 A 点的三面投影图。

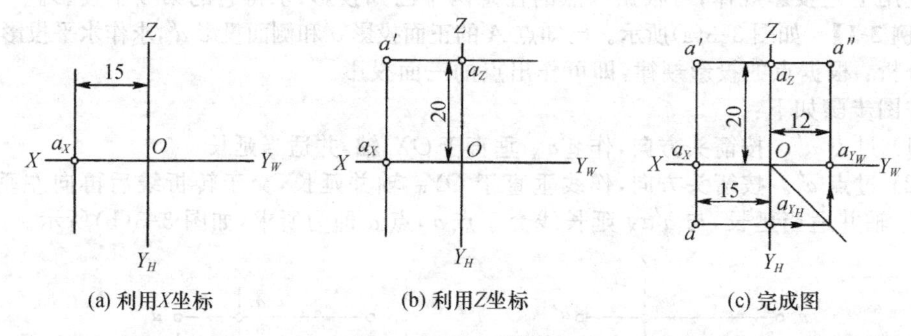

图 3-5 点 A 的投影

根据点的投影和点的坐标之间的关系,即可作出点的三面投影,其作图步骤如下:

(1) 先画出投影轴(即坐标轴),在 OX 轴上从 O 点开始向左量取 X 坐标 15mm,定出 a_X,再过 a_X 作 OX 轴的垂线,如图 3-5(a)所示。

(2) 在 OZ 轴上从 O 点开始向上量取 Z 坐标 20mm,定出 a_Z,再过点 a_Z 作 OZ 轴的垂线,两条垂线的交点即为 a',如图 3-5(b)所示。

(3) 在 $a'a_X$ 的延长线上,从 a_X 向下量取 Y 坐标 12mm 得 a;在 $a'a_Z$ 的延长线上,从 a_Z 向右量取 Y 坐标 12mm 得 a''。

或者由投影 a'、a 借助 45°转折线的作图方法("宽相等"的对应关系)也可作出投影点 a'',则 a'、a、a'' 即为 A 点的三面投影,如图 3-5(c)所示。

3.1.3 两点的相对位置及重影点

1. 两点的相对位置

两点的相对位置是指空间两个点的左右、前后、上下 3 个方向的相对位置。可根据它们的坐标关系来确定。X 坐标大者在左,小者在右;Y 坐标大者在前,小者在后;Z 坐标大者在上,小者在下。两点在投影中反映出:正面投影为上下、左右关系;水平投影为左右、前后关系;侧面投影为上下、前后关系。

【例 3-3】 已知空间点 A(15,15,15),点 B 在点 A 的左方 5mm、后方 6mm、上方 3mm,求作空间点 B 的三面投影图。

作图步骤如下:

(1) 根据点 A 的三个坐标可作出点 A 的三面投影 a、a'、a'',如图 3-6(a)所示。

(2) 在 OX 轴上从 O 点开始向左量取 X 坐标[15+5=20(mm)],得一点 b_X,过该点

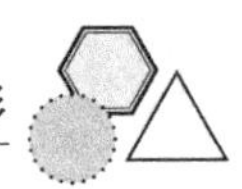

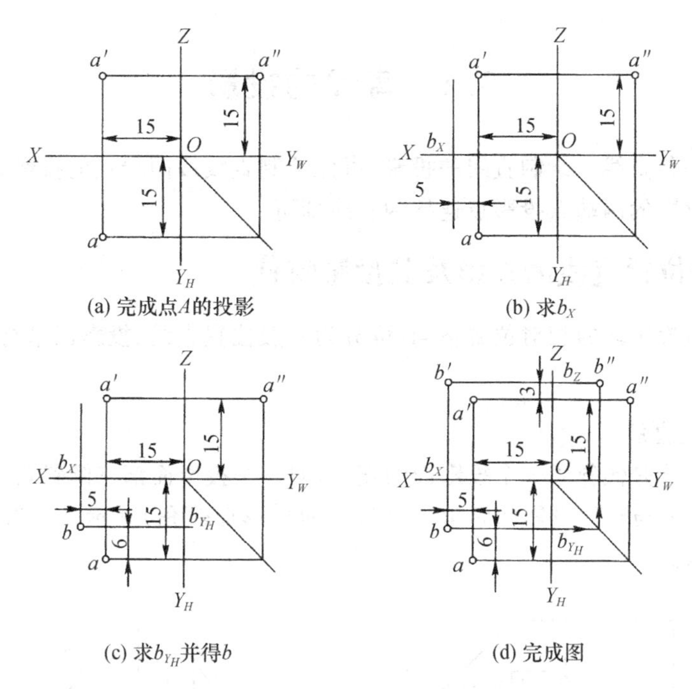

(a) 完成点A的投影　(b) 求b_X

(c) 求b_{Y_H}并得b　(d) 完成图

图 3-6　空间两点的相对位置

作 OX 轴的垂线，如图 3-6(b)所示。

(3) 在 OY_H 轴上从 O 点开始向后量取 Y_H 坐标[15－6＝9(mm)]，得一点 b_{Y_H}，过该点作 OY_H 轴的垂线，与 OX 轴的垂线相交，交点为空间点 B 的 H 面投影 b，如图 3-6(c)所示。

(4) 在 OZ 轴上从 O 点开始向上量取 Z 坐标[15＋3＝18(mm)]，得一点 b_Z，过该点作 OZ 轴的垂线，与 OX 轴的垂线相交，交点为空间点 B 的 V 面投影 b′，再由 b 和 b′作出 b″，完成空间点 B 的三面投影，如图 3-6(d)所示。

2. 重影点及其可见性

如图 3-7(a)所示，如果空间点 A 和点 B 的 X、Y 坐标相同，只是点 A 的 Z 坐标大于点 B 的 Z 坐标，则 A、B 两点的 H 面投影 a 和 b 将重合在一起，V 面投影 a′在 b′之上，且在同一条 OX 轴的垂线上，W 面投影 a″在 b″之上，且在同一条 OY_W 轴的垂线上。这种投影在某一投影面上重合的两个点，称为该投影面的重影点。重影点在标注时，将不可见的点的投影加上括号，如图 3-7(b)所示。

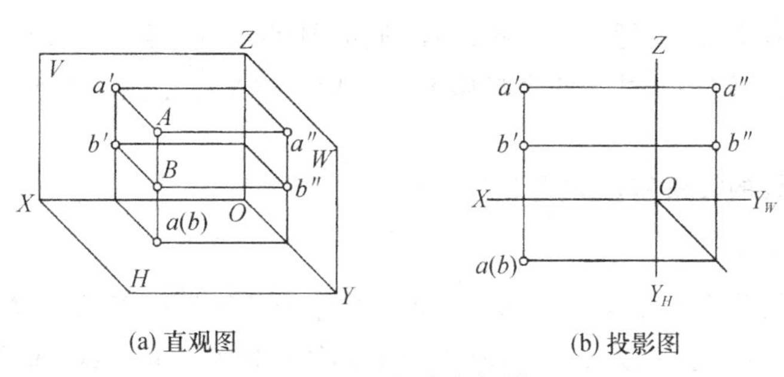

(a) 直观图　(b) 投影图

图 3-7　重影点的投影

3.2 直线的投影

两点确定一条直线。绘制直线的投影，可先绘制直线段两端点的投影，然后用粗实线将各不相同面投影的两端点投影点连接为直线即可。

3.2.1 各种位置直线的投影及其投影特性

直线按其与投影面的相对位置不同，可分为一般位置直线、投影面平行线和投影面垂直线。

1. 一般位置直线

一般位置直线是倾斜于 3 个投影面的直线，对 3 个投影面都有倾斜角，分别用 α（与水平投影面倾角）、β（与正面投影面倾角）、γ（与侧面投影面倾角）表示。一般位置直线的投影如图 3-8 所示。

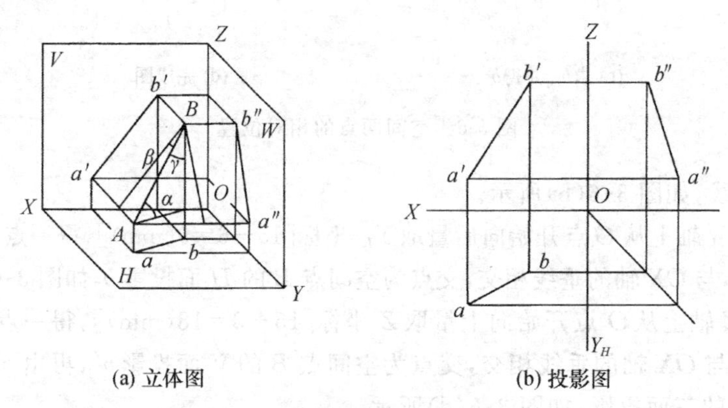

图 3-8 一般位置直线的投影

一般位置直线的投影特性如下。

(1) 三面投影均短于实长。

(2) 三面投影均倾斜于投影轴，其与投影轴的夹角不等于直线对投影面的倾角。

2. 投影面平行线

投影面平行线是指平行于某一投影面，同时倾斜于其余两个投影面的直线。投影面平行线又可分为水平线（平行于水平投影面，同时倾斜于其余两个投影面）、正平线（平行于正面投影面，同时倾斜于其余两个投影面）和侧平线（平行于侧面投影面，同时倾斜于其余两个投影面）。

投影面平行线的投影特性如表 3-1 所示。

3. 投影面垂直线

投影面垂直线是垂直于某一投影面，同时平行于其他投影面的直线。投影面垂直线可分为铅垂线（垂直于水平投影面，同时平行于其他投影面）、正垂线（垂直于正面投影面，同时平行于其他投影面）、侧垂线（垂直于侧面投影面，同时平行于其他投影面）。

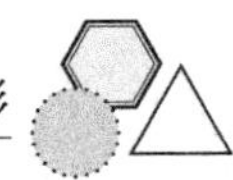

表 3-1　投影面平行线的投影特性

名　称	水　平　线	正　平　线	侧　平　线
立体图	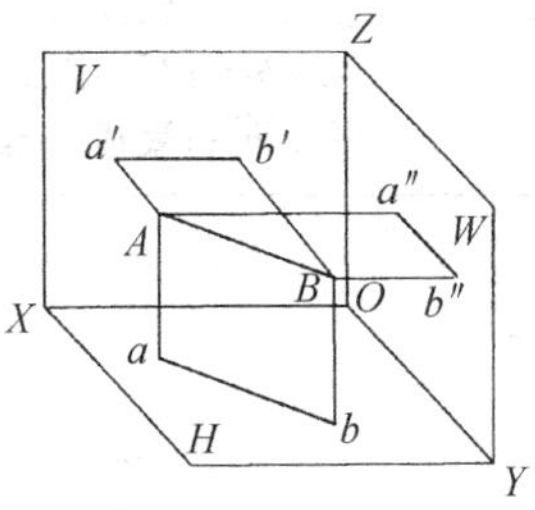	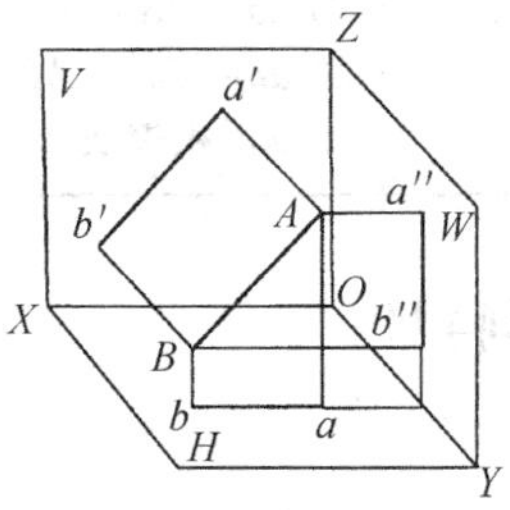	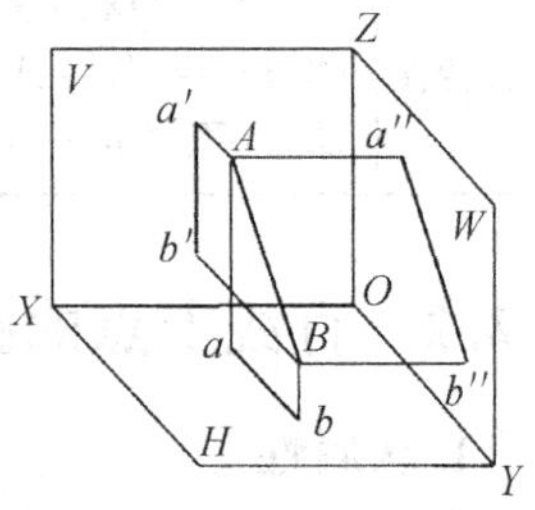
投影图	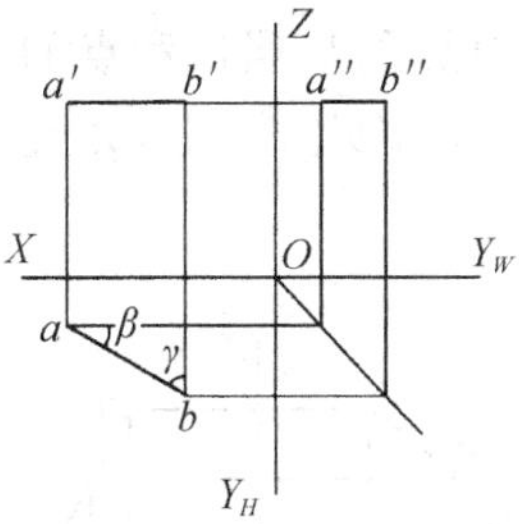	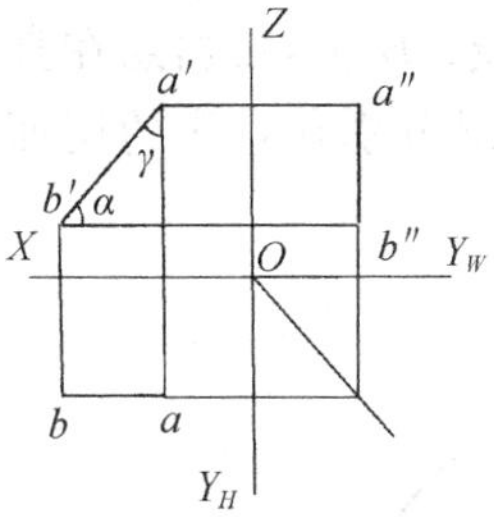	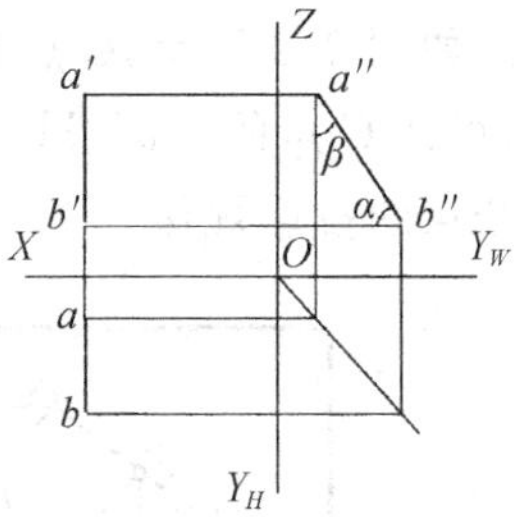
投影特性	① $a'b'//OX$，$a''b''//OY_W$ ② $ab=AB$ ③ 反映 β、γ 夹角	① $ab//OX$，$a''b''//OZ$ ② $a'b'=AB$ ③ 反映 α、γ 夹角	① $a'b'//OZ$，$ab//OY_H$ ② $a''b''=AB$ ③ 反映 α、β 夹角

投影面垂直线的投影特性如表 3-2 所示。

表 3-2　投影面垂直线的投影特性

名　称	铅　垂　线	正　垂　线	侧　垂　线
立体图	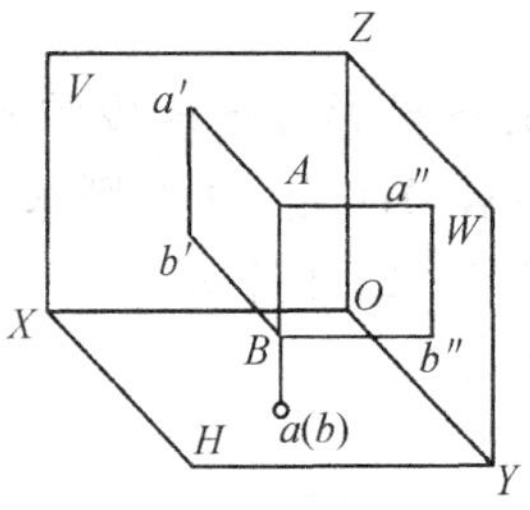	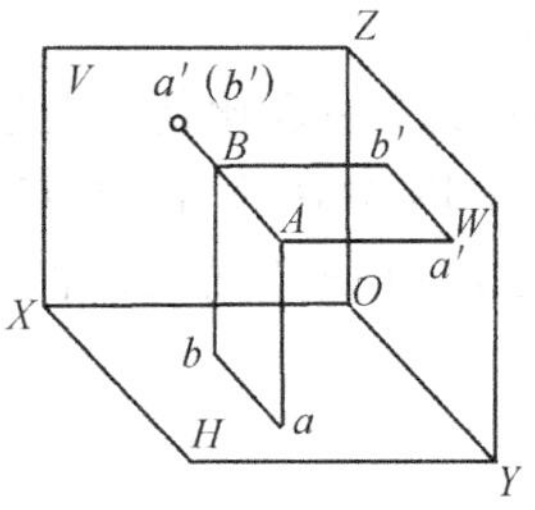	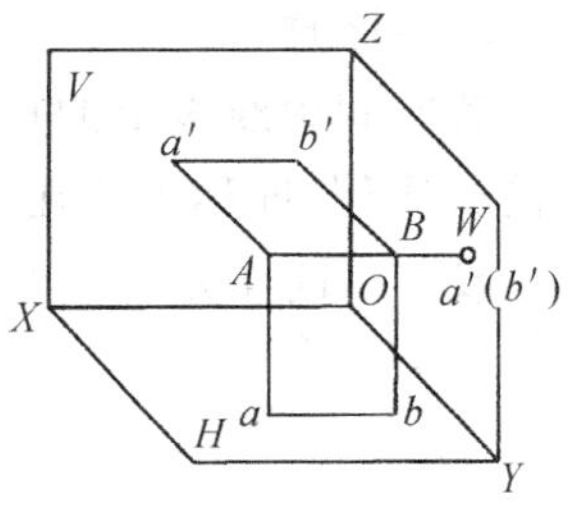
投影图	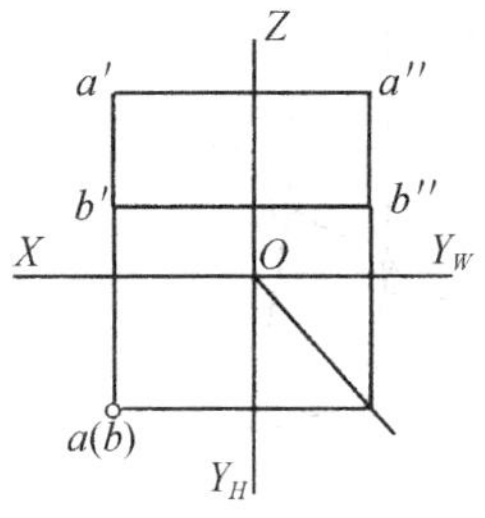	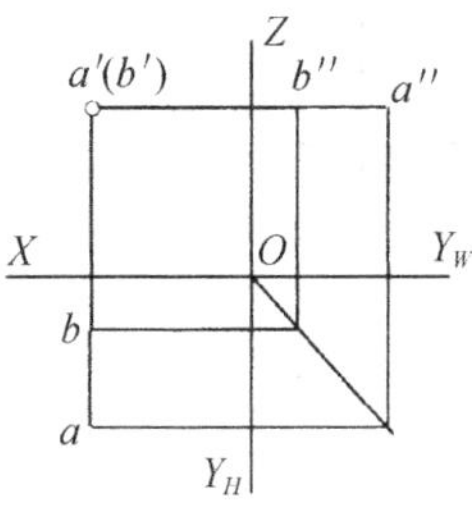	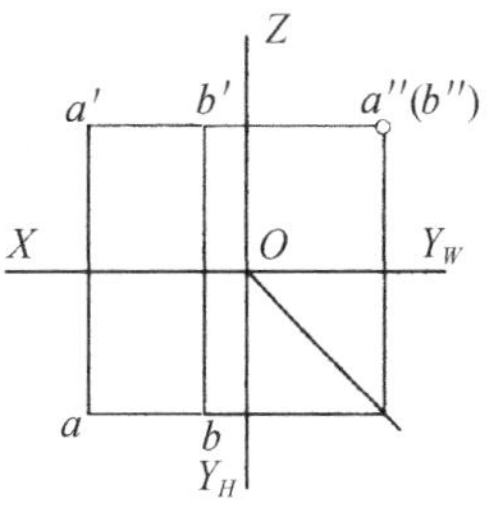

续表

名 称	铅 垂 线	正 垂 线	侧 垂 线
投影特性	① $a'b' \perp OX, a''b'' \perp OY_W$ ② $a'b'=a''b''=AB$ ③ ab 积聚成一点	① $ab \perp OX, a''b'' \perp OY_H$ ② $ab=a'b'=AB$ ③ $a'b'$积聚成一点	① $a'b' \perp OZ, ab \perp OY_H$ ② $ab=a'b'=AB$ ③ $a''b''$积聚成一点

3.2.2 直线上点的投影特性

1. 从属性

直线上点的投影必在该直线的相同面(以下简称同面)投影上，该特性称为点的从属性。如图 3-9 所示，C 点在直线 AB 上，根据点在直线上投影的从属性和点的三面投影规律，可知 C 点的三面投影 c、c'、c''分别在直线的同面投影 ab、$a'b'$、$a''b''$上，并且其三面投影符合点的投影规律。

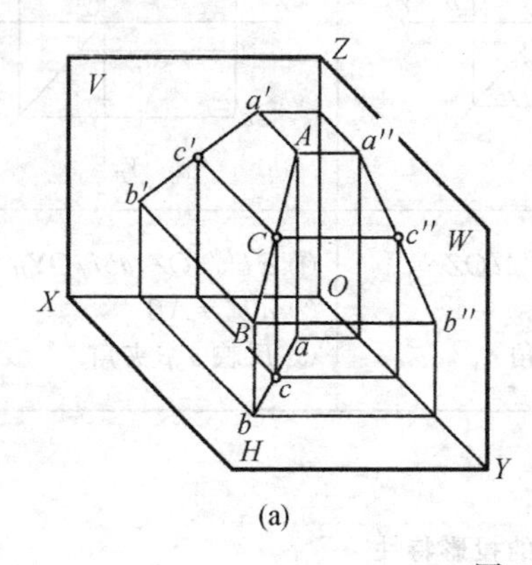

(a)

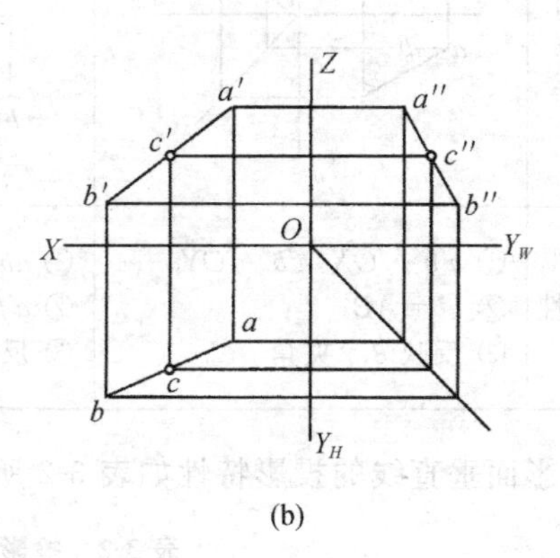

(b)

图 3-9 点的从属性

2. 定比性

若空间中线段上的点分线段成一定比例，则此点的各投影分该线段的同面投影成相同的比例，即称为定比性。如图 3-10 所示，点 C 分线段 AB 为 3∶2，则水平投影 c 和正面投影 c'同样分别分直线 AB 的同面投影 ab 和 $a'b'$为 3∶2，并且 $ac∶cb=3∶2$，$a'c'∶c'b'=3∶2$。

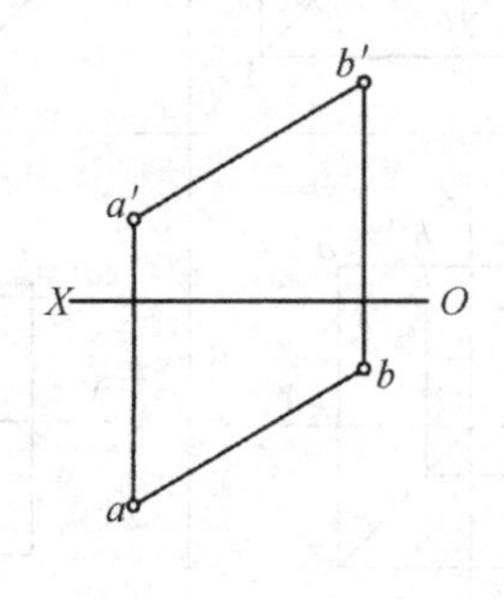

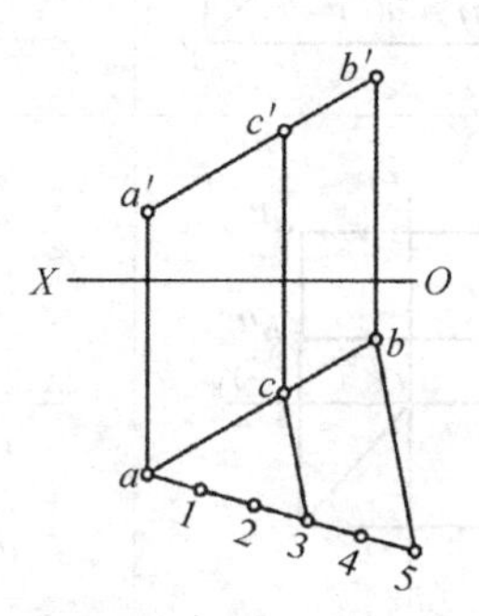

图 3-10 点的定比性

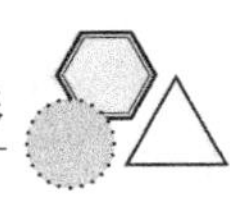

3.2.3 两直线的相对位置

1. 两直线平行

若空间两直线相互平行，则它们的同面投影必平行。反之，若两直线的同面投影都互相平行，则两直线在空间中也必然是平行的，如图 3-11 所示。

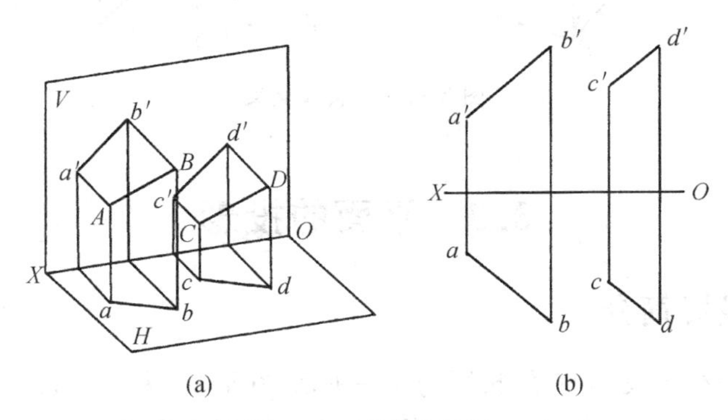

图 3-11　两直线平行

2. 两直线相交

若空间两直线相交，则它们的同面投影仍然相交，且各同面投影的交点应符合空间的投影规律；反之，若两直线的同面投影都相交，而交点符合空间点的投影规律，则这两条线在空间也必定是相交的。

如图 3-12 所示，AB、CD 为空间中两条相交直线，其交点 E 为两直线的共有点，两直线的水平投影 ab 与 cd 的交点 e 是 E 点的水平投影；两直线的正面投影 $a'b'$ 与 $c'd'$ 的交点 e' 是 E 点的正面投影。因为 e 与 e' 是同一点 E 的两面投影，故 e 与 e' 的连线必与其投影轴垂直。

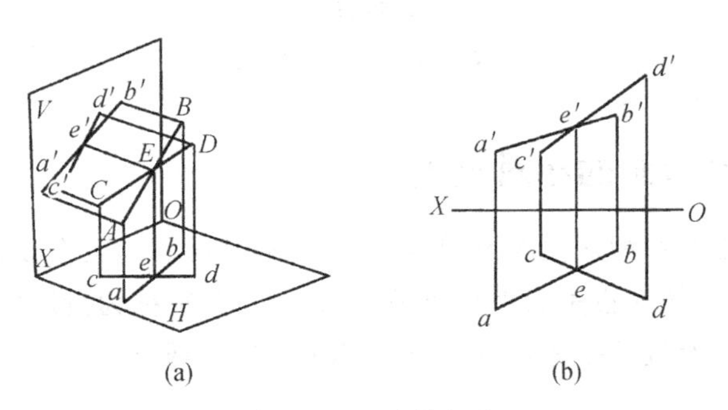

图 3-12　两直线相交

3. 两直线交叉

当空间中两直线既不平行也不相交时，称为交叉直线。两直线在空间中如果既不平行也不相交，那么它们的位置关系一定是交叉。

交叉两直线的同面投影可能有时为相互平行，但其在 3 个投影面上的同面投影不会全部相互平行。交叉两直线的同面投影也可以是相交的，如图 3-13 所示。

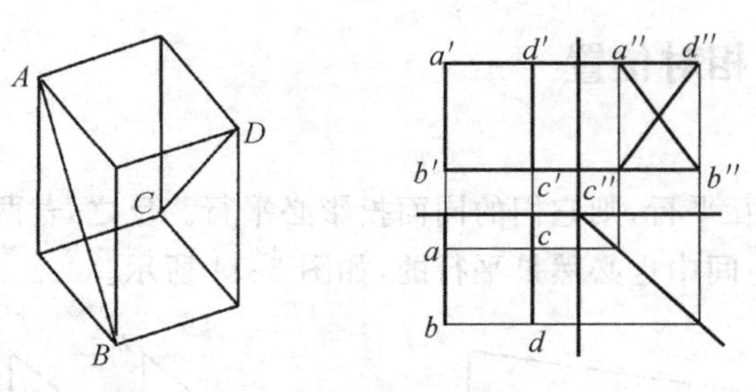

图 3-13　两直线交叉

3.3　平面的投影

3.3.1　平面投影简介

当一个平面平行于投影面时，投影仍为一平面，其形状、大小与原平面一致；当一个平面垂直于投影面时，投影积聚为一直线；当一个平面倾斜于投影面时，投影为类似平面形，但不反映实形。三种情形如图 3-14 所示。

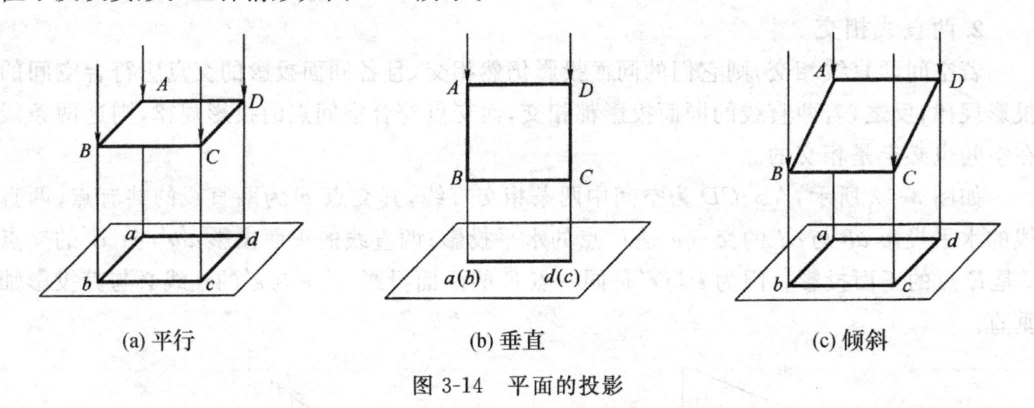

(a) 平行　　(b) 垂直　　(c) 倾斜

图 3-14　平面的投影

3.3.2　平面与投影面的相对位置

根据平面与投影面的相对位置不同，可分为三种情况。与三个投影面都倾斜的平面，称为一般位置平面；与任一投影面平行或垂直的平面，分别称为投影面平行面和投影面垂直面。前一种称为一般位置平面，后两种称为特殊位置平面。

1. 一般位置平面

空间平面对三个投影面都倾斜，在三个投影面的投影均为类似平面形，既不反映实形，也不能反映平面对投影面的真实夹角，如图 3-15 所示。

2. 投影面平行面

平面平行于一个投影面，垂直于其他两个投影面，称为投影面平行面。投影面平行面可分为三种(见表 3-3)：水平面，平面平行于 H 面，垂直于 V 面、W 面；正平面，平面平行于 V 面，垂直于 H 面、W 面；侧平面，平面平行于 W 面，垂直于 V 面、H 面。

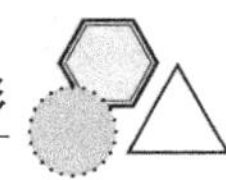

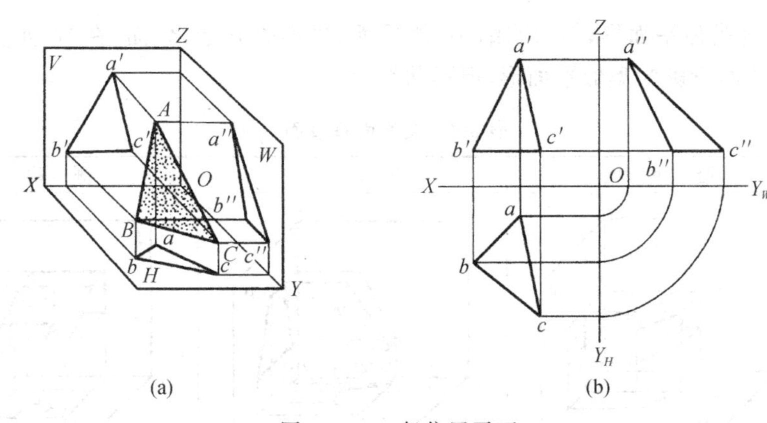

图 3-15　一般位置平面

表 3-3　投影面平行面

名　称	水　平　面	正　平　面	侧　平　面
直观图			
投影图			
投影特性	在所平行的投影面上的投影反映实形，另外两个投影面上的投影积聚成直线，且分别平行于相应的投影轴		
判别	一框两直线，定是平行面，框在哪个面，即平行该面（投影面）		

下面以水平面为例，说明其投影特性。

平面平行于 H 面，在 H 面上的投影反映实形；平面垂直于 V 面、W 面，投影为一水平方向线，平行于 OX 轴、OY_W 轴。

正平面、侧平面投影特性读者可自行解读。

3. 投影面垂直面

平面垂直于一个投影面，倾斜于其他两个投影面，称为投影面垂直面。投影面垂直面可分为三种（见表 3-4）：铅垂面，平面垂直于 H 面，在 H 面积聚成一直线，在 V 面、W 面投影为类似平面形，但形状缩小；正垂面，平面垂直于 V 面，在 V 面积聚成一直线，在 H

面、W 面投影为类似平面形，但形状缩小；侧垂面，平面垂直于 W 面，在 W 面积聚成一直线，在 H 面、V 面投影为类似平面形，但形状缩小。

表 3-4　投影面垂直面

名　称	铅　垂　面	正　垂　面	侧　垂　面
直观图	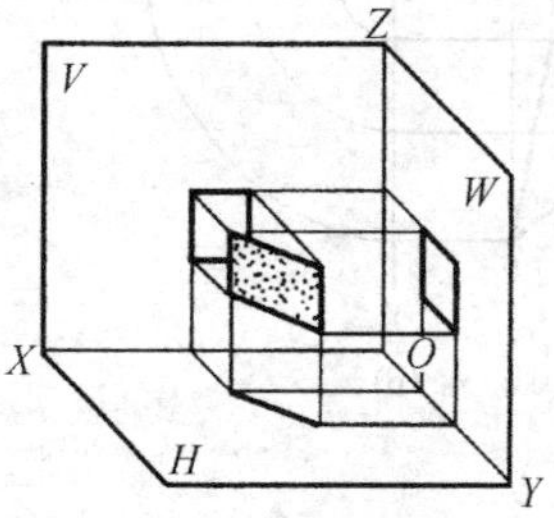	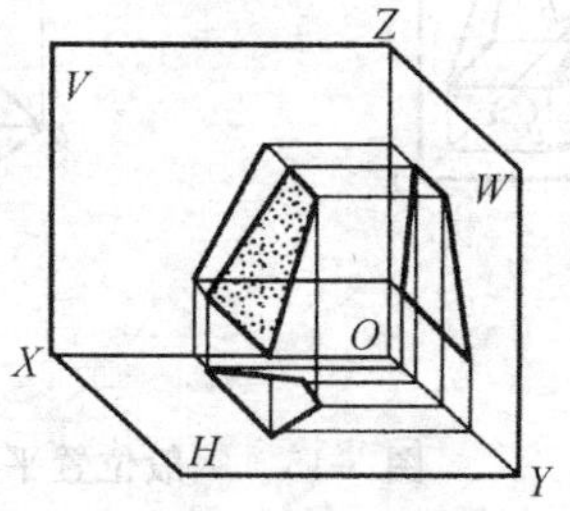	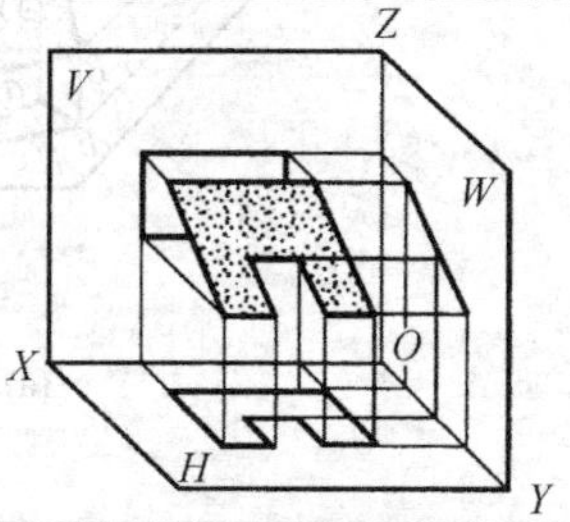
投影图	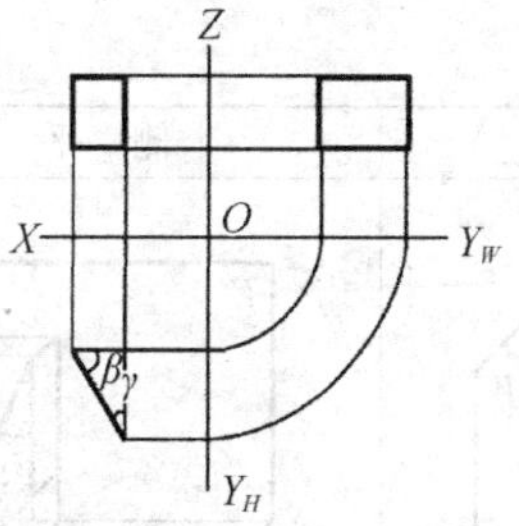	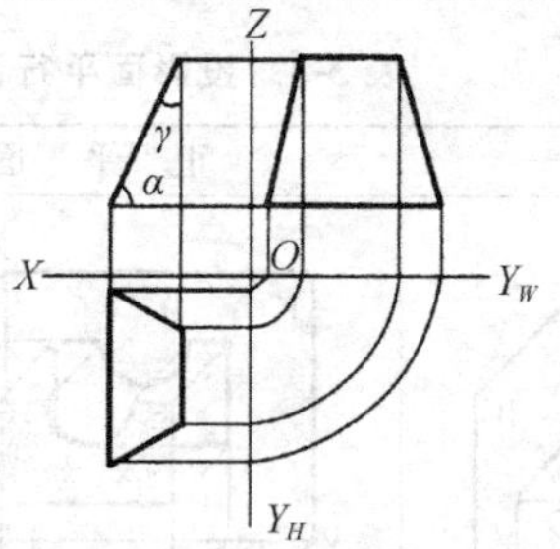	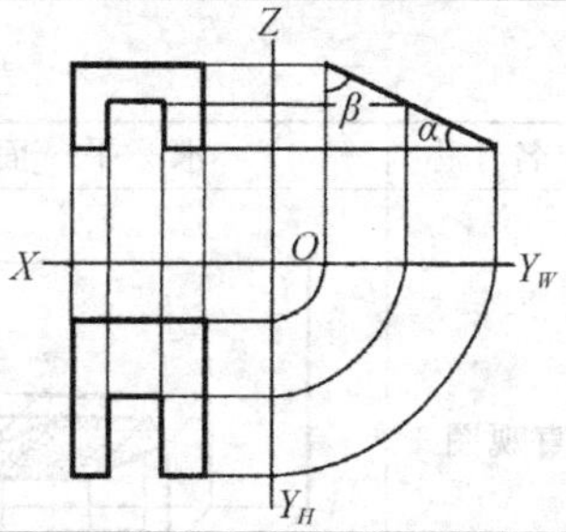
投影特性	在所垂直的投影面上的投影积聚成一条斜直线，另外两个投影面上的投影为与该平面类似的封闭线框		
判别	两框一斜线，定是垂直面，斜线在哪个面，即垂直该面（投影面）		

下面以铅垂直面为例，说明其投影特性。

平面垂直于 H 面，在 H 面积聚为直线，与水平线的夹角反映了平面对 V 面夹角 β；与垂直线的夹角反映了平面对 W 面夹角 γ。

正垂面、侧垂面读者可自行解读。

3.4　直线与平面、平面与平面的相对位置

3.4.1　直线与平面平行、平面与平面平行

1. 直线与平面平行

直线与平面平行的几何条件：如果平面外的一条直线和这个平面上的一条直线平行，则此直线平行于该平面，反之亦然。

如图 3-16 所示，直线 AB 平行于平面 P 内的一条直线 CD，则直线 AB 与平面 P 平行。

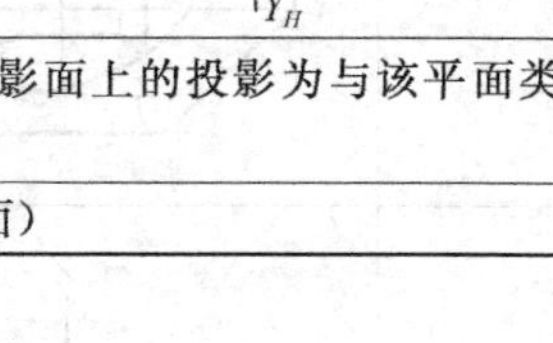

图 3-16　直线与平面平行

图 3-17(a)中，由于 $e'f' /\!/ b'd'$，$ef /\!/ bd$，所以 EF 平行于 BD。又因为直线 BD 属于平面 ABC，则直线 EF 平行于平面 ABC。在 3-17(b)中，虽然 $ab /\!/ fg$，但 $a'b'$ 不平行于 $f'g'$，则可判断直线 AB 不平行于 FG，因此直线 AB 不平行于平

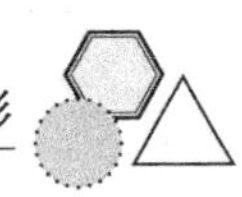

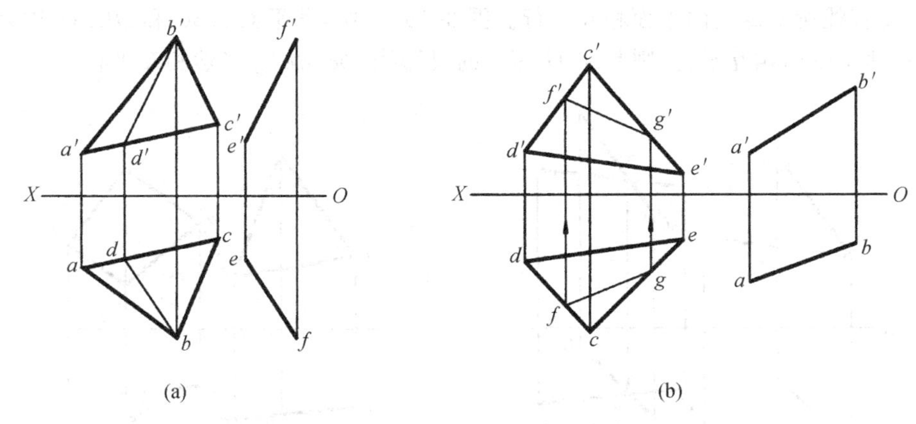

图 3-17　直线与平面平行的判断

面 CDE。

【例 3-4】 过点 A 作一条正平线，使其平行于已知△BCD 面，如图 3-18(a)所示。

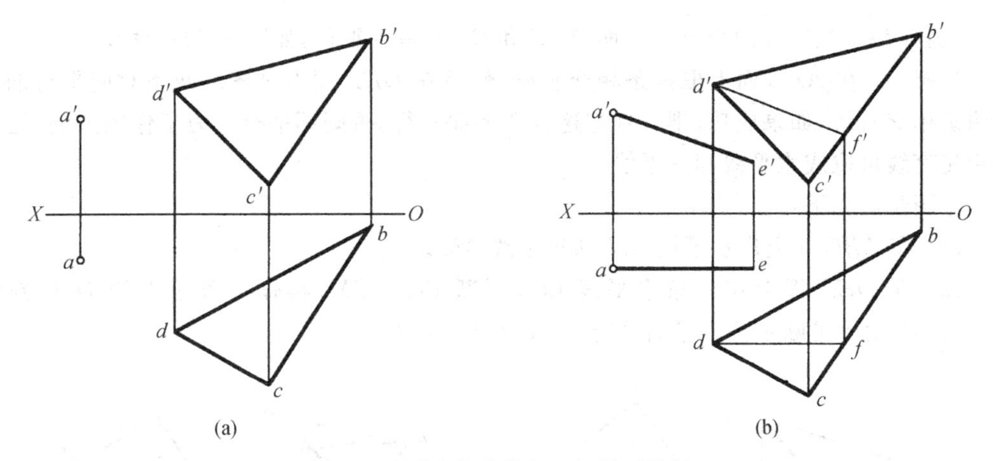

图 3-18　过点作直线与已知平面平行

分析：过平面外一点可作无数条直线平行于该平面，但本题要作一条正平线与△BCD 平行，所以在平面上与它平行的一定是平面上的正平线。

作图步骤如下：

(1) 在△BCD 面内作一条正平线 DF(使它的水平投影 df // OX 轴)，并作出正面投影 $d'f'$。

(2) 经过点 A 作直线 AE // DF(即作 ae // df 和 $a'e'$ // $d'f'$)，AE 即为所求，如图 3-18(b)所示。

2. 平面与平面平行

平面与平面平行的几何条件：①若一个平面上的两条相交直线分别平行于另一个平面上的两条相交直线，则两平面相互平行。②若两投影面的垂直面相互平行，则它们具有积聚性的那组投影必然相互平行。

图 3-19(a)中，有两对相交直线 AB、AC 和 DE、FG，并且 AC // DE、AB // FG，则由这

两对相交直线所确定的两平面相互平行。图 3-19(b)中，若平面 ABC 和 $DEFG$ 均为铅垂面，且这两个平面相互平行，则其在 H 面上的投影线 abc、$defg$ 必然相互平行。

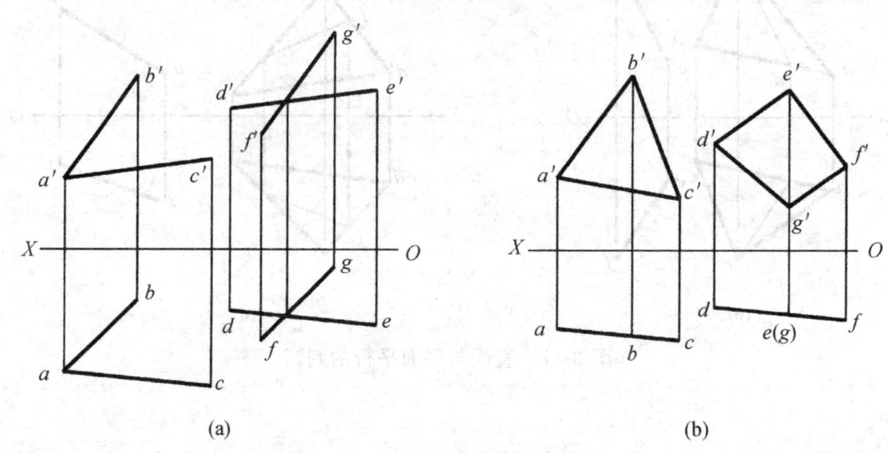

图 3-19　两个平面平行的判断

【例 3-5】　试判断两个已知平面 ABC 和 DEF 是否平行，如图 3-20(a)所示。

分析：先在 ABC 面上取两条相交直线，然后在 DEF 面上试图取两条对应平行的另外两条相交直线，如果成功，则可判定这两个平面平行，否则不平行。为了作图方便，这两条相交直线可取成水平线和正平线。

作图步骤如下：

(1) 在 ABC 面上作水平线 BN 和正平线 AM。

(2) 在 DEF 面上作一条水平线 EG，判断 $EG /\!/ BM$；再作一条正平线 DH，判断 $DH /\!/ AM$，由此可断定两个平面平行，如图 3-20(b)所示。

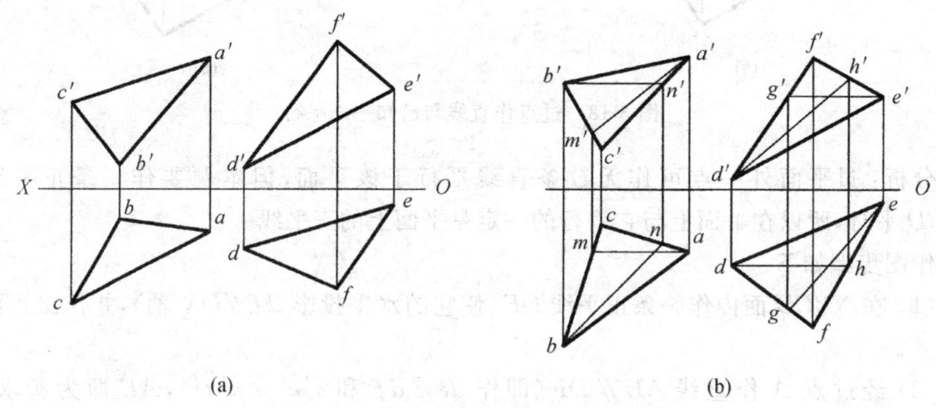

图 3-20　作图实现平面与平面的平行

3.4.2　直线与平面平行相交、平面与平面相交

直线与平面不平行则必定相交。直线与平面相交只有一个交点，它是直线和平面的共有点，它既属于直线，又属于平面；平面与平面不平行必定相交。交线是一条直线，且为两个平面共有。

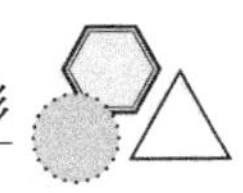

1. 直线与平面相交

(1) 一般位置直线与特殊位置平面相交。直线与特殊位置平面相交,可利用平面的积聚性投影来求直线与平面的交点。

在图 3-21(a)中,设直线 MN 与铅垂面 ABC 相交于点 k,因为平面 ABC 在 H 面上有积聚性,所以在 H 面上 k 必定是 mn 和 abc 的交点。再自 k 点向上引垂直于 OX 轴的投影连接线与 $m'n'$ 相交,便得到交点 K 的正面投影 k'。

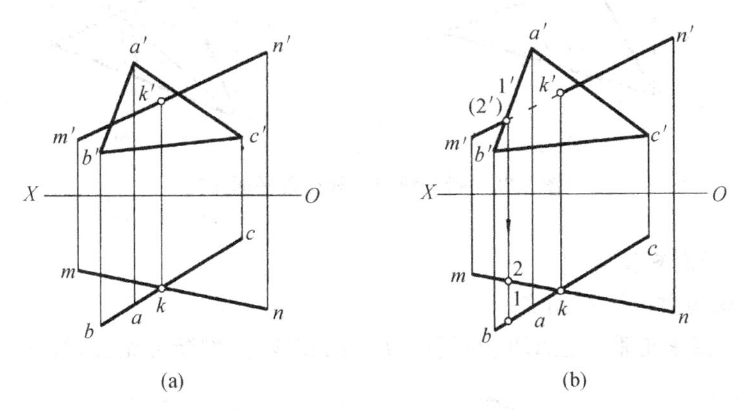

图 3-21　直线与铅垂面相交

在相交问题上,通常还需判断可见性。即直线贯穿平面后,沿其投影方向观察必有一段被平面挡住而不可见。显然,只有在投影重叠部分才存在可见性问题,而交点则是可见与不可见的分界点。

在图 3-21(b)中,正面投影存在可见性问题。先利用前面讲述的重影点可见性的判断方法判断如下:首先在正面投影中任选一处重叠的投影 $1'(2')$,找出与之对应的水平投影 1、2,设 1 在 ab 上,2 在 mn 上,比较它们的相对位置可知,1 点在 2 点的前面,即正面投影中 2 是不可见的(在图中加括号标记),于是,直线 $m'n'$ 上 $k'1'$ 一段为不可见,用虚线表示;以交点 k' 为分界点,另一段可见,用实线表示。

(2) 特殊位置直线与一般位置平面相交。当投影面垂直线与一般位置平面相交时,直线在它所垂直的投影面上的投影有积聚性,交点在该投影面的投影重叠在该直线的积聚投影上。又因为交点是直线与平面的共有点,即交点在平面内,故可利用从属性在平面内求出交点的其他投影。

在图 3-22(a)中,铅垂线 EF 与平面 ABC 相交,由于铅垂线 EF 的水平投影 $f(e)$ 积聚为一点,因此交点 K 的水平投影与直线 EF 的积聚投影 $f(e)$ 重叠。又由于交点 K 在平面内,因此,过点 K 可在平面内作任意的辅助线,如 AK,即过 k 作 ad,并求出 $a'd'$。于是,$a'd'$ 与 $e'f'$ 相交得交点 k',即完成交点 K 的作图。

至于可见性问题仍可用重影点投影来判断:先在正面投影中任选一处重叠的投影 $1'(2')$,找出与之对应的水平投影 1、2,设 1 在直线 ef 上,2 在平面 bc 边上,比较它们的相对位置可知,1 点在 2 点的前面,以交点 k' 为分界点,$k'1'$ 在平面上面并可见,用实线表示;另一段不可见,用虚线表示。

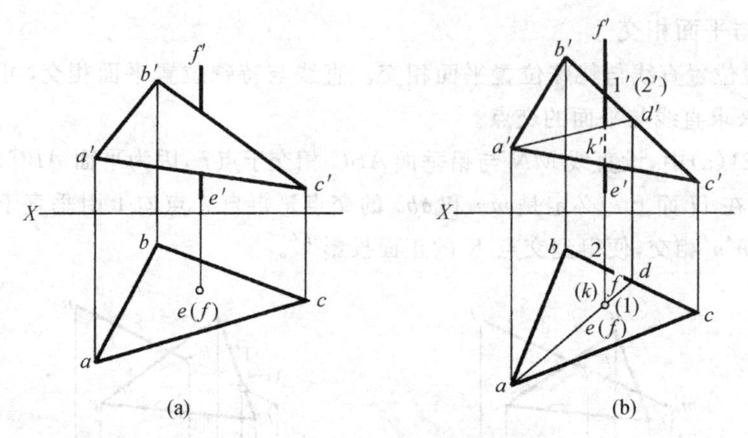

图 3-22　铅垂线与一般位置平面相交

2. 平面与平面相交

(1) 两特殊位置的平面相交。

【例 3-6】　试求正垂面△ABC与□$DEFG$的交线,并判断可见性,如图 3-23(a)所示。

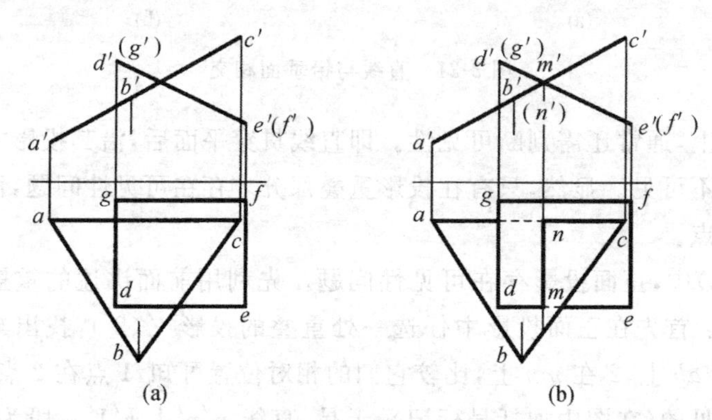

图 3-23　投影面垂直面相交

分析:当两个平面均为同一投影面的垂直面时,其交线一定是该投影面的垂直线。两个平面积聚投影的交点就是两个平面交线的积聚投影。

作图步骤如下:

① 将交线 $m'n'$ 向下作 OX 轴的垂线,在 H 面内作出其投影 mn。

② 通过正面投影判断可见性,以交线为界,左半部分四边形在上,三角形在下,故四边形可见,交线右侧则反之[见图 3-23(b)]。

(2) 特殊位置平面与一般位置平面相交。当相交两平面中有一个特殊位置平面时,其交线可利用直线与特殊位置平面求交点的方法,分别求出交线上的两个点(两平面的共有点),然后连接这两个点即可。

【例 3-7】　试求一般位置平面△DEF与铅垂面△ABC的交线,并判断可见性,如图 3-24(a)所示。

分析:当相交两平面中有一个平面的投影有积聚性时,即可利用有积聚性的投影来

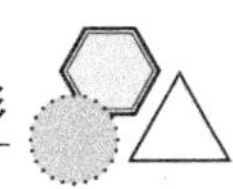

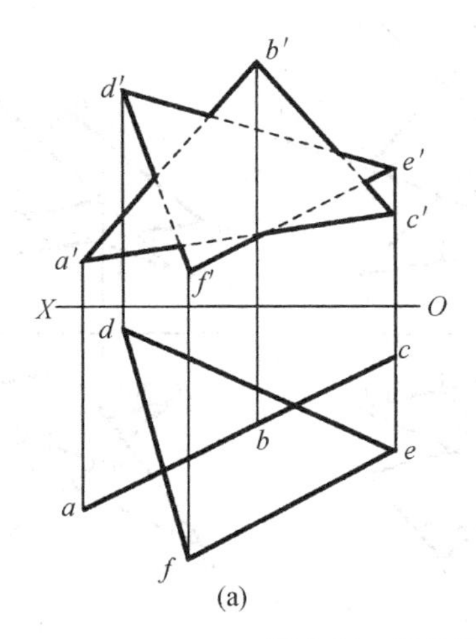

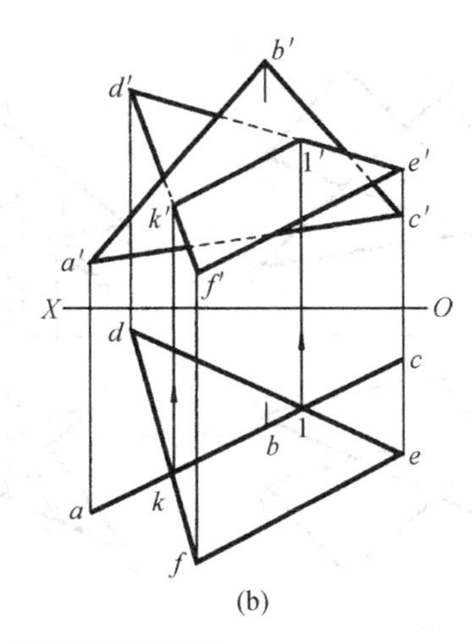

图 3-24　铅垂面与一般位置平面相交

求出交点，连接形成交线，再在另一个投影中作出交线。最后，判别其可见性。

作图步骤如下：

① 由于△ABC是铅垂面，其水平投影 abc 有积聚性，故可直接在 abc 上得到△DEF 平面上边 DE 和边 DF 与铅垂面△ABC 的交点 K、L 的水平投影 k、l。

② 根据点 K 在 DE 上，点 L 在 DF 上，按直线上点的作图方法，可求得 K、L 的正面投影 k'、l'。

③ 用粗实线分别连接两交点 K、L 的正面投影 k'、l'和水平投影 k、l，即得到交线的两投影 $KL(kl,k'l')$。

④ 判别可见性。在水平投影图中，由于铅垂面△ABC 的投影有积聚性，铅垂面△ABC 和△DEF 平面的投影不存在相互被遮挡的问题，因此，不需要判断其可见性，而正面投影需要作可见性的判别。

根据两平面相交的方位和范围，其水平投影具有直观性：△DEF 被△ABC 分隔成两部分，$EFKL$ 位于△ABC 的右前方，故正面投影 $e'f'k'l'$，可见，画为粗实线；DKL 位于△ABC 的左后方，其正面投影 $d'k'l'$，重影部分不可见，画为虚线，而非重影部分可见，交线 $k'l'$，正好是可见与不可见的分界线，画为粗实线，如图 3-24(b)所示。

(3) 两个一般位置平面相交。因为两个一般位置平面的投影均无积聚性，所以它们相交时不能直接确定交线的投影，一般用“直线与一般位置平面求交点”的方法求两平面的交线。由于某一平面上的直线与另一平面的交点必为两平面的共有点，即交线上的一点。所以只要求出两个交点并连接其同面投影，即得两平面交线投影。

【例 3-8】 两个一般位置平面△ABC 和△DEF 相交，求其交线并判断其可见性，如图 3-25(a)所示。

分析：欲求平面△ABC 与平面△DEF 的交线 MN，只要取△DEF 上的两直线 DE 和 DF，分别包含直线 DE 和 DF 作辅助平面 R 和 Q，求出平面 R 和 Q 与一般位置平面△ABC 的交线，再求出它们与直线 DE 和 DF 的交点 N 和 M，连接交点 N 和 M，直线 MN 即为所求的交线。

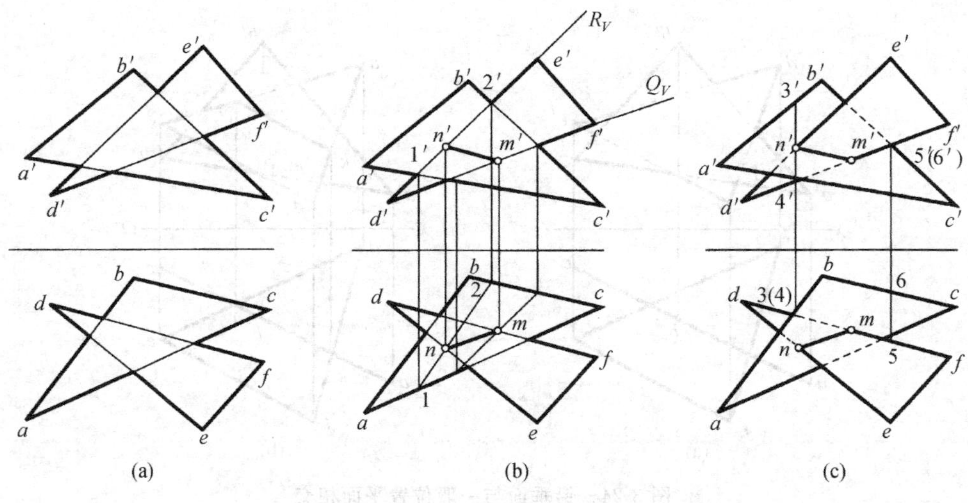

图 3-25　两一般位置平面相交

作图步骤如下：

① 包含直线 DE 作辅助正垂面 R，并与平面△ABC 交于直线Ⅰ、Ⅱ。Ⅰ、Ⅱ与 DE 相交于点 N，点 $N(n,n')$ 即为交线的一个端点。

② 包含直线 DF 作辅助正垂面 R，同样可求出 DF 与平面△ABC 的交点 M，点 $M(m,m')$ 即为交线的另一端点。连接 $MN(mn,m'n')$ 即为所求的交线，如图 3-25(b)所示。

③ 判断可见性。图中通过Ⅲ、Ⅳ两点判断水平投影中的可见性，通过Ⅴ、Ⅵ两点判别正面投影中的可见性，如图 3-25(c)所示。

3.4.3　直线与平面垂直、平面与平面垂直

1. 直线与平面垂直

直线与平面垂直的几何条件：若一条直线垂直于一个平面内的两条相交直线，不管该直线是否通过这两条相交直线的交点，则这条直线一定与该平面垂直。在图 3-26 中，直线 AB 垂直于相交两条直线 CD 和 EF，于是直线 AB 就垂直于平面 P，上述几何条件也包括交叉垂直。

根据初等几何中的直角投影定理可知：如果一条直线垂直于一个平面，其投影图具有以下投影特性。

(1) 直线的水平投影垂直于平面内水平线的水平投影。

(2) 直线的正面投影垂直于平面内正平线的正面投影。

这是在投影图上解决垂直问题的重要几何依据。

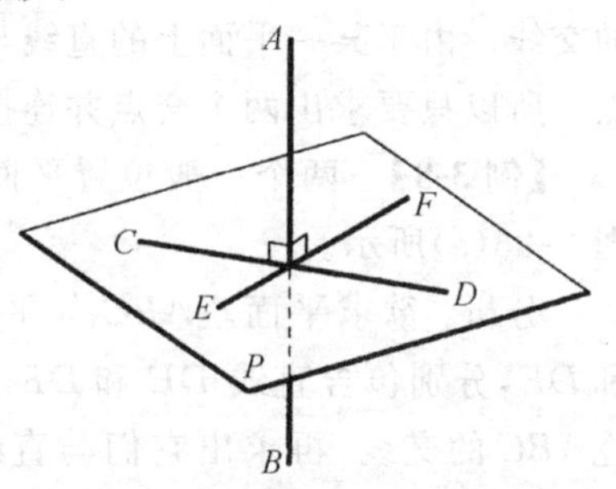

图 3-26　直线垂直于平面的条件

【例 3-9】 过点 K 作垂直于平面△ABC 的直线 KL，如图 3-27(a)所示。

分析：过已知点 K 作垂直于平面△ABC 的直线 KL，首先在平面△ABC 内任意作出正平线 CE 和水平线 BD 两条直线的投影，然后作直线 $k'l'$，垂直正平线

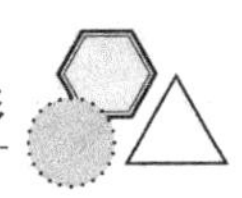

CE 的正面投影 $c'e'$，直线 kl 垂直水平线 BD 的水平投影，则直线 KL 即为所求的交线。如果还想求出 KL 与平面△ABC 的交点，可以用直线与平面相交求交点的方法求解。

作图步骤如下：

(1) 在平面△ABC 内作正平线 CE 和水平线 BD 两条直线的投影(bd，$b'd'$，ce，$c'e'$)。

(2) 作直线 $k'l'$ 垂直直线 CE 的投影 $c'e'$，作直线 kl 垂直直线 BD 的投影 bd，则 KL 即为所求的直线，如图 3-27(b)所示。

2. 平面与平面垂直

两个平面相垂直的几何条件：如果一个平面包含另一个平面的垂线，那么，这两个平面就相互垂直。在图 3-28 中，由于直线 AB 垂直于平面 P，且直线 AB 属于平面 Q，所以平面 P 垂直于平面 Q。

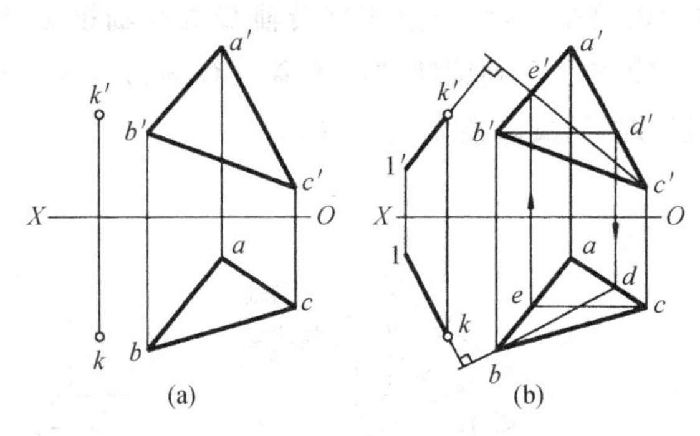

图 3-27　求一条直线与投影面相垂直

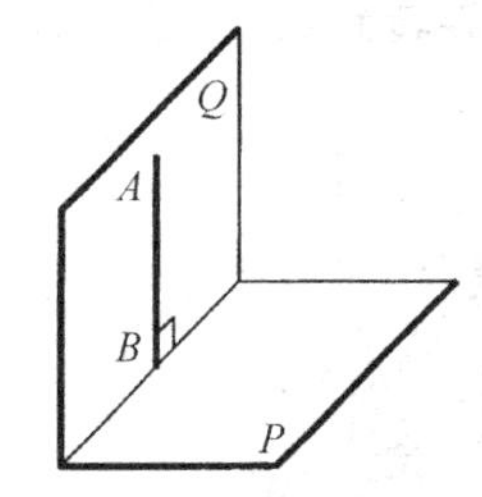

图 3-28　两个平面相互垂直的条件

【例 3-10】 过点 K 作平面垂直于已知平面△ABC，如图 3-29(a)所示。

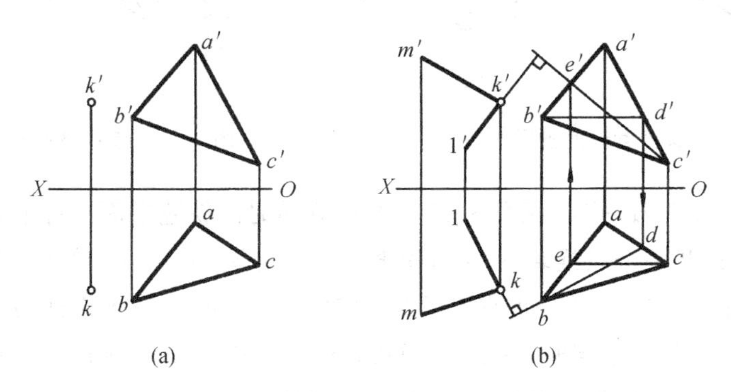

图 3-29　过点 K 作平面垂直于已知平面△ABC

分析：过已知点 K 作平面垂直于已知平面，只要过点 K 所作的平面包含或经过已知平面内的一条垂线即可。

作图步骤如下：

(1) 过点 K 作平面△ABC 的垂线 KL(kl，$k'l'$)。

(2) 包含 KL 作一平面。为此过点 K 任作一条直线 KL(kl，$k'l'$)，则两条相交直线 KL、KM 确定的平面即为所求平面，如图 3-29(b)所示。

3.4.4 旋转法

1. 绕投影面垂直线旋转

当圆锥轴线 O 垂直于 H 面时(见图 3-30),圆锥所有素线对 H 面的倾角相等,它们的 H 投影长度相等,为圆锥底圆的半径。而最左轮廓素线 SA 和最右轮廓素线 SB 的 V 投影 $s'a'$ 和 $s'b'$ 反映素线的实长;其他素线如 SC,它们的 V 投影都缩短。如果需要求一般线 SC 的实际长度,可设想 SC 是圆锥的一根素线,只要使它绕通过点 S 而垂直于 H 面的轴线 D 旋转到平行于 V 面的位置(SA 或 SB),它的 V 投影就反映 SC 的实长及对 H 面的倾角 α。

在旋转法中(见图 3-31),点 C 称为旋转点,O 称为旋转轴,点 C 的旋转轨迹是一个圆周,称为轨迹圆。轨迹圆所在的平面称为轨迹平面,它垂直于旋转轴 O 并与轴相交于点 O_1。点 O_1 称为点 C 旋转时的旋转中心。旋转点 C 到旋转轴的距离 O_1C 称为旋转半径。当点 C 旋转到点 C_1 位置时,旋转方向是逆时针,旋转角为 $\angle CO_1C_1$。

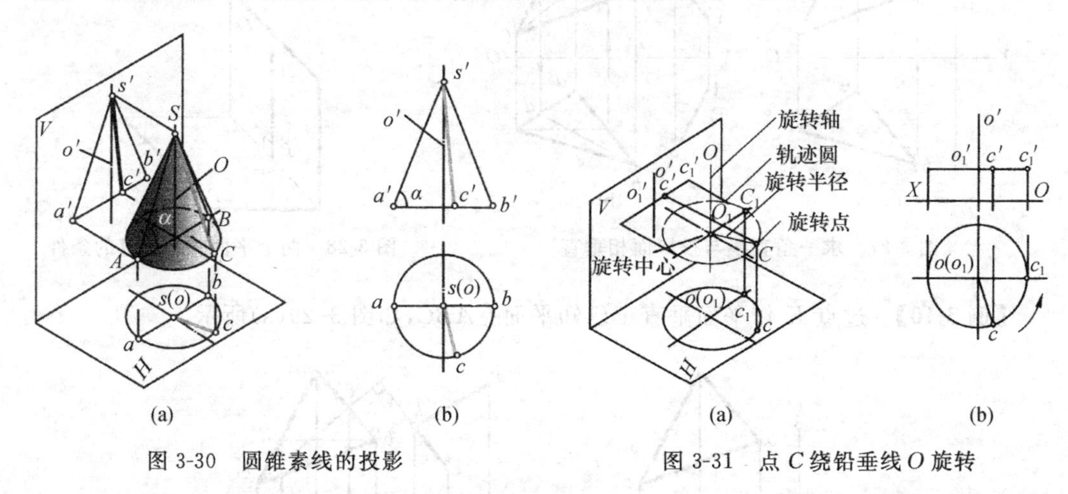

图 3-30　圆锥素线的投影　　　　图 3-31　点 C 绕铅垂线 O 旋转

当旋转轴垂直于 H 面时(见图 3-31),点 C 旋转时的轨迹平面平行于 H 面,轨迹圆的 H 投影反映实形,是一个以旋转轴 O 的积聚投影 o 为圆心、以 oc(等于旋转半径 O_1C)为半径的圆。轨迹圆的 V 投影是垂直于旋转轴 V 投影 o' 的一根水平线段,平行于投影轴 OX。当点 C 旋转到 C_1 位置时,它的 H 投影 c 沿着圆弧 $\widehat{cc_1}$ 并按逆时针方向旋转到 c_1,它的 V 投影 c' 则沿水平线(轨迹圆的同面投影)平移到 c_1'。

根据需要,旋转轴 O 也可以垂直于 V 面(见图 3-32)。旋转时,点 C 的轨迹平面平行于 V 面而垂直于 H 面。轨迹圆的 V 投影反映实形,圆心为旋转轴的积聚投影 o',半径为 $o'c'$。轨迹圆的 H 投影是一垂直于旋转轴 H 投影 D 的水平线段,平行于投影轴 OX。当点 C 旋转到 C_1 位置时,它的 V 投影 c' 沿圆弧 $\widehat{c'c_1'}$ 顺时针方向转动一个角度 $\angle c'o'c_1'$ 并到达 c_1',而水平投影 c 则沿水平线平移到 c_1。

由上可知,空间一点绕投影面垂直线旋转时,它在轴线所垂直的投影面上的投影沿着一圈弧转动,而另一投影则沿着一平行于投影轴的直线移动。

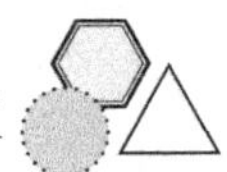

旋转轴上的点，如图3-30所示的锥顶S，它的旋转半径为零，在旋转过程中位置始终不变。

掌握了点的旋转规律，就不难进行线段和平面图形的旋转了。它们都可归结为两个或多个点的旋转问题。必须指出的是，进行旋转时，一旦确定了旋转轴的方向和位置后，线和面上所有的点都要绕同一旋转轴并依同一旋转方向而旋转同一角度。只有这样，才能在旋转后仍保持各几何元素本身的相对位置。

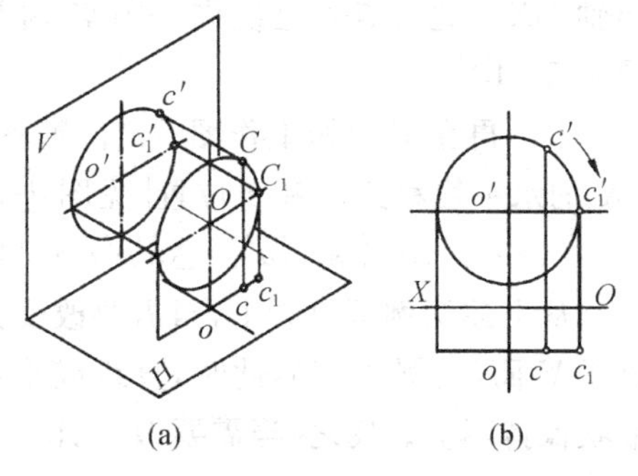

图3-32　点C绕正垂线O旋转

2. 求直线段实长和投影面垂直面实形

运用旋转法解决空间几何问题时，需要先弄清题意，进行空间分析，确定旋转轴的方向和位置后，再具体作图。

【例3-11】 求一般线段AB的实长和对V面的倾角β[见图3-33(a)]。

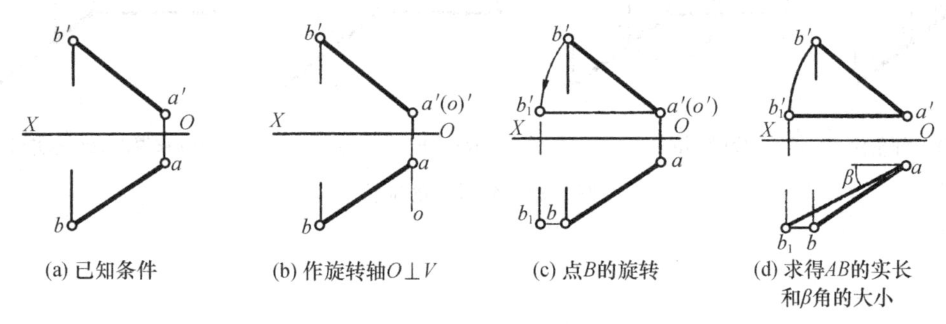

(a) 已知条件　(b) 作旋转轴O⊥V　(c) 点B的旋转　(d) 求得AB的实长和β角的大小

图3-33　直线的旋转

分析：要保持AB对V面的倾角β旋转时不改变，可让AB绕垂直于V面的轴线旋转。转到平行于H面时，它的新H投影必反映线段的实长和对V面的倾角β。

作图步骤如下：

(1) 过点A作旋转轴O垂直于V面[见图3-33(b)]。

(2) 以$a'(o')$为圆心、$a'b'$为半径作圆弧。将点b'旋转到b_1'，使$a'b_1'$成为一水平线段(平行于投影轴OX)。点B的H投影b，沿着平行于投影轴OX的水平线移到b_1[见图3-33(c)]。

(3) 连$a'b_1'$和ab_1。ab_1是AB旋转后的H投影，反映AB的实长。它与水平线的夹角反映AB对V面的倾角β的大小[见图3-33(d)]。

【例3-12】 求铅垂面△ABC的实形[见图3-34(a)]。

分析：△ABC是一个铅垂面，只要绕垂直于H面的轴线旋转到与V面平行，它的新V投影即可反映实形。

作图步骤如下：

(1) 设旋转轴通过点A并垂直于H面(旋转轴可不画出)。

(2) 将△ABC旋转到平行于V面。

先在H投影上作图。以a为圆心，ac为半径，将c旋转到c_1位置，使ac_1平行于投

影轴 OX。此时点 b 也绕同一旋转轴并依同一方向旋转同一角度，到达 b_1 的位置[见图 4-34(b)]。

(3) 再在 V 投影上作图。a' 位置不变(旋转轴通过点 A)，b' 和 c' 各自沿平行于投影轴 OX 的水平线移到 b_1' 和 c_1' 位置[见图 3-34(c)]。

(4) $a'b_1'$、$b_1'c_1'$ 和 $c_1'a'$。$\triangle a'b_1'c_1'$ 反映 $\triangle ABC$ 的实形[见图 3-34(d)]。

从上述两例可以看出，当需要改变几何元素对 H 面的相对位置时，可设立旋转轴垂直于 V 面(见例 3-11)，此时，直线或平面对 V 面的倾角保持不变，它们的 V 投影长度或形状保持不变。反之，当需要改变几何元素对 V 面的相对位置时，可设立旋转轴垂直于 H 面(见例 3-12)。因此，必须根据解题的需要，确定旋转轴应垂直于哪一个投影面。

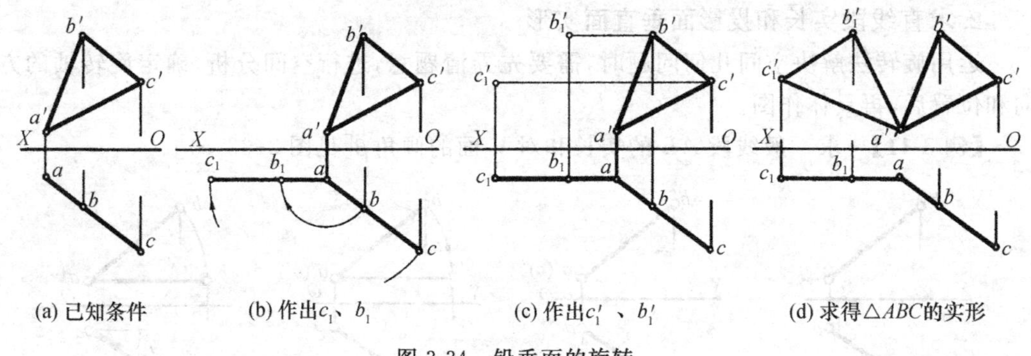

(a) 已知条件　(b) 作出 c_1、b_1　(c) 作出 c_1'、b_1'　(d) 求得 $\triangle ABC$ 的实形

图 3-34　铅垂面的旋转

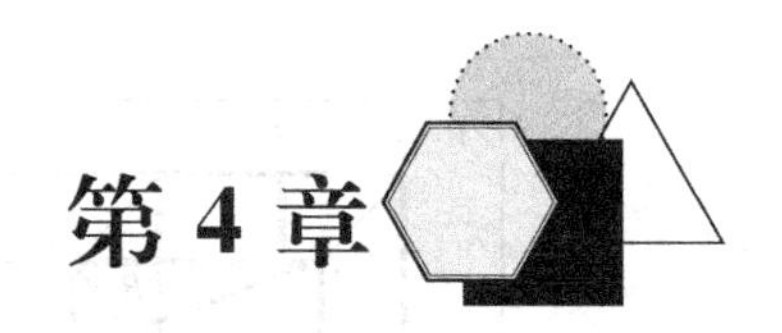

第4章

立　　体

各种形体，无论其形状多么复杂，总可以将其分解成简单的几何形体。常见的几何形体按其形状、类型不同可分为平面立体和曲面立体。表面全部由平面组成的立体称为平面立体，常见的有棱柱、棱锥（台）等；表面全是曲面或既有曲面又有平面的立体称为曲面立体，常见的有圆柱、圆锥（台）、球等。

4.1　平面立体

4.1.1　棱柱体

1. 形成

由上下两个平行的多边形平面（底面）和其余相邻两个面（棱面）的交线（棱线）都互相平行的平面所组成的立体称为棱柱体。

棱柱体的特点如下。

(1) 上、下底面平行且相等。

(2) 各棱线平行且相等。

(3) 底面的边数 N＝侧棱面数 N＝侧棱线数 $N(N\geqslant 3)$。

(4) 表面总数＝底面边数＋2。

图4-1(a)所示是直三棱柱，其上、下底面为三角形，侧棱线垂直于底面，3个侧棱面均为矩形，共有5个表面。

2. 投影

1) 安放位置

同一形体因安放位置不同，其投影也会不同。为作图简便，应将形体的表面尽量平行或垂直于投影面。如图4-1(a)所示放置的三棱柱，上、下底面平行于 H 面，后棱面平行于 V 面，则左、右棱面垂直于 H 面。这样安放的三棱柱投影就比较简单。

2) 投影分析[见图4-1(a)]

H 面投影是一个三角形，它是上、下底面实形投影的重合（上底面可见，下底面不可见）。由于三个侧棱面都垂直于 H 面，所以三角形的三条边即为三个侧棱面的积聚投影；三角形的三个顶点为三条棱线的积聚投影。

V 面投影是两个小矩形合成的一个大矩形。左、右矩形分别为左、右棱面的投影（可

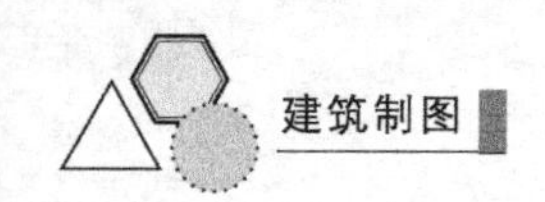

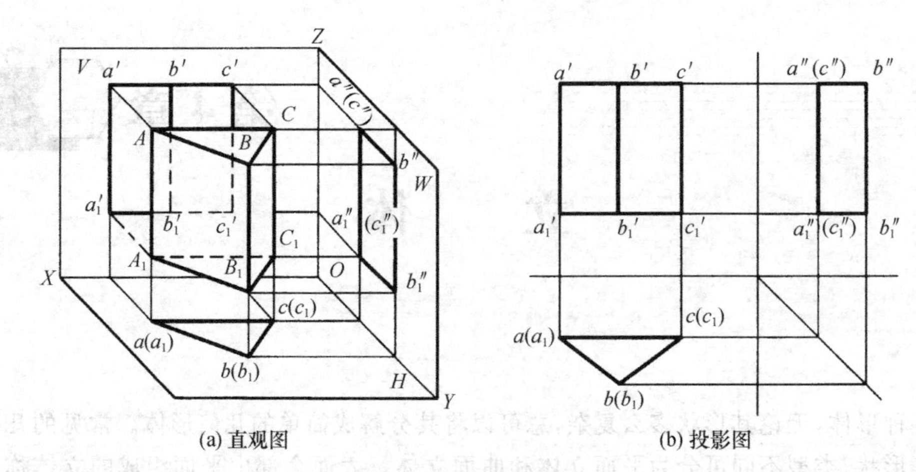

(a) 直观图　　(b) 投影图

图 4-1　三棱柱的投影

见)；大矩形是后棱面的实形投影(不可见)；大矩形的上、下边线是上、下底面的积聚投影。

W 面投影是一个矩形，它是左、右棱面投影的重合(左侧棱面可见、右侧棱面不可见)。矩形的上、下、左边线分别是上、下底面和后棱面的积聚投影；矩形的右边线是前棱线 BB_1 的投影。

3) 作图步骤[见图 4-1(b)]

(1) 画上、下底面的投影。先画 H 面上的实形投影，即$\triangle abc$，后画 V、W 面上的积聚投影，即 $a'c'$、$a_1'c_1'$、$a''c''$、$a_1''c_1''$。

(2) 画各棱线的投影，即完成三棱柱的投影。三个投影应保持“三等”关系。

3. 在棱柱体表面上取点

立体表面上取点的步骤：根据已知点的投影位置及其可见性，分析、判断该点所属的表面；若该表面有积聚性，则可利用积聚投影直线作出点的另一投影，最后作出第三投影；若该表面无积聚性，则可采用平面上取点的方法，过该点在所属表面上作一条辅助线，利用此线作出点的另外两个投影。

【例 4-1】 如图 4-2(a)所示，已知三棱柱表面上点 M 的 H 面投影 m(可见)及点 N 的 V 面投影 n(可见)，试求点 M、N 的另外两个投影。

分析：由于点 m 可见，则可判断点 M 属于三棱柱上底面$\triangle ABC$；点 n'可见，则可判断点 N 属右棱面。由于上底面、右棱面都有积聚投影，则点 M、点 N 的另一投影可直接求出。

作图步骤如下[见图 4-2(b)]：

(1) 由 m 向上作OX 轴垂线(以下简称垂线)，与上底面在 V 面的积聚投影以 $a'b'c'$ 相交于 m'，由 m、m' 及 Y_1 求得 m''。

(2) 由 n'向下作垂线，与右棱面 H 面的积聚投影 bc 相交于 n，由 n'、n 及 Y_2 求得 n''。

判别可见性：点的可见性与点所在的表面的可见性是一致的。如右棱面的 W 面投影不可见，则 n''不可见。当点的投影在平面的积聚投影上时，一般不判别其可见性，如 m'、m''和 n。

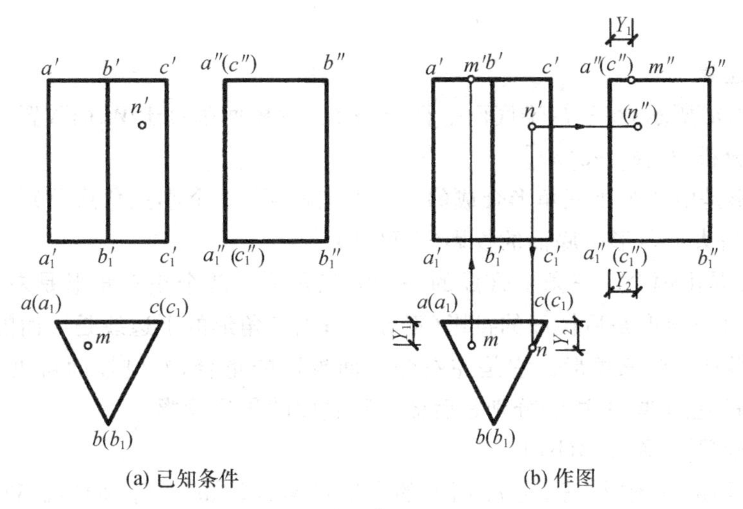

(a) 已知条件　　(b) 作图

图 4-2　棱柱体表面上取点

4.1.2　棱锥体

1. 形成

由一个多边形平面(底面)和其余相邻两个面(侧棱面)的交线(棱线)都相交于一点(顶点)的平面所围成的立体称为棱锥体。

棱锥体的特点如下。

(1) 底面为多边形。

(2) 各侧棱线相交于一点。

(3) 底面的边数 N＝侧棱面数 N＝侧棱线数 $N(N\geqslant 3)$。

(4) 表面总数＝底面边数＋1。

图 4-3(a)所示的三棱锥,由底面(△ABC)和 3 个侧棱面(△SAB、△SBC、△SAC)围成,共 4 个表面。

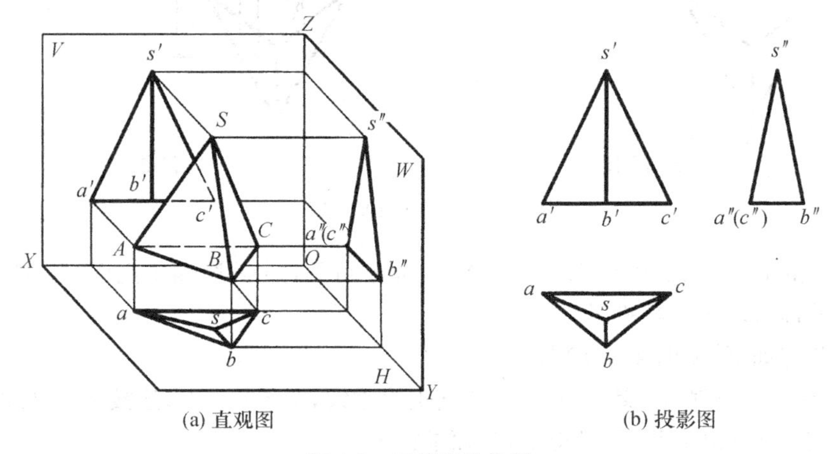

(a) 直观图　　(b) 投影图

图 4-3　三棱锥的投影

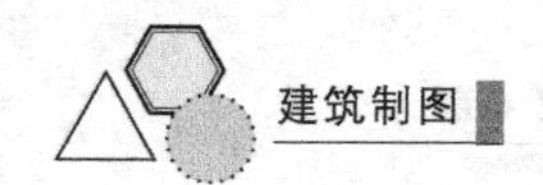

2. 投影

1）安放位置

如图 4-3(a)所示，将三棱锥底面平行于 H 面、后棱面垂直于 W 面放置。

2）投影分析[见图 4-3(a)]

H 面投影是由 3 个小三角形合成的一个大三角形。3 个小三角形分别是 3 个侧棱面的投影(可见)；大三角形是底面的投影(不可见)。

V 面投影是由两个小三角形合成的一个大三角形。两个小三角形是左、右侧棱面的投影(可见)；大三角形是后棱面的投影(不可见)；大三角形的下边线是底面的积聚投影。

W 面投影是一个三角形。它是左右侧棱面投影的重合，左侧棱面可见，右侧棱面不可见；三角形的左边线、下边线分别是后棱面和底面的积聚投影。

3）作图步骤[见图 4-3(b)]

(1) 画底面的各投影。先画 H 面上的实形投影，即$\triangle abc$，后画 V 面、W 面上的积聚投影，即 $a'c'$、$a''c''$。

(2) 画顶点 S 的三面投影，即 s、s'、s''。

(3) 画各棱线的三面投影，即完成三棱锥的投影。

3. 棱锥体表面上取点

【例 4-2】 如图 4-4(a)所示，已知三棱锥表面上的点 M 的 H 面投影 m(可见)和点 N 的 V 面投影 n'(不可见)，试求点 M、N 的另外两个投影(参考图 4-3)。

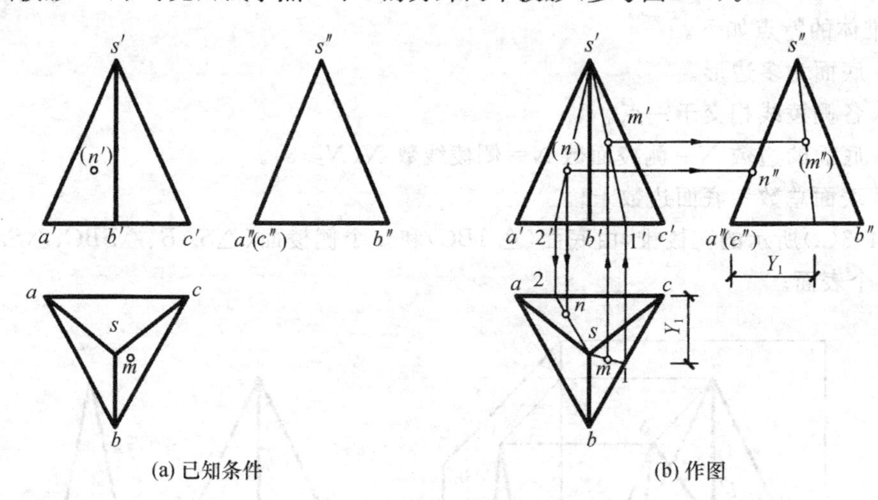

(a) 已知条件　　(b) 作图

图 4-4　棱锥体表面上取点

分析：由于 m 可见，则点 M 属于$\triangle SBC$；n'不可见，则点 N 属于$\triangle SAC$。利用平面上取点的方法即可求得所缺投影。

作图步骤如下[见图 4-4(b)]：

(1) 连接 sm 并延长，交 bc 于 1；由 1 向上引垂线，交 $b'c'$于 1′；连接 $s'1'$，与过 m 向上的垂线相交于 m'；由 1 及 Y_1 求得 1′，从而求得 m''。

(2) 连接 $s'n'$并延长，交 $a'b'$于 2′；由 2′向下引垂线并交 ac 于 2；连接 $s2$，与过 n'向下

的垂线相交于n;由n'向右作OZ轴的垂线(即OX轴的平行线,以下简称平线),交$s''a''$于n''。

判断可见性:点M属于$\triangle SBC$,因$\triangle s'b'c'$可见,则m''可见;$\triangle s''b''c''$不可见,则m''不可见。点N属于$\triangle SAC$,因$\triangle sac$可见,则n可见;$\triangle s''b''c''$有积聚性,故n''不判别可见性。

4.2 曲面立体的投影

曲面立体中最常用的是圆柱、圆锥和球体。

4.2.1 圆柱体的投影

圆柱体是由圆柱面、顶和底面围成的。圆柱面上任意一条平行于轴线的直线称为素线。如图4-5(a)所示的圆柱体,其轴线垂直于水平面,此时圆柱面在水平面上投影积聚为一圆,且反映顶、底面的实形,同时圆柱面上的点和素线的水平投影也都积聚在这个圆周上;在V面和W面上,圆柱的投影均为矩形,矩形的上边和下边是圆柱的顶面和底面的积聚性投影,矩形的左右边和前后边是圆柱面上最左、最右、最前、最后素线的投影,这4条素线是4条特殊素线,也是可见的前半圆柱面和不可见的后半圆柱面的分界线,以及可见的左半圆柱面和不可见的右半圆柱面的分界线,又可称它们为转向轮廓线。其中,在正面投影上,圆柱的最前素线CD和最后素线GH的投影与圆柱轴线的正面投影重合,所以不画出,同理在侧面投影上,最左素线AB和最右素线EF也不画出,圆柱体的三面投影图如图4-5(b)所示。

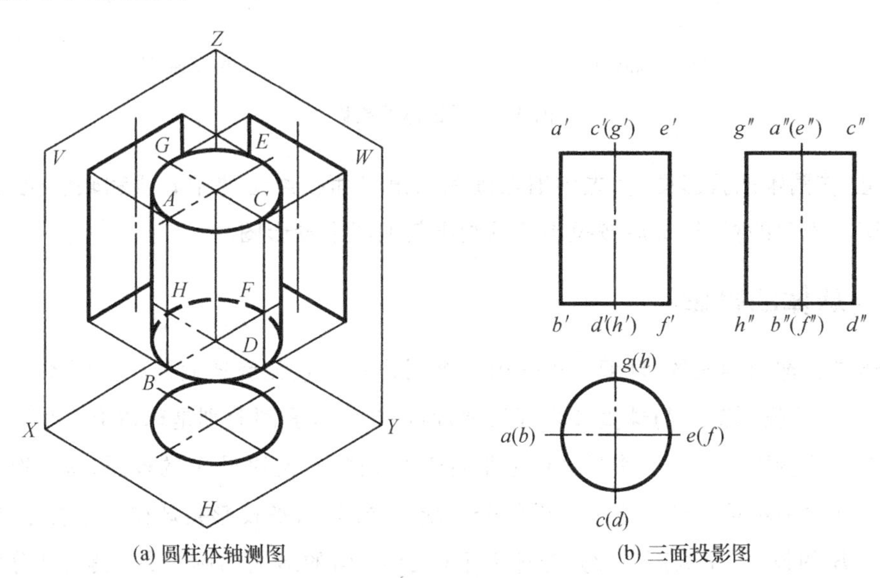

(a) 圆柱体轴测图　　(b) 三面投影图

图4-5 圆柱体的投影

由此可见,作圆柱的投影图时,先用细点画线画出三面投影图的中心线和轴线位置,然后画投影为圆的投影图,最后按投影关系画其他两个投影图。

4.2.2 圆锥体的投影

圆锥体由圆锥面和底面组成。在圆锥面上，通过顶点的任一直线称为素线。如图 4-6(a)所示的圆锥，其轴线垂直于水平面，此时圆锥的底面为水平面，它的水平投影为一圆，反映了实形，同时圆锥面的水平投影与底面的水平投影重合且全为可见。在 V 面和 W 面上，圆锥的投影均为三角形，三角形的底边是圆锥底面的积聚性投影，三角形的左边、右边和前边、后边是圆锥面上最左、最右、最前、最后素线的投影，这 4 条特殊素线的分析方法和圆柱一样，圆锥体的三面投影图如图 4-6(b)所示。

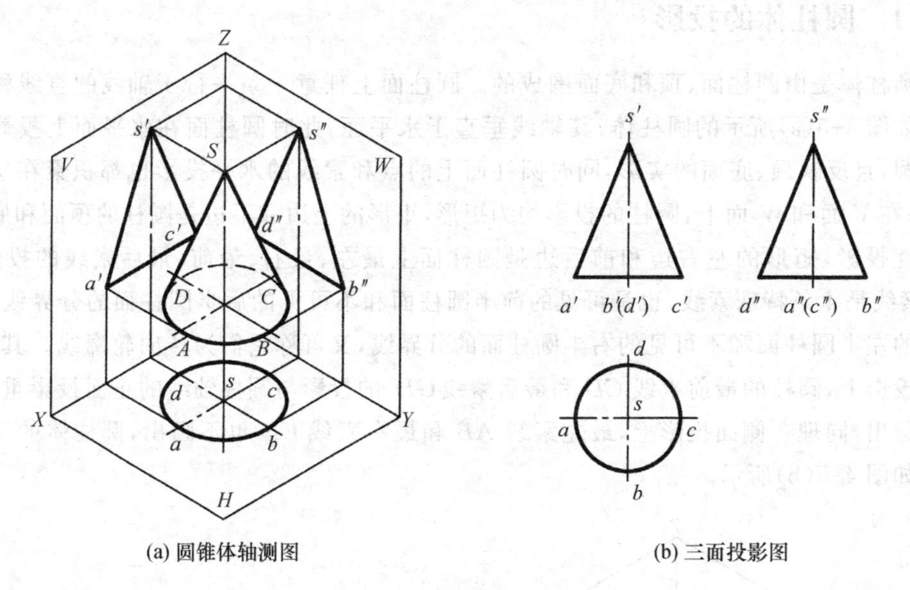

(a) 圆锥体轴测图　　(b) 三面投影图

图 4-6　圆锥体的投影

可见，作圆锥的投影图时，先用细点画线画出三面投影图的中心线和轴线位置，然后画底面圆和锥顶的投影，最后按投影关系画出其他两个投影图。

4.2.3 球体的投影

球体是由球面围成的，球面可视作由一个圆绕它的直径旋转而成。如图 4-7(a)所示的球体，其三面投影都是与球直径相等的圆，但这 3 个投影圆分别是球体上 3 个不同方向转向轮廓线的投影。正面投影是球体上平行于 V 面的最大的圆 A 的投影，这个圆是可见的前半个球面和不可见的后半个球面的分界线。同理，水平投影是球体上平行于 H 面的最大的圆 B 的投影，而侧面投影是球体上平行于 W 面的最大的圆 C 的投影，其分析方法同圆 A 一样。由以上分析可得到如图 4-7(b)所示球体的三面投影图。

可见，作球体的投影图时，只需先用细点画线画出三面投影图的中心线位置，然后分别画 3 个等直径的圆即可。

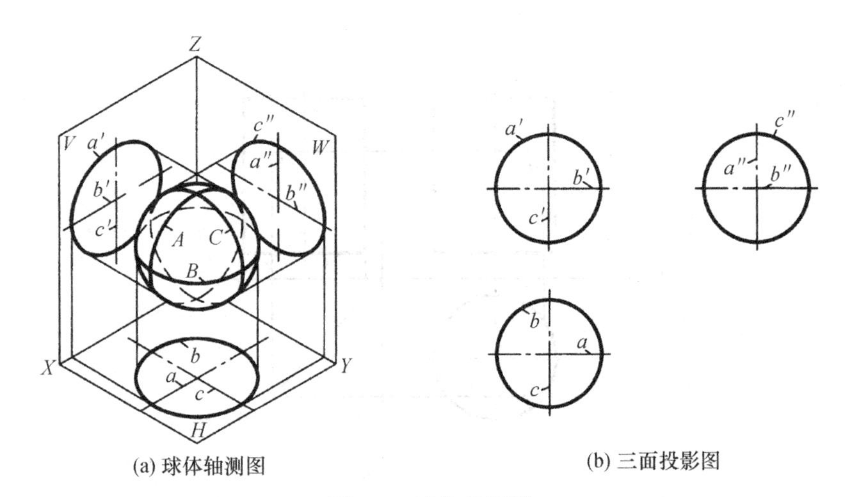

(a) 球体轴测图

(b) 三面投影图

图 4-7 球体的投影

4.2.4 曲面立体投影图的尺寸标注

对于曲面立体的尺寸标注，其原则与平面立体基本相同。一般对于圆柱、圆锥应注出底圆直径和高度，而球体只需在直径数字前面加注“$S\phi$”，如图 4-8 所示。

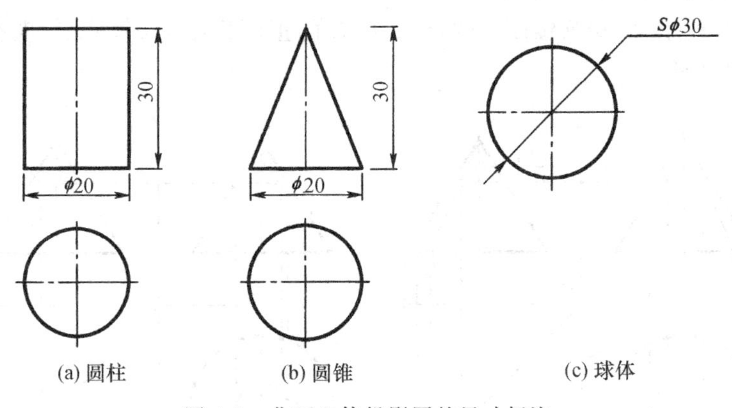

(a) 圆柱

(b) 圆锥

(c) 球体

图 4-8 曲面立体投影图的尺寸标注

4.2.5 曲面立体表面上求点和线

1. 圆柱体表面上求点和线

在圆柱体表面上求点，可利用圆柱面的积聚性投影来作图。如图 4-9 所示，已知圆柱面上有一点 A 的正面投影 a'，现在要作出它的另两面投影。由于 a' 是可见的，所以点 A 在左前半个圆柱面上，而圆柱面在 H 面上的投影积聚为圆，则点 A 的水平投影也在此圆上，所以可由 a' 和 a 求得 a''。由于点 A 在左前半个圆柱面上，所以它的侧面投影也是可见的。

求圆柱体表面上线的投影，可先在线的已知投影上定出若干点，再用求点的方法求出线上这若干点的投影，然后依次光滑连接其同名投影并判别可见性，此即为圆柱体表面上

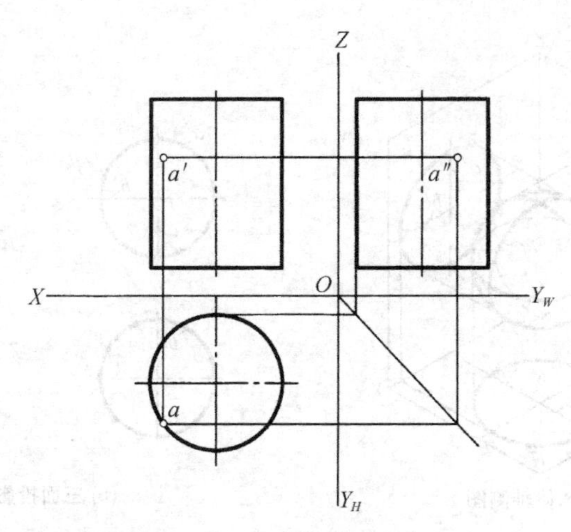

图 4-9　在圆柱体表面上求点

求线的作法。

2. 圆锥体表面上求点和线

由于圆锥面的 3 个投影都没有积聚性，所以求圆锥面上点的投影时必须在锥面上作辅助线，辅助线包括辅助素线和辅助圆。

如图 4-10 所示，已知圆锥面上的点 A、B、C 的正面投影为 a'、b'、c'，现在要作出它们的另外两面的投影。

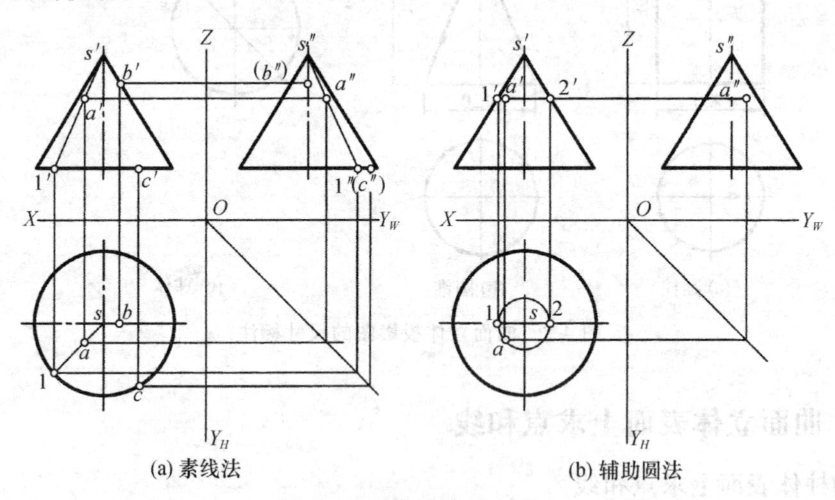

(a) 素线法　　(b) 辅助圆法

图 4-10　圆锥表面上的点

(1) 辅助素线法。如图 4-10(a)所示，点 B 和点 C 的正面投影一个在最右素线上，一个在底面圆周上，均为特殊点且可见，所以直接过 b'、c'作 OX 轴的垂线，即可得 b、c，进而可求得 b''、c''，且 B、C 都在右半个锥面上，所以 b''、c''均为不可见。点 A 在圆锥面上，所以过 a'作素线 $S1$ 的正面投影 $s'1'$，求出素线的水平投影 $s1$ 和侧面投影 $s''1''$。过 a'分别作 OX 轴与 OZ 轴的垂线，交 $s1$、$s''1''$于 a 和 a''，即为所求。点 A 在圆锥面的左前方，则其侧面投影也是可见的。

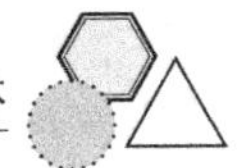

(2) 辅助圆法。如图 4-10(b)所示，过 a' 作一垂直于圆锥轴线的平面(水平面)，这个辅助平面与圆锥表面相交得到一个圆，此圆的正面投影为直线 $1'2'$，其水平投影是与底面投影圆同心的直径为 $1'2'$ 的圆，由于 a' 是可见的，所以过 a' 作 OX 轴垂线且交辅助圆于 a，再由 a' 和 a 求得 a''。由于 a' 在左前方，所以 a'' 也是可见的。

圆锥体表面上求线的方法和圆柱的相同。

3. 球体表面上求点和线

由于球面的各面投影都无积聚性且球面上没有直线，所以在球体表面上求点可利用球面上平行于投影面的辅助圆来解决。

如图 4-11 所示，已知球面上点 A 的正面投影 a'，现在要作出其另外两面的投影。过 a' 作一个平行于水平面的辅助圆，即在正面投影上过 a' 作平行于 OX 轴的直线，交圆周于 $1'$、$2'$，此 $1'2'$ 即为辅助圆的正面投影，其长度等于辅助圆的直径。再作此辅助圆的水平投影，为一个与球体水平投影的同心圆。由于 a' 可见，所以点 A 在球体的左前上方，那么点 A 在水平面上的投影也可通过 a' 作 OX 轴的垂线，交辅助圆的水平投影于 a 而得到，且 a 为可见。再由 a' 和 a 求出 a''，同理点 A 在左侧，所以 a'' 也可见。当然也可通过点 A 作平行于正面或侧面的辅助圆，方法同上。

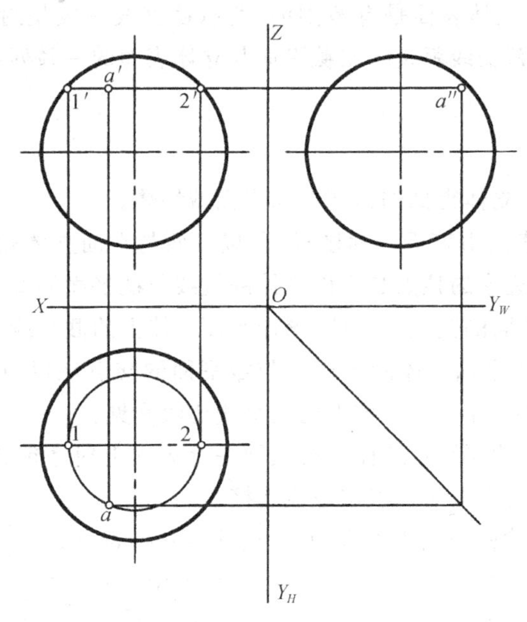

图 4-11　球体表面上的点

4.3　截切体和相贯体

4.3.1　截切体

1. 截切体的有关概念及性质

如图 4-12 所示，被平面截割后的形体称为截切体；截割形体的平面称为截平面；截平

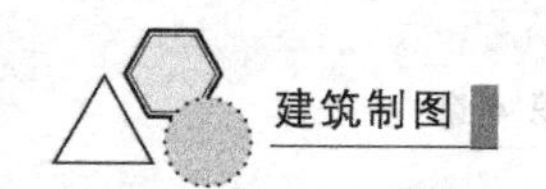

面与形体表面的交线称为截交线；截交线所围成的平面图形称为截面。

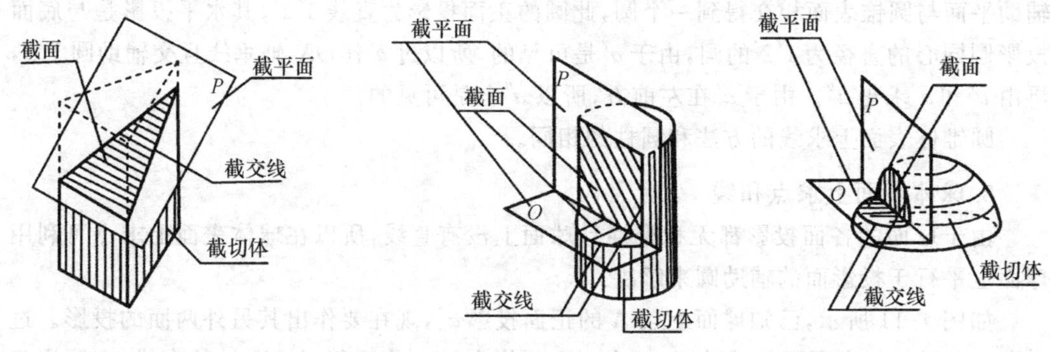

图 4-12　形体的截切

因为立体的形状都不一样，截平面与立体表面的相对位置也各不相同，由此产生的截交线形状也千差万别，但所有的截交线都具有以下基本性质。

(1) 共有性。截交线是截平面与立体表面的共有线，既在截平面上，又在立体表面上，是截平面与立体表面共有点的集合。

(2) 封闭性。由于立体表面是有范围的，所以截交线一般是封闭的平面图形。根据截交线的性质可知，求截交线就是求出截平面与立体表面的一系列共有点，然后依次连接即可。

2. 平面截切体

用截平面截切平面立体得到的截切体叫平面截切体。

因为平面立体的表面由若干平面围成，所以平面与平面立体相交时的截交线是一个封闭的平面多边形，多边形的顶点是平面立体的棱线与截平面的交点，多边形的每条边是平面立体的棱面与截平面的交线。因此，求作平面立体上的截交线可以归纳为两种方法。

(1) 交点法：先求出平面立体的各棱线与截平面的交点，然后将各点依次连接起来，即得截交线。用交点法求作平面立体上的截交线比较常见。

连接各交点有一定的原则：只有两点在同一个表面上时才能连接，可见棱面上的两点用实线连接，不可见棱面上的两点用虚线连接。

【例 4-3】 已知六棱柱被正垂面截切，作出其截交线的投影，如图 4-13 所示。

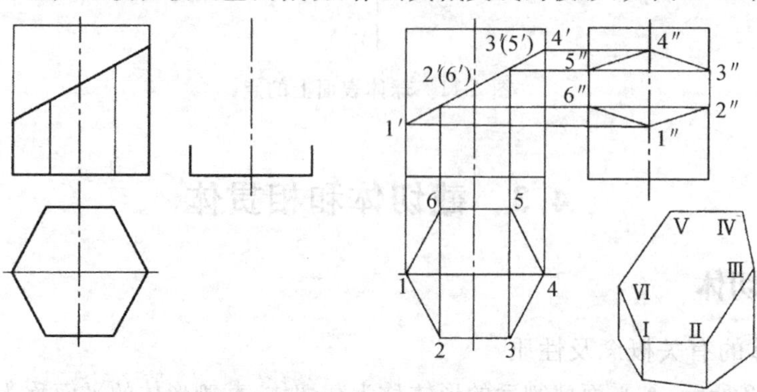

图 4-13　六棱柱的截切

分析：六棱柱被正垂面截切，截交线是六边形，6个点是侧棱与已知截平面的交点。截交线的正面和水平投影都已知，其正面投影积聚为一条直线，水平投影则与六棱柱的水平投影重合。

作图步骤如下：根据1、2、3、4、5、6共6个点的正面和水平投影，利用投影规律，求出其侧面投影1″、2″、3″、4″、5″、6″。依次连接1″2″、2″3″、3″4″、4″5″、5″6″、6″1″，即得截交线的投影。

(2) 交线法：求出平面立体的各表面与截平面的交线。

用交线法求作平面立体上的截交线这里就不做介绍了。交点法和交线法两种方法不分先后，可配合运用。

3. 曲面截切体

用截平面截切曲面立体得到的截切体叫曲面截切体。

平面与曲面立体相交，所得的截交线一般为封闭的平面曲线。截交线上的每一点都是截平面与曲面立体表面的共有点，求出这些共有点，然后依次连接起来，即得截交线。截交线可以看作截平面与曲面立体表面上交点的集合。

截交线上的一些能确定其形状和范围的点，如最高、最低点，最左、最右点，最前、最后点，以及可见与不可见点等，都是特殊点。作图时，通常先作出截交线上的特殊点，再按需要作出一些中间点即可，并要注意投影的可见性。

【例4-4】 求作圆柱体的截交线的投影，如图4-14(a)所示。

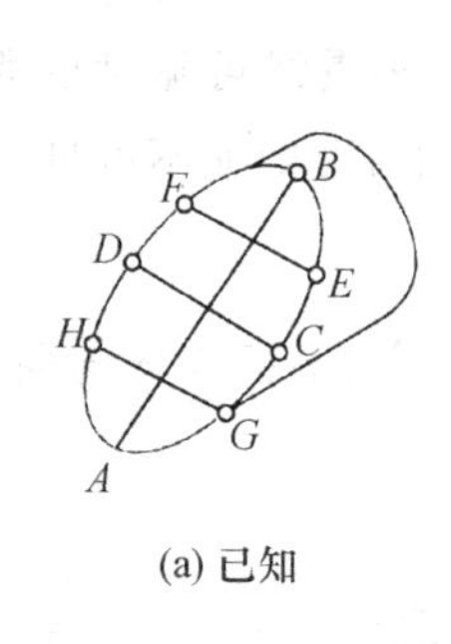

(a) 已知

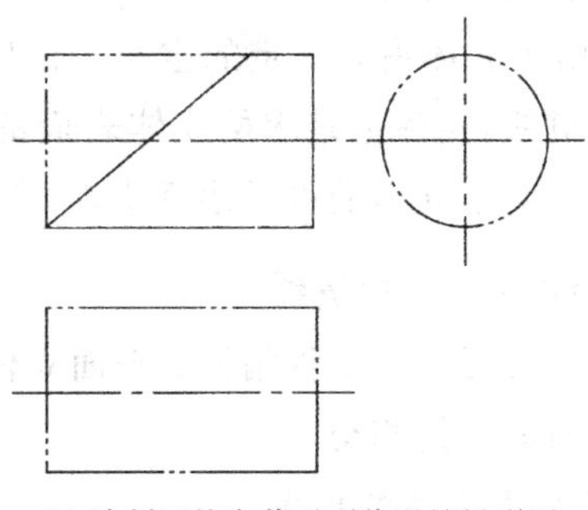

(b) 绘制原体和截平面位置的投影图

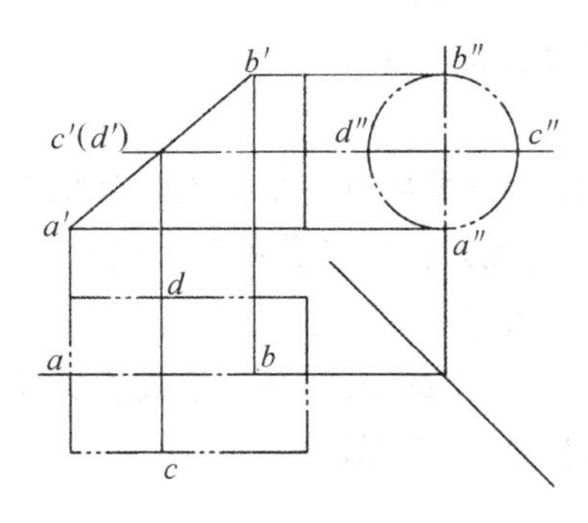

(c) 求截交线上特殊点A、B、C、D的投影

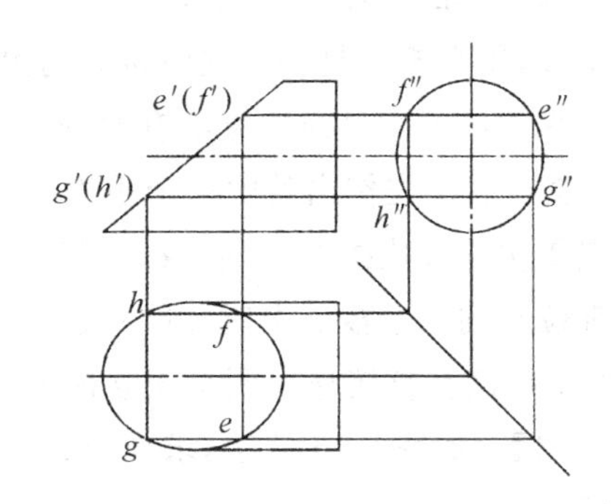

(d) 求中间点E、F、G、H的投影，擦去多余图线，依次光滑连接各点

图4-14　作圆柱体的截交线

分析：圆柱体被正垂面截切，截切线是椭圆曲线。

作图步骤如下：

(1) 先绘制形体三面投影的外轮廓线，然后作出截平面位置的投影图，如图 4-14(b)所示。

(2) 取截切线上 A、B、C、D(长、短轴端点)4 个特殊点，并求出 4 个点的三面投影，如图 4-14(c)所示。

(3) 取 AD、DB、BC、CA 4 条线段的中间点 H、F、E、G，并求 H、F、E、G 4 个点的三面投影，最后擦去多余图线，依次光滑连接各点，即得到截切线的投影，如图 4-14(d)所示。

4.3.2 相贯体

1. 相贯体的有关概念及性质

两立体相交得到的新立体称为相贯体，两立体相交时表面产生的交线称为相贯线。立体相贯的形式有两种：一种是全贯，即一个立体完全穿过另一个立体，相贯线有两组；另一种是互贯，两个立体各有一部分参与互贯，相贯线只有一组。

相贯线的形状取决于两相交立体的形状、大小及其相对位置。本节仅讨论几种常见的回转体相贯的问题。两回转体相交得到的相贯线具有以下性质。

(1) 相贯线是相交两立体表面共有的线，是两立体表面一系列共有点的集合，同时也是两立体表面的分界点。

(2) 由于立体占有一定的空间，所以相贯线一般是封闭的空间曲线。

求相贯线，实际上是求两立体表面的共有点或线。相贯线可见性的判断原则：相贯线同时位于两个立体的可见表面上时，其投影才是可见的；否则就不可见。

2. 立体表面的相贯线

立体相交可分为 3 种情况：平面立体与平面立体相交、平面立体与曲面立体相交、曲面立体与曲面立体相交。

1) 两平面立体的相贯线

两平面立体的相贯线一般情况为空间折线，特殊情况为平面折线，每段折线是两立体棱面的交线，每个折点是一条立体棱线与另一个立体的贯穿点。

求两平面体的相贯线的方法有两种。

(1) 交点法。先作出其中一个平面立体的有关棱线与另一个平面立体的交点，再将所有交点依次连接成折线，即组成相贯线。连点的规则：只有当两个交点对每个平面立体来说都位于同一个棱面上时才能相连，否则不能相连。

(2) 交线法。直接作出两平面立体上两个相应棱面的交线，然后组成相贯线。

【例 4-5】 如图 4-15 所示，求作长方体和三棱锥的相贯线。

分析：

(1) 根据相贯体的正面投影可知，长方体整个贯入三棱锥，因是全贯，应有两组相贯线。

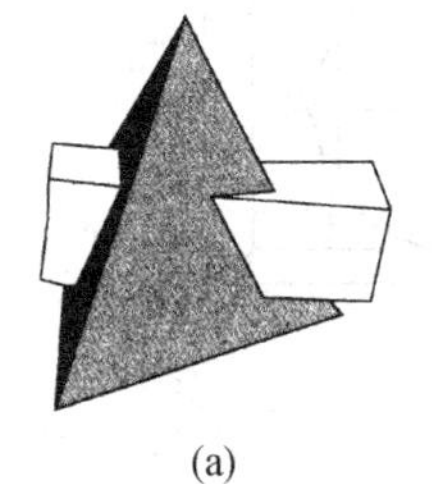

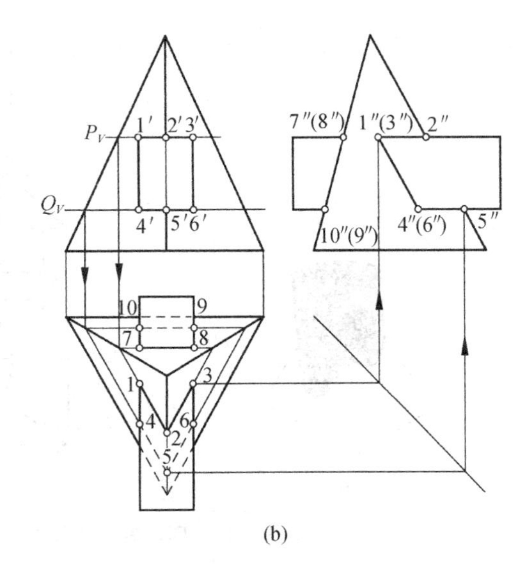

(a)　　　　　　　　(b)

图 4-15　长方体和三棱锥的相贯线

(2) 因为长方体的正面投影有积聚性，所以相贯线的正面投影是已知的，积聚在这个长方体正面投影的轮廓线上。剩下的问题仅仅是根据相贯线的正面投影补画出相贯线的水平投影和侧面投影。

作图步骤如下：

(1) 在正立面标出各贯穿点的投影。

(2) 作水平面 P、Q，求出截交线上各点的水平投影，进一步求出其侧面投影。

(3) 连点并判别可见性。水平投影中线段 45、56、910 不可见，画成虚线。

2) 平面立体与曲面立体的相贯线

平面立体与曲面立体的相贯线是由若干段平面曲线或平面直线和直线所组成，即平面立体上各棱面截曲面立体所得的截交线。每一段平面曲线或直线的折点就是平面立体的棱线与曲面立体表面的交点。作图时，求出这些转折点，再根据求曲面体上截交线的方法求出每段曲线或直线。

【例 4-6】 如图 4-16 所示，求四棱锥与圆柱的相贯线。

分析：

(1) 根据四棱锥各棱面与曲面立体轴线的相对位置，确定相贯线的空间形状。四棱锥的 4 个棱面与圆柱轴线倾斜，其截交线各为椭圆的一部分，即截交线为 4 段椭圆弧线的组合，4 条棱线与圆柱面的 4 个交点是连接点。

(2) 根据四棱锥、圆柱与投影面的相对位置确定相贯线的投影。由于圆柱面的水平投影有积聚性，所以相贯线的水平投影是已知的，只需求正面投影。

作图步骤如下：

(1) 求连接点。由 3、4、5、6 求出其正面投影。

(2) 求特殊点。7、8 两点是正面转向轮廓线上的点，其正面投影可在 V 面上直接找出，1、2 两点是侧面转向轮廓线上的点，可以利用辅助平面作出。

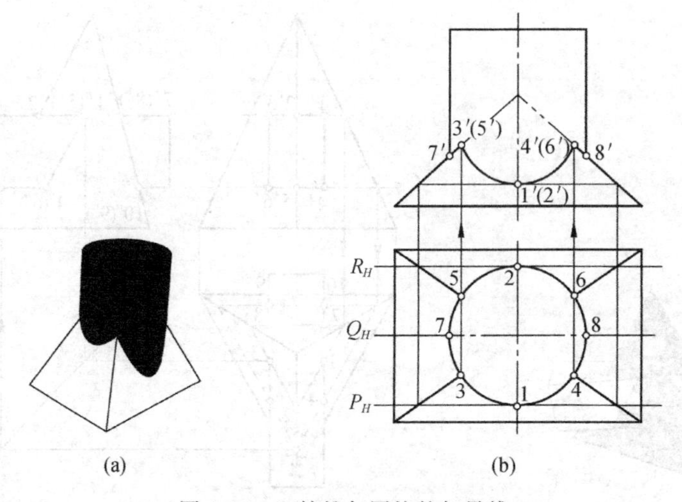

图 4-16　四棱锥与圆柱的相贯线

(3) 判别可见性并连线。不可见线被可见线遮挡，因此所有线段均为实线。

3) 两曲面立体表面的相贯线

两曲面立体表面的相贯线一般是封闭的空间曲线，特殊情况下可能为平面曲线或直线。组成相贯线的所有相贯点均为两曲面体表面的共有点。因此，求相贯线时要先求出一系列的共有点，然后依次连接各点，即得相贯线。

下面介绍积聚投影法。

相交两曲面体，如果有一个表面投影具有积聚性时，就可利用该曲面的辅助平面法。根据三点共面原理，作辅助平面与两曲面相交，求出两辅助截交线的交点，即为相贯点。

选择辅助平面的原则：辅助截平面与两个曲面的截交线（辅助截交线）的投影都应是最简单易画的直线或圆。因此，在实际应用中往往大多采用投影面的平行面作为辅助截平面。

在解题过程中，为了使相贯线的作图清楚、准确，在求共有点时，应先求特殊点，再求一般点。相贯线上的特殊点包括可见性分界点、曲面投影轮廓线上的点、极限位置点（最高、最低、最左、最右、最前、最后）等。根据这些点不仅可以掌握相贯线投影的大致范围，而且还可以方便设立求一般点的辅助截平面的位置。

【例 4-7】 如图 4-17 所示，求作两轴线正交的圆柱体的相贯线。

分析：

(1) 根据两立体轴线的相对位置，确定相贯线的空间形状。由图可知，两个直径不同的圆柱垂直相交，大圆柱为铅垂位置，小圆柱为水平位置，由左至右完全贯入大圆柱，所得相贯线为一组封闭的空间曲线。

(2) 根据两立体与投影面的相对位置确定相贯线的投影。

相贯线的水平投影积聚在大圆柱的水平投影上（即小圆柱水平投影轮廓之间的一段

(a)

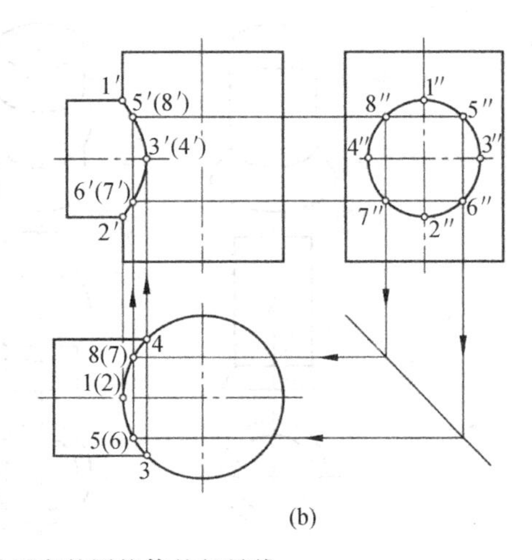

(b)

图 4-17　两轴线正交的圆柱体的相贯线

大圆弧)，相贯线的侧面投影积聚在小圆柱的侧面投影上(整个圆)。因此，余下的问题是根据相贯线的已知两投影求出它的正面投影。

作图步骤如下：

(1) 求特殊点。正面投影中两圆柱投影轮廓相交处的 $1'$ 和 $2'$ 两点分别是相贯线上的最高和最低点，同时也是相贯线的最左侧的点，它们的水平投影落在大圆柱的最左边素线的水平投影上，1 和 2 重影。

位于小圆柱的两条水平投影轮廓线上的 3 和 4 两点是相贯线上的最前点和最后点，也是相贯线上处于最右位置的点。通过 3 和 4 两点可在正面投影中找到 $3'$ 和 $4'$(前后重影)。

(2) 求一般点。在小圆柱侧面投影(圆)上的几个特殊点之间选择适当的位置，取几个一般点的投影，如 $5'$、$6'$、$7'$、$8'$ 等，再按投影关系找出各点的水平投影 5、6、7、8，最后作出它们的正面投影 $5'$、$6'$、$7'$、$8'$。

(3) 连点并判别可见性。连接各点成相贯线时，应沿着相贯线所在的某一曲面上相邻排列的素线(或纬圆)顺序光滑连接。

例题中相贯线的正面投影可根据侧面投影中小圆柱的各素线排列顺序依次连接 $1'$—5—$3'$—$6'$—$2'$—($7'$)—($4'$)—($8'$)—$1'$ 各点。由于两圆柱前后完全对称，故相贯线前后相同的两部分在正面投影中重影(可见者为前半段)。

4) 曲面立体相贯线的特殊情况

两曲面立体相交，其相贯线一般为空间曲线，但在特殊情况下也可能是平面曲线或直线。

(1) 两个曲面立体具有公共轴线时，相贯线为与轴线垂直的圆，如图 4-18 所示。

(2) 当正交的两圆柱直径相等时，相贯线为大小相等的两个椭圆(投影为通过两轴线交点的直线)，如图 4-19 所示。

(3) 当相交的两圆柱轴线平行时，相贯线为两条平行于轴线的直线，如图 4-20 所示。

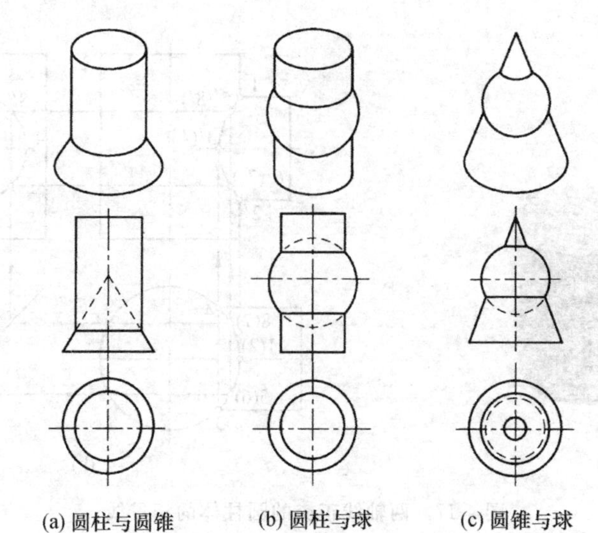

图 4-18　两个具有公共轴线曲面立体的相贯线

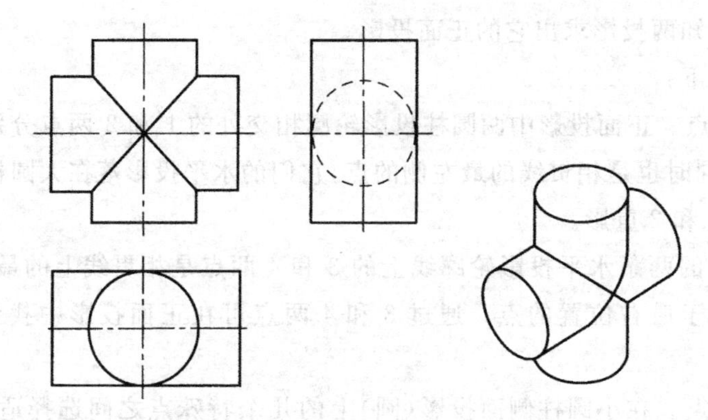

图 4-19　正交两圆柱直径相等时的相贯线

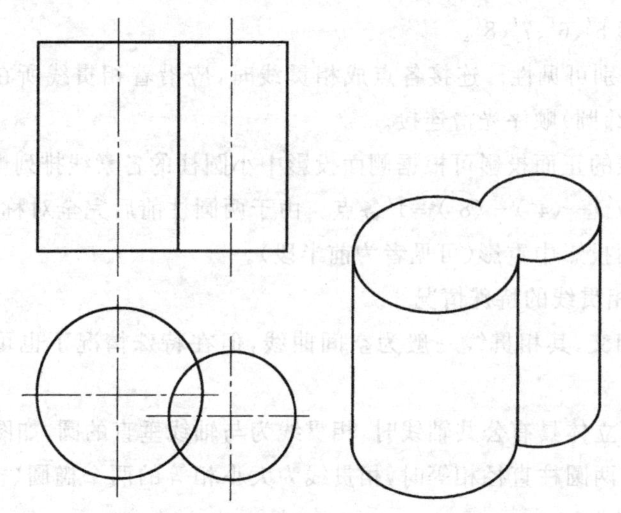

图 4-20　相交两圆柱轴线平行时的相贯线

4.3.3　截切体和相贯体的尺寸标注

1. 截切体的尺寸标注

对于截切体，由于被截平面截切，往往会出现切口和穿孔的结构。因此，除了要标注基本形体的尺寸外，还应标注截平面的位置尺寸。截切体的尺寸标注不必标注截交线的尺寸，因为基本体与截平面的相对位置一旦确定，截切体的形状与大小也就完全确定下来了。

2. 相贯体的尺寸标注

相贯体是由两立体相交得到的，只有当两相交立体的形状、大小及相对位置确定以后，形成的相贯线的形状、大小及相对位置才能完全确定下来。除了要标注相交两形体的尺寸外，还应标注确定两基本体相对位置的尺寸，但不必标注相贯线的尺寸。

4.4　组合体的投影

组合体是指该物体由两个以上的基本形体组合而成。图 4-21 所示的两坡顶房屋由棱柱、棱锥组成；图 4-22 所示的水塔由圆柱、圆台、圆锥组成。将上述分析的物体统称为组合体。

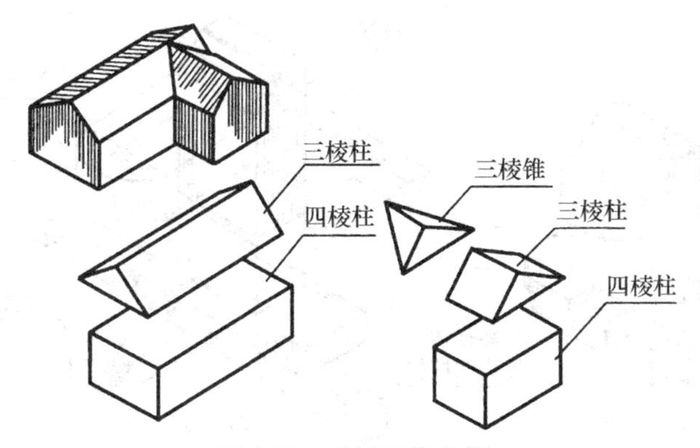

图 4-21　房屋形体分析

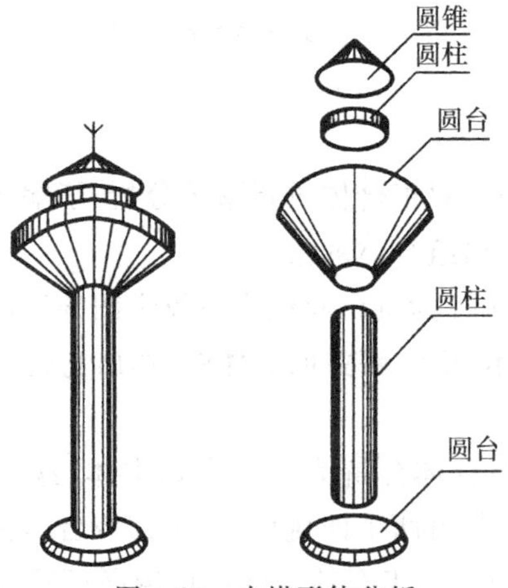

图 4-22　水塔形体分析

4.4.1 组合体的投影

作组合体的投影图，首先要熟悉组合体的组合方式，然后再根据组合方式来作出投影图。

1. 组合体的组合方式

(1) 叠加式。如图 4-23(a)所示，该组合体由两个长方体叠加而成。

(2) 切割式。如图 4-23(b)所示，该形体是由大的四棱柱体在经过切割掉一个小四棱柱体而形成的切割体。

(3) 混合式。如图 4-23(c)所示，该组合体既有叠加又有切割。

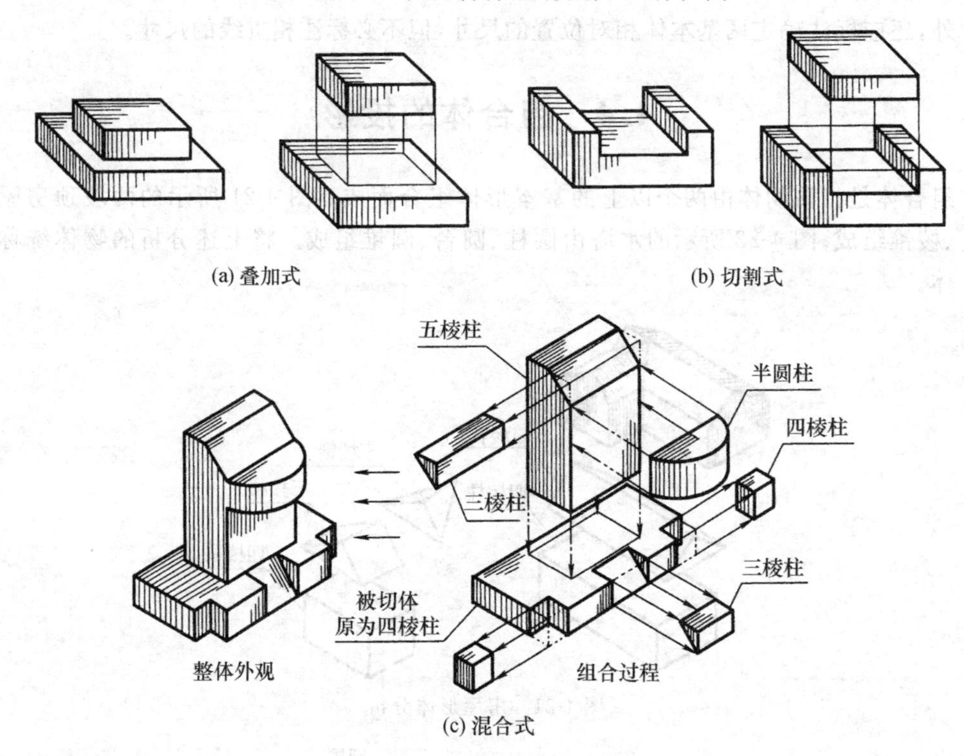

图 4-23 组合体的组合方式

2. 组合体投影图的画法

作组合体的投影，首先必须对组合体进行形体分析，了解组合体的组合方式及各基本形体之间的相对位置，逐步作出组合体的投影图。

下面以窨井及一切割体构件为例讲解组合体投影图的作法。

【例 4-8】 如图 4-24 所示，已知窨井的立体图，作出它的三面投影图。

分析：

(1) 形体分析。将一个组合体分解为若干个基本体，这种方法称为形体分析法。通过窨井的形体分析可知，该窨井由两个四棱柱、一个四棱台、两个圆柱组合而成。

(2) 确定组合体的放置位置。组合体的摆放位置必须符合物体的正常工作位置及平

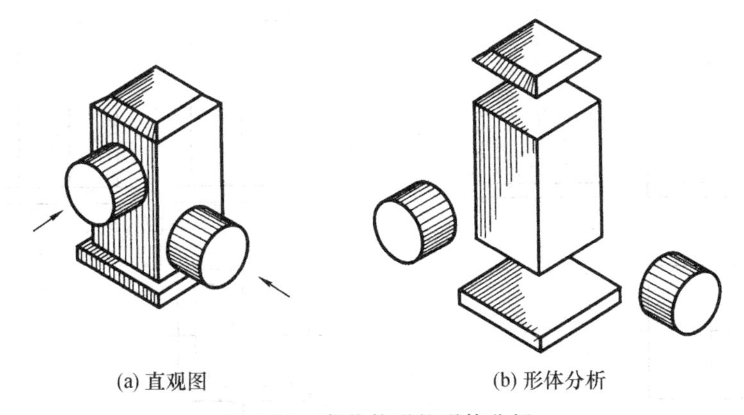

(a) 直观图　(b) 形体分析

图 4-24　窨井外形的形体分析

稳原则，图示窨井摆放位置即为正常的工作位置。

(3) 选择正立面图主要考虑以下两点：将反映该组合体主要特征的一面作为正立面图；尽量少出现虚线或不出现虚线。

该窨井的正立面图选择如图示箭头所指。该两个方向均反映了窨井的主要特征。

(4) 确定投影图的数量。用几个投影图才能完整地表达某个物体的形状，一般要根据该物体的复杂程度来确定。大部分物体有三个投影图即可，较为复杂的物体需三个以上投影图，较为简单的物体只需一个或两个投影图。该窨井需要三个投影图才能表达完整。

(5) 选择作图的比例和图幅。为了画图和读图方便，一般可采用 1∶1 的比例作图，但实际工程物体有大有小，无法按实际大小作图，所以必须选择适当的比例作图。比例确定以后，再根据所画物体的大小及具体数量选择合适的图幅。

(6) 作投影图。通过形体分析可知，该窨井的组合方式为叠加式，可采用叠加的方法作投影图。

作图步骤如下：

(1) 先画底板的三面投影图，如图 4-25(a)所示。

(2) 根据底板与井身的相对位置画出井身的三面投影图，如图 4-25(b)所示。

(3) 画盖板的三面投影图，如图 4-25(c)所示。

(4) 画两个圆管的三面投影图，这两个圆管应先画反映圆实形的正面投影和侧面投影。

(5) 检查有无错误和遗漏，最后加深、加粗图线，完成作图，如图 4-25(d)所示。

如果初学者经过一段时间的训练，作图已经比较熟练，也可以一次性将某一投影图全部画完，再结合三等关系作出其余投影图，但也有部分特殊形体需要互相穿插才能完成。若形体为曲面体，一般要先画该曲面体在某一面反映实形的投影图。

【例 4-9】 如图 4-26(a)所示，已知一切割体构件，作出它的三面投影图。

分析：

(1) 形体分析。通过形体分析可知，该构件是由长方体切去左右两角，再切去中间的长方体，最后切去前方的小长方体而得到的。

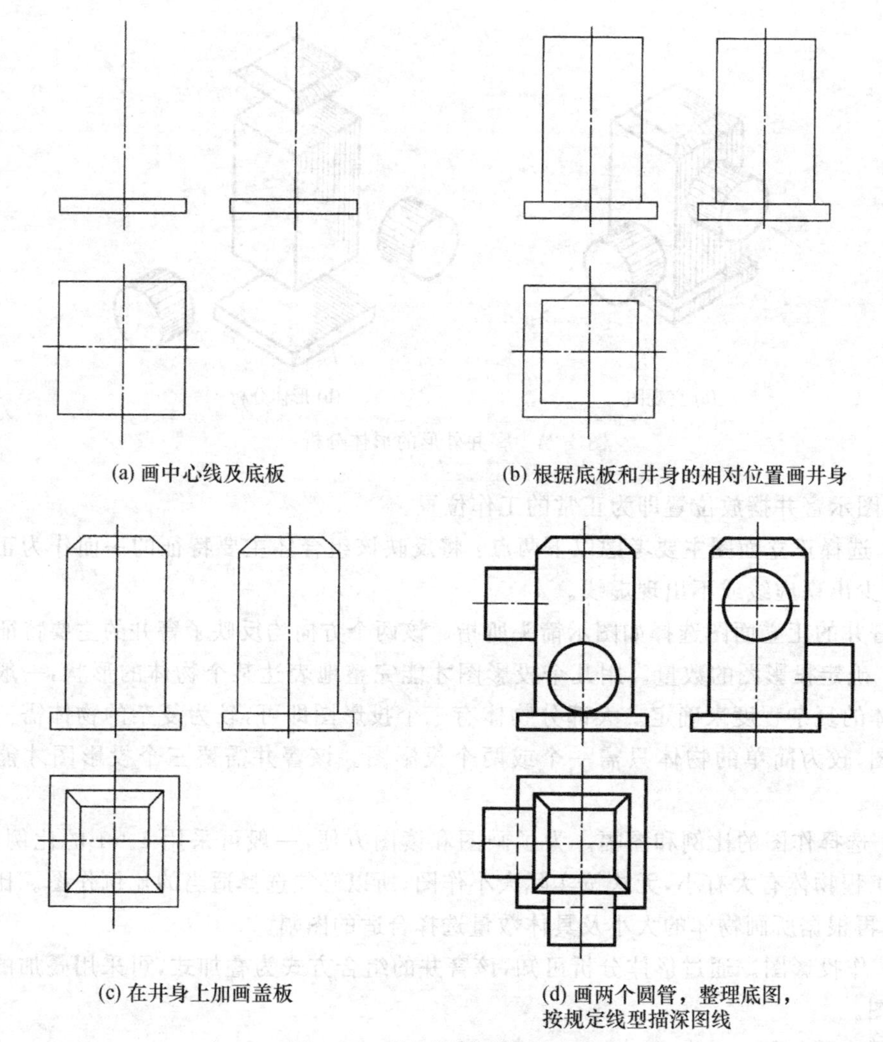

图 4-25　窨井外形投影图的画法

(2) 确定摆放位置。该构件图的位置符合正常的工作位置及平稳原则。

(3) 选择正立面图。如图示箭头所指，因为该方向反映了形体的主要特征。

(4) 确定投影图的数量。该构件由三个投影图即可完整地表达清楚。

(5) 作投影图。通过形体分析可知，该构件为切割体，可采用切割法作图。

作图步骤如下：

(1) 先画长方体的三面投影图，再切去左右两个三棱柱，如图 4-26(b)所示。

(2) 再画切割掉的中间长方体的三面投影图，如图 4-26(c)所示。

(3) 最后画切割掉的中间缺口前下方长方体的三面投影图，如图 4-26(d)所示。

(4) 检查图中有无错误，加深、加粗图线，完成全图，如图 4-26(d)所示。

3. 交线与不可见线

对组合体进行形体分析能化繁为简，帮助初学者读图、画图，但实际工程中物体是一个整体，因此，在作图时必须注意其交线与不可见线。一般有以下几种情况应引起注意。

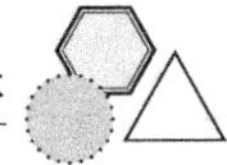

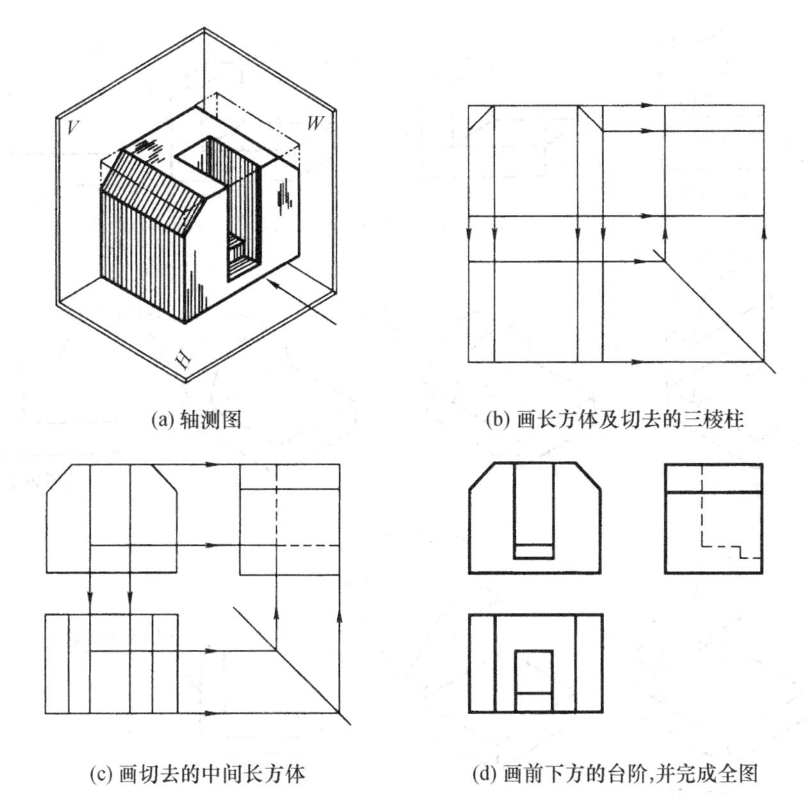

(a) 轴测图　　(b) 画长方体及切去的三棱柱

(c) 画切去的中间长方体　　(d) 画前下方的台阶,并完成全图

图 4-26　切割法画组合体的投影图

(1) 当两个形体相接成一个平面时,相交处不应画线,如图 4-27(a)所示。

(2) 当一个形体的曲面与另一平面体相切成一个平面时,相切处不用画线,如图 4-27(b)所示。

(3) 当一个形体的斜面与另一平面体相交成一个平面时,相交处要画成实线,如图 4-27(c)所示。

(4) 当一形体与另一形体相交,一面相接成一平面,另一面为凹凸时,相交处可能是虚线或实线,如图 4-27(d)所示。

4.4.2 尺寸标注

在实际工程中,任何一个物体除了画出它的投影图之外,还必须标注出尺寸,否则就无法加工或建造。掌握及看懂投影图的尺寸,必须熟悉尺寸的组成及标注方法。尺寸的标注可分为基本体的尺寸标注和组合体的尺寸标注两大类。

1. 基本体的尺寸标注

基本体可分为平面体和曲面体。

1) 平面体的尺寸标注

对于平面体,只要标注出它的长、宽、高尺寸就能够确定它的大小。尺寸的标注要尽量集中标注在一至两个投影图上,长宽一般标注在平面图上,高度尺寸标注在正立面图上(见表 4-1)。

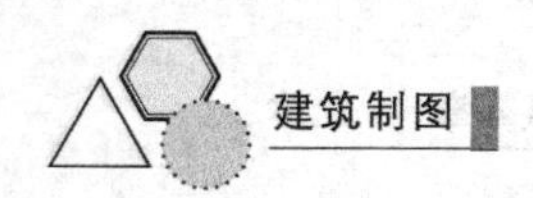

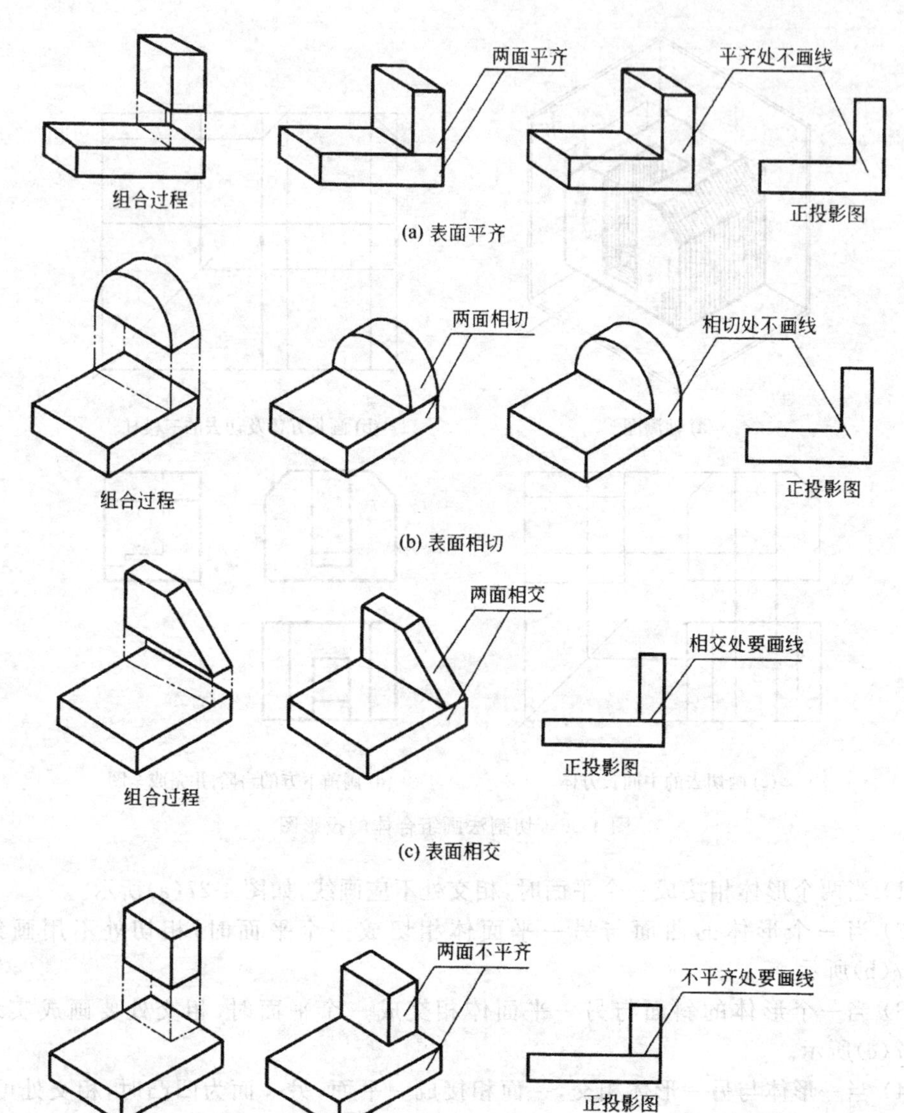

(a) 表面平齐

(b) 表面相切

(c) 表面相交

(d) 表面不平齐

图 4-27　形体表面的几种关系

表 4-1　平面体的尺寸标注

类　　别	图　　例
三棱柱	

续表

类　别	图　例
四棱柱	
三棱锥	
四棱台	
五棱锥	ϕ

2）曲面体的尺寸标注

曲面体的尺寸标注和平面体的尺寸标注相同，只要标注出曲面体的直径和高即可（见表 4-2）。

表 4-2　曲面体的尺寸标注

圆　柱	圆　锥
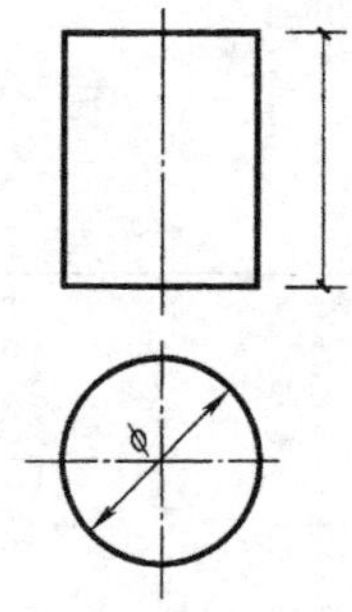 ϕ	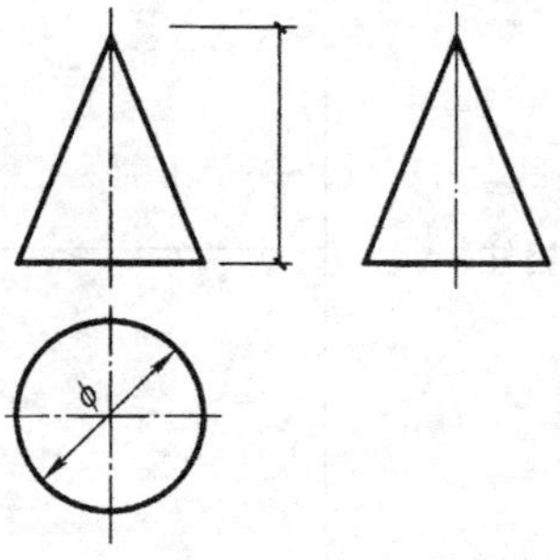 ϕ
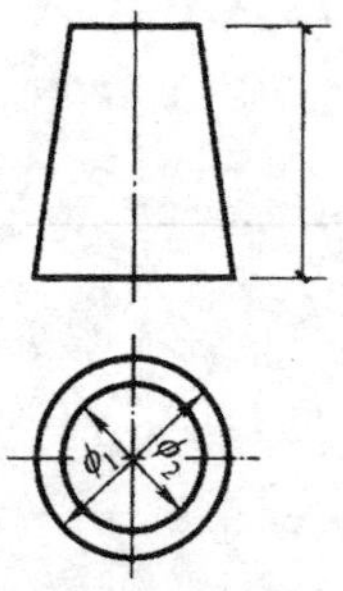 ϕ_1　ϕ_2	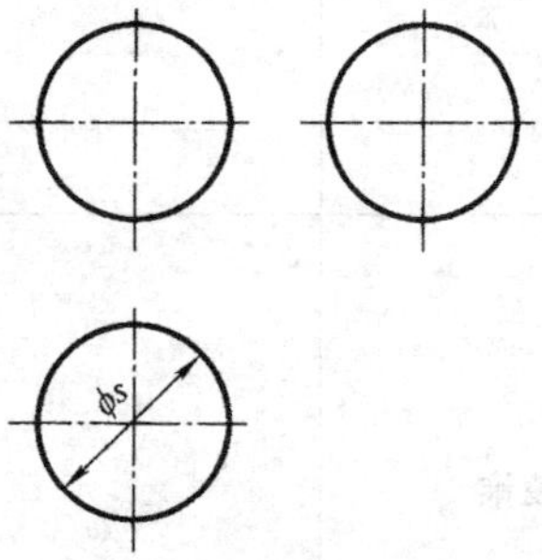 $S\phi$

2. 组合体的尺寸标注

标注组合体投影图的尺寸，首先要熟悉组合体尺寸的组成及其标注方法。

1）组合体尺寸的组成

组合体的尺寸一般由定形尺寸、定位尺寸和总尺寸三部分组成。下面以窨井为例，介绍组合体尺寸的组成（见图 4-28）。

（1）定形尺寸（单位：mm）。确定组合体中各个基本体自身大小的尺寸称为定形尺寸。例如，该窨井投影图中的底板长 50、宽 50、高 8；井身长 40、宽 40、高 65；井盖长 30、宽 30、高 6；圆管直径 ϕ30、长 20 皆为定形尺寸。

（2）定位尺寸（单位：mm）。确定组合体中各基本形体之间距离的尺寸称为定位尺寸。例如，该窨井投影图中 23、50 即为圆管的中心线到底板之间的定位尺寸。

（3）总尺寸（单位：mm）。构成该窨井总长、总宽、总高的尺寸称为总尺寸。例如，投影图中的总长为 65、总宽为 65、总高为 79，即为总尺寸。

2）组合体的尺寸标注

标注组合体的尺寸之前，首先必须对组合体进行形体分析，先标注定形尺寸，再标注定位尺寸，最后标注总尺寸。

（1）标注定形尺寸（单位：mm）。尺寸标注一般按组合体的组合形式逐个形体依次标注长、宽、高尺寸，以防遗漏及重复。以该窨井为例：先标注底板定形尺寸，长 50、宽

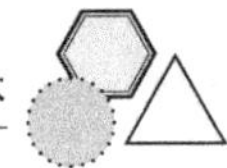

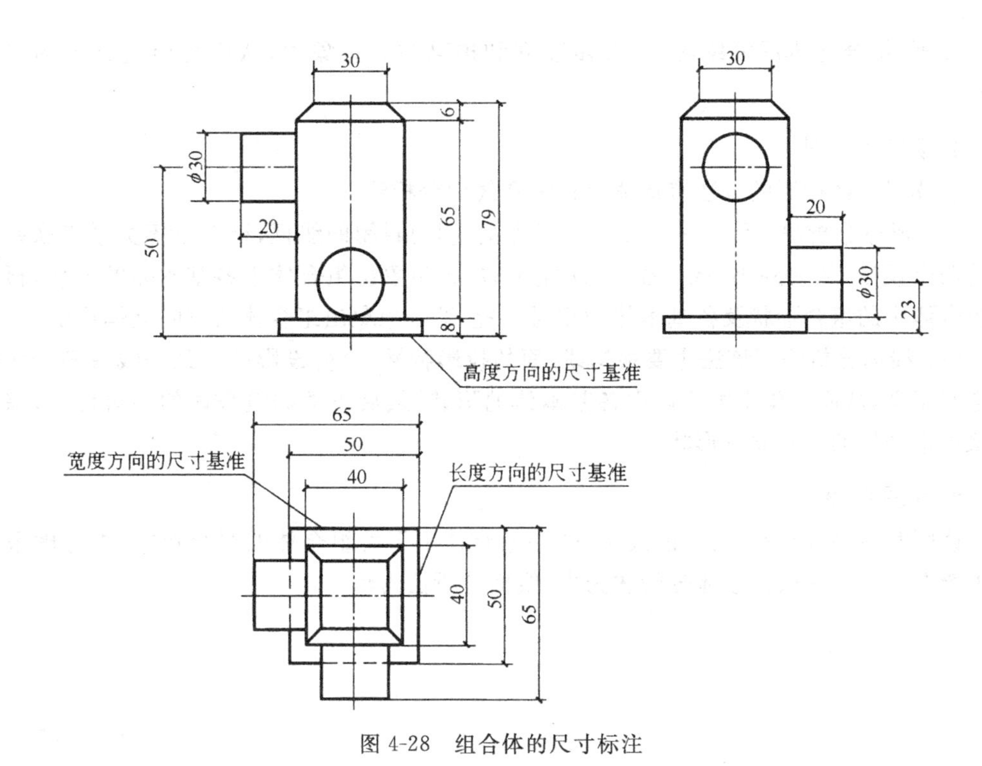

图 4-28　组合体的尺寸标注

50、高 8；再标注井身尺寸，长 40、宽 40、高 65；井盖的定形尺寸，长 30、宽 30、高 6；圆管的定形尺寸，直径 ϕ30、长 20。

(2) 标注定位尺寸(单位：mm)。标注圆管的中心线离地面的尺寸为 23、50。

(3) 标注总尺寸(单位：mm)。标注窨井的总长 65、总宽 65、总高 79。

(4) 检查。最后检查尺寸标注是否齐全、有无遗漏、布置是否合理等。

3) 尺寸标注中应注意的事项

(1) 尺寸标注要完整、清晰、便于识读。

(2) 尺寸标注既不要遗漏，也不要重复。

(3) 尺寸一般应标注在图形之外，长度方向的尺寸标注在正立面图与平面图之间；高度方向的尺寸标注在正立面图与侧立面图之间；宽度方向尺寸标注在平面图与侧立面图之间。

(4) 尺寸的标注应小尺寸在内，大尺寸在外，尽量集中。

(5) 圆的直径一般要标注在反映实形的投影图上。

(6) 水平方向的尺寸标注应在尺寸线上方，从左至右注写；垂直方向的尺寸标注应在尺寸线的左边，从下往上注写。

4.4.3　组合体投影图的识读

已知投影图，采用形体分析或线面分析的方法，想象出其空间立体形状，称为识读。要达到读懂的目的，首先要掌握三面投影的投影规律，熟悉形体的长、宽、高三个尺寸和上、下、左、右、前、后六个方位在投影图上的位置；会应用点、直线、平面的投影特性；必须

多看多画,结合立体反复练习,以逐步建立和提高空间想象力,从而想出组合体的完整形状。

1. 读图的方法

识读组合体投影的方法有形体分析法和线面分析法。

(1) 形体分析法。该法一般以正投影为主,利用封闭的线框,结合三等关系来联系其他的两个投影,从大到小、从下往上、从左至右,先想象出组合体中各基本体的形状,再根据组合体中的组合形状及各基本体的相对位置,综合想象出组合体的空间立体形状。

(2) 线面分析法。该法主要根据线、面的投影特性,分析投影图中某条线或某个线框的空间意义,从而想象出组合体中各基本体的形状,最后再根据组合体的相对位置,综合想象出组合体的空间立体形状。

2. 读图步骤

读图时,首先应看清已知的投影图,并从整体上了解组合体的组合形式,再考虑采用何种读图方法。一般以形体分析法为主,线面分析法为辅。

第5章

轴 测 投 影

5.1 轴测投影的基本知识

5.1.1 轴测投影的形成

用一组相互平行的投射线沿不平行于任一坐标面的方向，把形体连同它的坐标轴一起向单一投影面 P 投影所得到的图形，称为轴测投影。用轴测投影的方法绘制的投影图称为轴测投影图，简称轴测图，如图 5-1 所示。

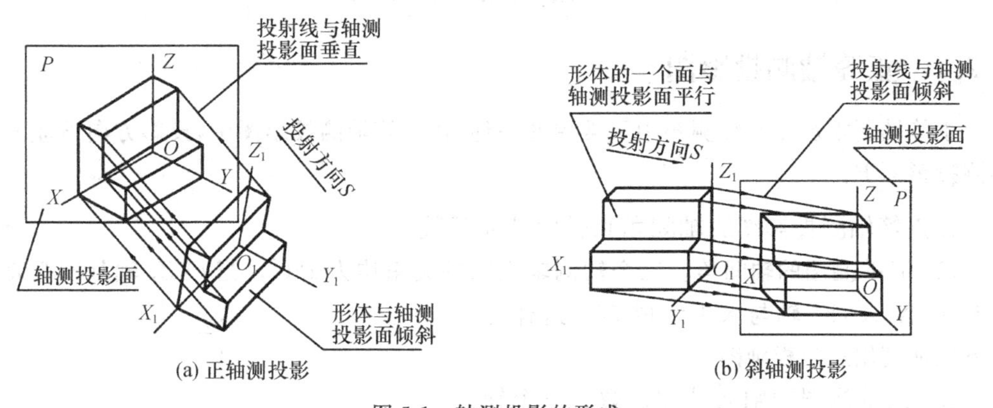

图 5-1 轴测投影的形成

在图 5-1 中，空间坐标轴 O_1X_1、O_1Y_1、O_1Z_1 在轴测投影面 P 上的投影为 OX、OY、OZ，称为轴测投影轴，简称轴测轴；轴测轴之间的夹角 $\angle XOY$、$\angle XOZ$、$\angle YOZ$ 称为轴间角；轴测轴长度与空间坐标轴的长度的比值称为轴向伸缩系数，分为用 p、q、r 表示，即

$$p=\frac{OX}{O_1X_1},\quad q=\frac{OY}{O_1Y_1},\quad r=\frac{OZ}{O_1Z_1}$$

5.1.2 轴测投影的分类和特征

1. 轴测投影的分类

1）正轴测投影

当投影方向 S 垂直于轴测投影面 P 时，形体 3 个方向的平面及坐标轴与投影面倾斜，称为正轴测投影，如图 5-1(a)所示。

按形体自身的直角坐标系中的各坐标轴与投影面倾斜的角度是否相同，正轴测投影可分为以下几种。

（1）正等轴测图：3个轴间角及轴向变形系数都相等，即 $p=q=r$。

（2）正二等轴测图：任意两个轴间角及轴向变形系数都相等，即 $p=q\neq r$。

（3）正三等轴测图：也称为不等正轴测图，3个轴间角及轴向变形系数都不相等，即 $p\neq q\neq r$。

现在的建筑工程图中正等轴测图比较常见。

2）斜轴测投影

当投影方向 S 倾斜于轴测投影面 P 时，形体一个方向的平面及其两个坐标轴与投影面平行，称为斜轴测投影，如图5-1(b)所示。

2. 轴测投影的基本特征

（1）直线的轴测投影仍然是直线。

（2）空间平行直线的轴测投影仍然平行。

（3）形体上与坐标轴平行的直线，其轴测投影必平行于相应的轴测轴。

5.2 常用轴测图画法

5.2.1 正等轴测投影图

正等轴测投影图是轴测图中最常用的一种，在正等轴测投影图中，投影方向 S 垂直于轴测投影面 P。

1. 正等轴测投影图的轴间角和轴向伸缩系数

（1）正等测图的轴间角。三个轴测轴之间的夹角均为120°。当 O_1Z_1 轴处于竖直位置时，O_1X_1、O_1Y_1 轴与水平线成30°，这样可以方便地利用三角板画图。

（2）正等测图的轴向伸缩系数。三个轴向伸缩系数的理论值 $p=q=r\approx0.82$，为了作图方便，取简化值 $p=q=r=1$，如图5-2所示。这对形体的轴测投影图的形状没有影响，只是图形放大了约1.22倍，如图5-3所示，图5-3(a)为形体的正投影图，图5-3(b)为 $p=q=r=0.82$ 时的正等测图，图5-3(c)为 $p=q=r=1$ 时的正等测图。

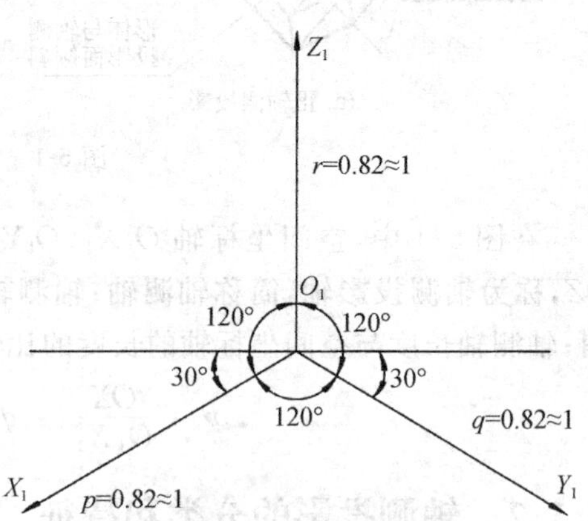

图5-2 正等测图的轴间角和轴向伸缩系数

2. 正等测图的画法

绘制正等测投影图常用的方法有坐标法、叠加法和切割法等，其中坐标法是绘制正等测投影图最基本的方法。在实际作图中，往往是几种方法混合使用，需要根据形体的形状特点而灵活采用不同的作图方法。

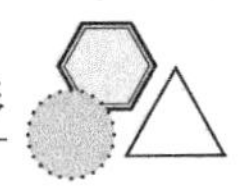

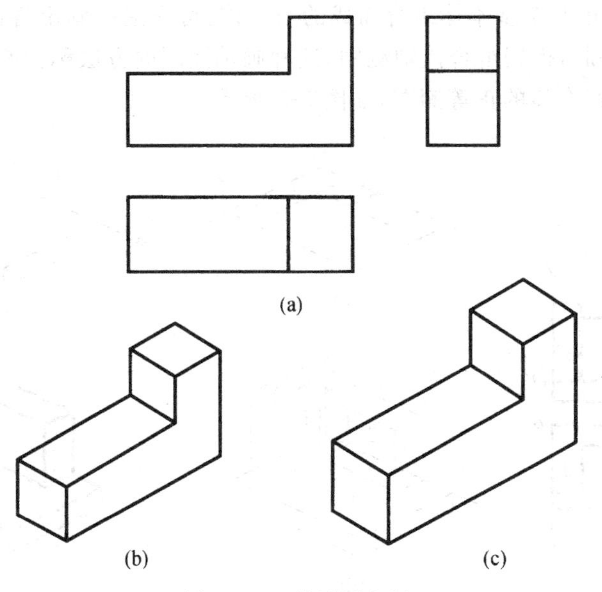

图 5-3　正等测图实例

(1) 坐标法。沿坐标轴量取形体关键点的坐标值，用以确定形体上各特征点的轴测投影位置，然后将各特征点连线，即可得到相应的轴测图。

【例 5-1】 三棱柱的正投影图如图 5-4(a)所示，作其正等测图。

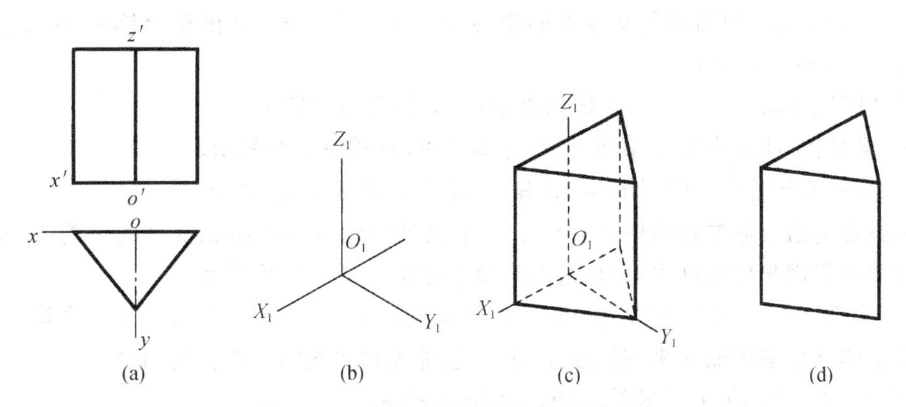

图 5-4　三棱柱的正投影图及正等测图

作图步骤如下：

① 画出轴测轴。把坐标原点 O_1 选在三棱柱下底面的后边中点，且让 X_1 轴与其后边重合，这样在轴测图中可方便地量取各边长度，如图 5-4(a)所示。

② 根据正等测的轴间角画出轴测轴 O_1-$X_1Y_1Z_1$，如图 5-4(b)所示。

③ 根据三棱柱各角点的坐标，画出底面的轴测图。

④ 根据三棱柱的高度，画出三棱柱的上底面及各棱线，如图 5-4(c)所示。

⑤ 擦去多余图线并加深一些图线，即得所需图形，如图 5-4(d)所示。

(2) 叠加法。由几个基本体组合而成的组合体,可先逐一画出各部分的轴测图,然后再将它们叠加在一起,得到组合体轴测图,这种画轴测图的方法称为叠加法。

【例 5-2】 作组合体的正等测图,如图 5-5 所示。

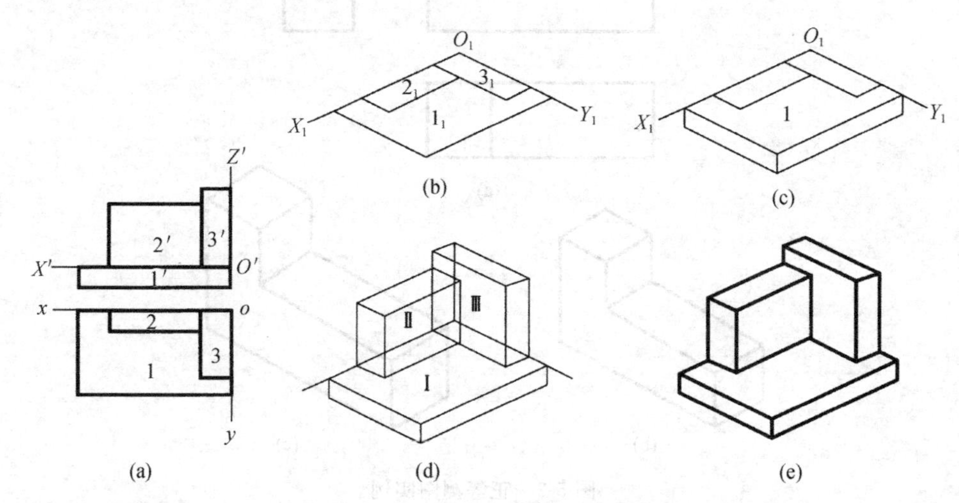

图 5-5 组合体正等测图的画法

作图步骤如下:

把该组合体分解为三个基本形体。

① 定坐标轴。把坐标原点选在Ⅰ体上底面的右后角上,如图 5-5(a)所示。

② 根据正等测的轴间角及各点的坐标在Ⅰ体的上底面,画出组合体的 H 面投影的轴测图,如图 5-5(b)所示。

③ 根据Ⅰ体的高度,画出Ⅰ体的轴测图,如图 5-5(c)所示。

④ 根据Ⅱ、Ⅲ体的高度,画出它们的轴测图,如图 5-5(d)所示。

⑤ 擦去多余图线并加深图线,即得所需图形,如图 5-5(e)所示。

画叠加类组合体的轴测图,应分先后、主次画出组合体各组成部分的轴测图,每一部分的轴测图仍用坐标法画出,但应注意各部分之间的相对位置关系。

(3) 切割法。当形体被看成由基本形体切割而成时,可先画形体的基本形体,然后再按基本形体被切割的顺序来切掉多余部分,这种画轴测图的方法称为切割法。

【例 5-3】 作形体的正等轴测图,如图 5-6 所示。

作图步骤如下:

① 定坐标轴,如图 5-6(a)所示。

② 画出正等测的轴测轴,并在其上画出形体未截割时外轮廓的正等测图,如图 5-6(b)所示。

③ 在外轮廓体的基础上,应用坐标法先后进行截割,如图 5-6(c)和(d)所示。

④ 擦去多余图线并加深图线,即得所需图形,如图 5-6(e)所示。

5.2.2 斜轴测投影图

通常将坐标系 O-XYZ 中的两个坐标轴放置在与投影面平行的位置,较常用的斜轴

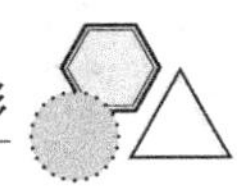

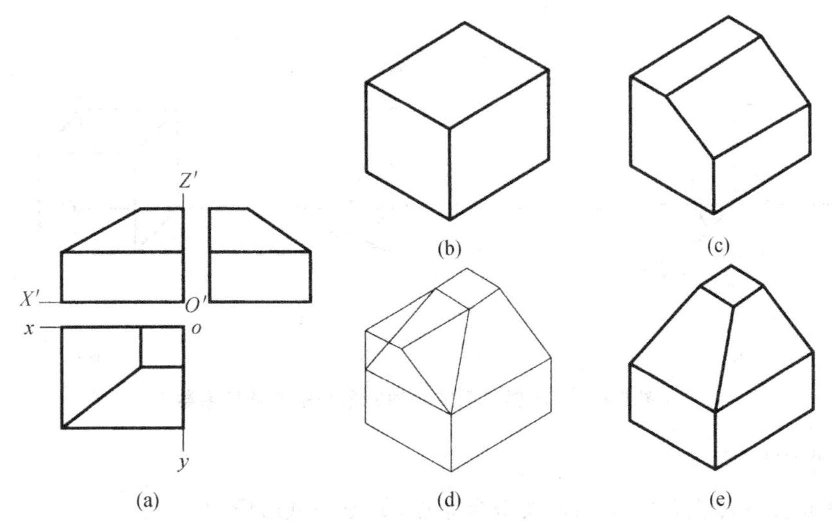

图 5-6　截割体正等轴测图画法

测投影有正面斜轴测投影和水平斜轴测投影。但无论哪一种，如果它的三个轴向伸缩系数都相等，就称为斜等测投影（简称斜等测）。如果只有两个轴向伸缩系数相等，就称为斜二测轴测投影（简称斜二测）。

1. 正面斜二测图

（1）正面斜二测图的形成。当形体的正立面平行于轴测投影面 P，而投射方向倾斜于轴测投影面时所得到的投影，称为正面斜轴测投影，如图 5-7 所示。

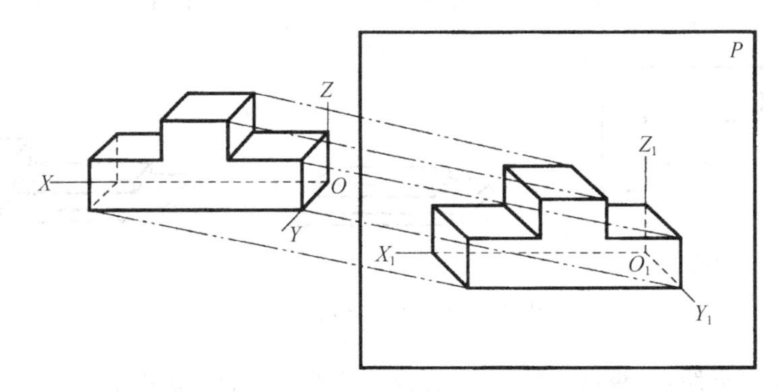

图 5-7　正面斜二测图的形成

（2）正面斜二测图的轴间角和轴向伸缩系数，如图 5-8 所示。

① 轴间角：$\angle X_1O_1Z_1=90°$，$\angle Y_1O_1Z_1=\angle Y_1O_1X_1=135°$。

② 轴向伸缩系数：$p=r=1$，$q=0.5$。

③ 平行于投影面形体上的外表面反映实形。

（3）正面斜二测图的画法。画图之前，首先要根据物体的形状特征选定投影的方向，使得画出的轴测图具有最佳的表达效果，一般来说，要把物体形状较为复杂的一面作为正面，并且从左前上方或右前上方进行投影。

【例 5-4】　作出台阶的正面斜二测图。

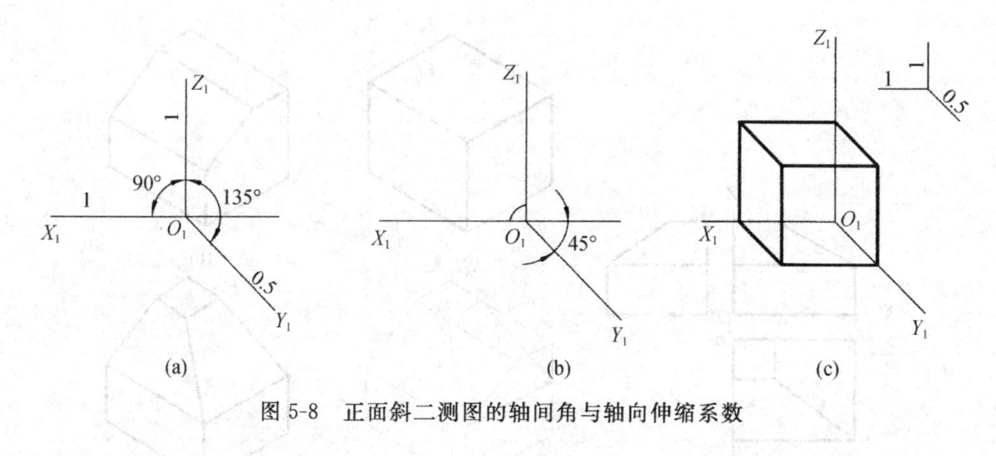

图 5-8　正面斜二测图的轴间角与轴向伸缩系数

作图步骤如下：

① 在正投影图上建立坐标轴及坐标原点，如图 5-9(a)所示。

② 建立轴测轴，使台阶的正面 XOZ 面平行于轴测投影面，为了清楚地反映侧面台阶的形状，把宽向轴(O_1Y_1 轴)画在左侧，与水平轴(O_1X_1 轴)成 45°，如图 5-9(b)所示。

③ 用叠加法作两层台阶踏步板的斜二测图，如图 5-9(c)和(d)所示。

④ 在踏步板的右侧画出拦板的斜二测图，如图 5-9(e)所示。

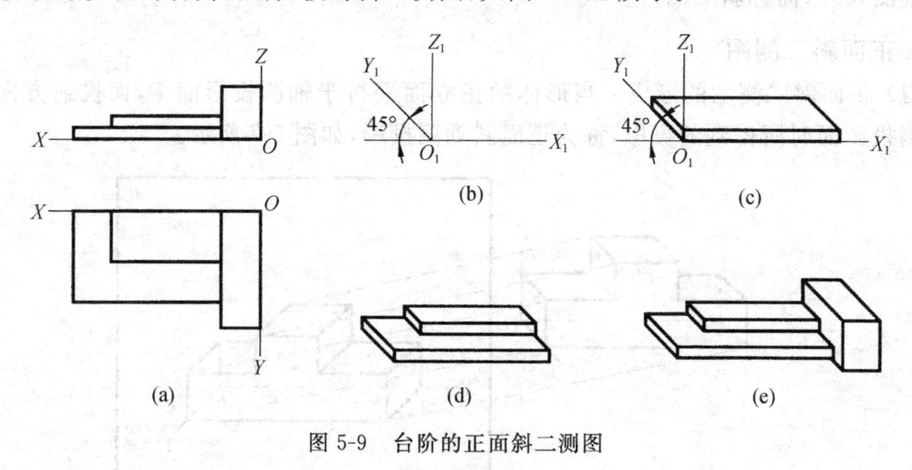

图 5-9　台阶的正面斜二测图

⑤ 擦除不可见线，加粗可见轮廓线，完成物体的正面斜二测图。

2. 水平斜轴测图

(1) 水平斜轴测图的形成。当形体的水平面平行于轴测投影面，而投影方向倾斜于轴测投影面时所得到的投影，称为水平斜轴测投影。

(2) 水平斜轴测图的轴间角和轴向伸缩系数。

① 轴间角。$\angle X_1Y_1O_1=90°$，$\angle X_1O_1Z_1=120°$。

② 轴向伸缩系数。通常取 $p=q=r=1$。

③ 反映物体上与水平面平行的表面的实形。

水平斜轴测图的轴间角如图 5-10 所示。

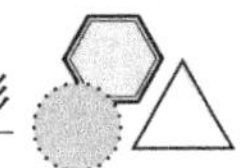

(3) 水平斜轴测投影图的画法。水平斜轴测图通常用于小区规划的表现图。

【例 5-5】 已知一小区的总平面图如图 5-11(a)所示，试作其水平斜轴测图。

作图步骤如下：

① 画出轴测轴，使 O_1X_1 轴与水平线成 30°。

② 按比例画出总平面图底面的水平斜轴测图。

③ 在底面的水平斜轴测图的基础上，根据已知的各幢房屋的设计高度，按同一比例画出各幢房屋。

④ 根据总平面图的要求，还可画出绿化、道路等。

⑤ 擦去多余线条并加深图线，即得所需图形，如图 5-11(b)所示。

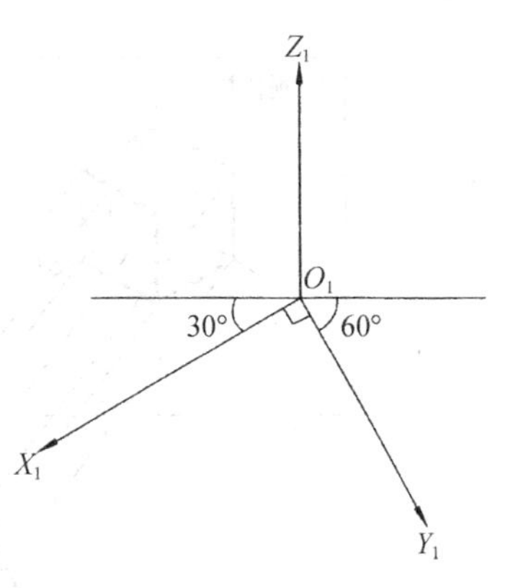

图 5-10　水平斜轴测图的轴间角

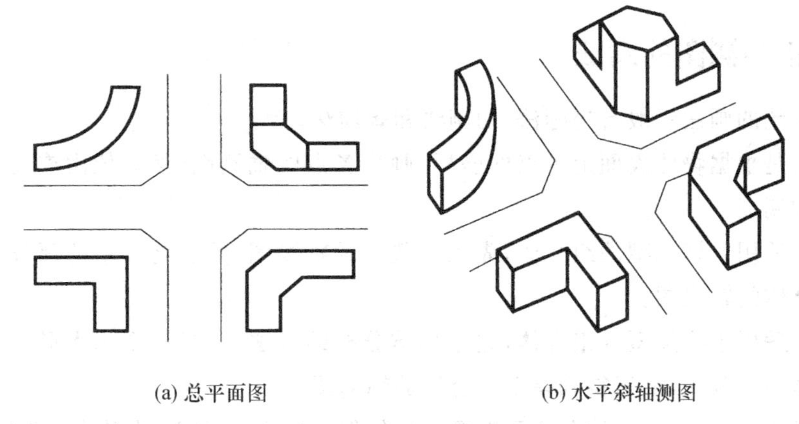

(a) 总平面图　　(b) 水平斜轴测图

图 5-11　小区的水平斜轴测图

完成上述作图后，还可着色，从而形成立体的彩色图。

5.3　正 等 测 图

5.3.1　正等测图的轴间角和轴向伸缩系数

当正方体的对角线垂直于投影面时，以对角线的方向作为投影方向进行投影，即投影线垂直于投影面，这时所得的轴测投影图为正等测投影图，简称正等测图，如图 5-12 所示。

正等测图的轴间角：$\angle X_1O_1Y_1=\angle Y_1O_1Z_1=\angle X_1O_1Z_1=120°$。

正等测图的轴向伸缩系数：由于 OX、OY 和 OZ 与投影面的倾角都相等，3 个轴的轴向伸缩系数也都相等，根据计算约等于 0.82。但为了作图简便，人们在实际画图时，通常采用简化系数作图，在正等测图中取 $p=q=r=1$。用简化系数画出的正等测图放大了 $1/0.82\approx1.22$ 倍。

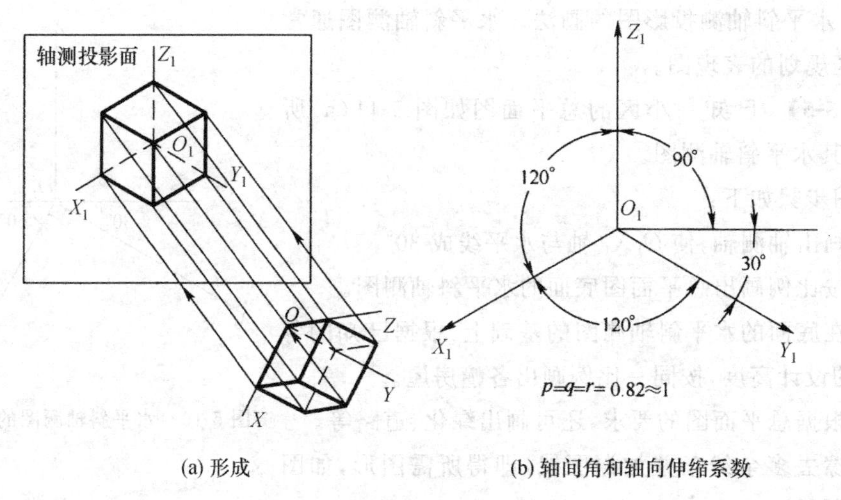

(a) 形成　　(b) 轴间角和轴向伸缩系数

图 5-12　正等测投影的形成

5.3.2　正等测图的画法

正等测图的画法一般有坐标法、切割法和叠加法。

坐标法是根据物体表面上各点的坐标，画出各点的轴测图，然后依次连接各点，即得该物体的轴测图。

切割法适用于切割型的组合体，先画出整体的轴测图，然后将多余的部分切割掉，最后得到组合体的轴测图。

叠加法适用于叠加型的组合体，先用形体分析的方法，分成几个基本形体，再依次画出每个形体的轴测图，最后得到整个组合体的轴测图。

根据形体特点，通过形体分析可选择不同的作图方法，下面通过例题分别介绍。

1. 平面立体的画法

平面立体的画法有以下几种。

(1) 用坐标法作长方体的正等测图，作图步骤如下。

① 在正投影图上定出原点和直角坐标轴的位置，确定长、宽、高为 a、b、h，如图 5-13(a)所示。

② 画出轴测轴，在 O_1X_1 和 O_1Y_1 上分别量取 a 和 b。过 m 和 n 点作 O_1X_1 和 O_1Y_1 的平行线得底面上的另一顶点 p，由此可以作出长方体底面的轴测图，如图 5-13(b)所示。

③ 过底面各顶点作 O_1Z_1 轴的平行线并量取高度 h，求出长方体各棱边的高，如图 5-13(c)所示。

④ 连接各顶点，擦去多余的图线并描深，得长方体的正等测图，图中的虚线不必画，如图 5-13(d)所示。

(2) 用切割法作组合体的正等测图，作图步骤如下。

① 在正面投影图上定出原点和坐标轴的位置，确定长、宽、高，如图 5-14(a)所示。

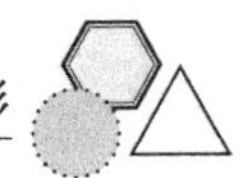

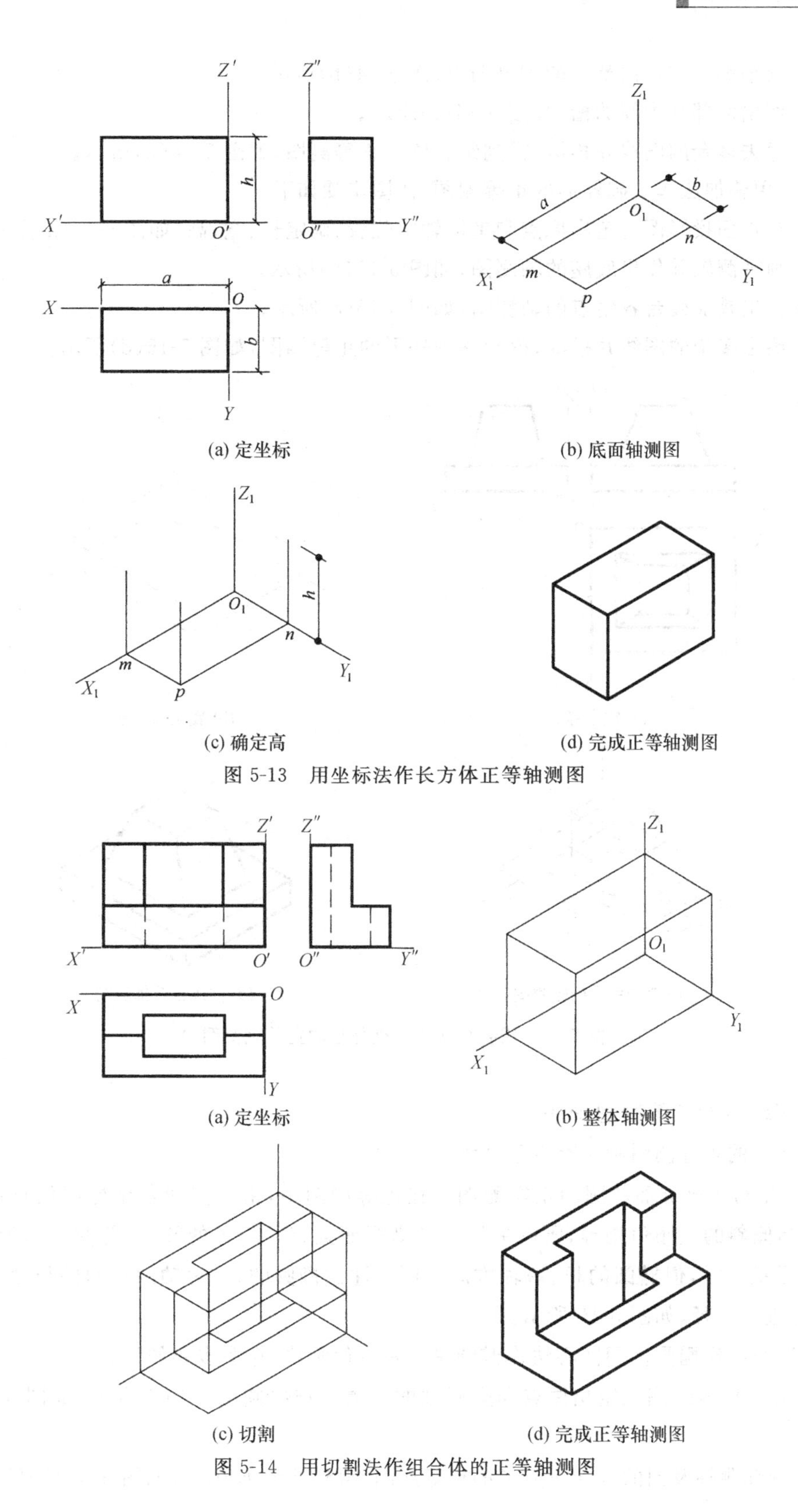

(a) 定坐标　(b) 底面轴测图

(c) 确定高　(d) 完成正等轴测图

图 5-13　用坐标法作长方体正等轴测图

(a) 定坐标　(b) 整体轴测图

(c) 切割　(d) 完成正等轴测图

图 5-14　用切割法作组合体的正等轴测图

② 画轴测轴并作出整体的轴测图，如图 5-14(b)所示。

③ 切出前部和中间的槽，如图 5-14(c)所示。

④ 擦去多余的图线并描深，得到组合体的正等测图，如图 5-14(d)所示。

(3) 用叠加法作基础外形的正等测图，作图步骤如下。

① 在正面投影图上定出原点和坐标轴的位置，确定长、宽、高，如图 5-15(a)所示。

② 画轴测轴并作出底座的轴测图，如图 5-15(b)所示。

③ 作出叠加棱台各角点的轴测图，如图 5-15(c)所示。

④ 擦去多余的图线并描深，得到基础外形的正等测图，如图 5-15(d)所示。

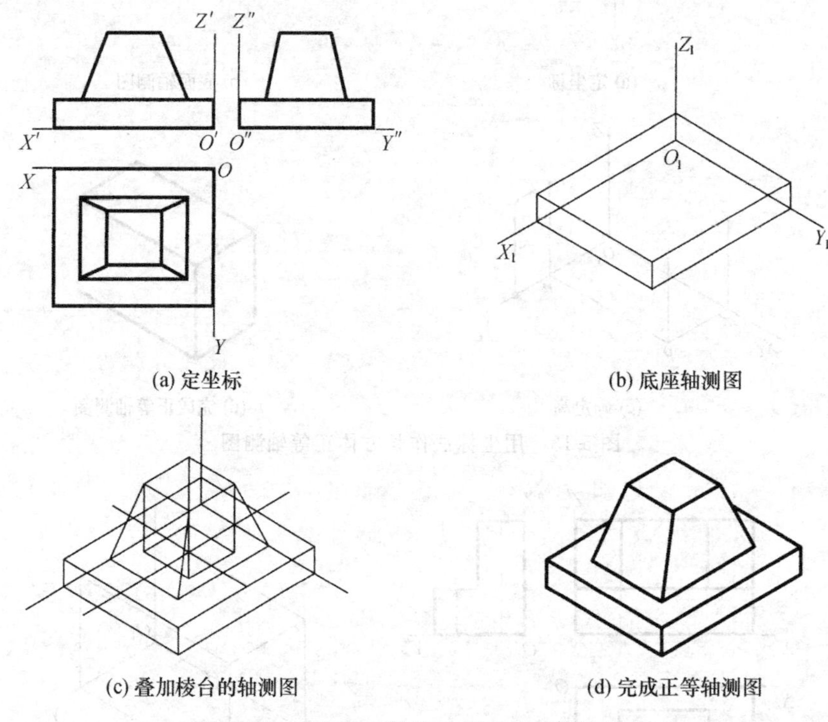

(a) 定坐标　(b) 底座轴测图

(c) 叠加棱台的轴测图　(d) 完成正等轴测图

图 5-15　用叠加法作基础外形的正等轴测图

2. 回转体的正等测图画法

回转体的正等测图画法有以下几种。

(1) 平行于坐标面的圆的正等测图。在正等测图中，由于空间各坐标面相对轴测投影面都是倾斜的且倾角相等，所以平行于各坐标面且直径相等的圆，正等测投影为椭圆，椭圆的形状一样，但椭圆的长、短轴方向不同。注意椭圆的长、短轴的空间的长度是相等的，等于圆的直径，如图 5-16 所示。

用四心法作椭圆。用四心法作椭圆是一种近似画法，作图步骤如下。

① 在正面投影图上定出原点和坐标轴的位置并作出圆的外切正方形，如图 5-17(a)所示。

② 画轴测轴及圆的外切正方形的正等测图，得到菱形 $EFGH$，如图 5-17(b)所示。

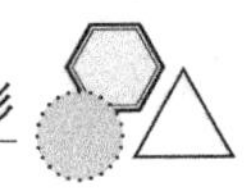

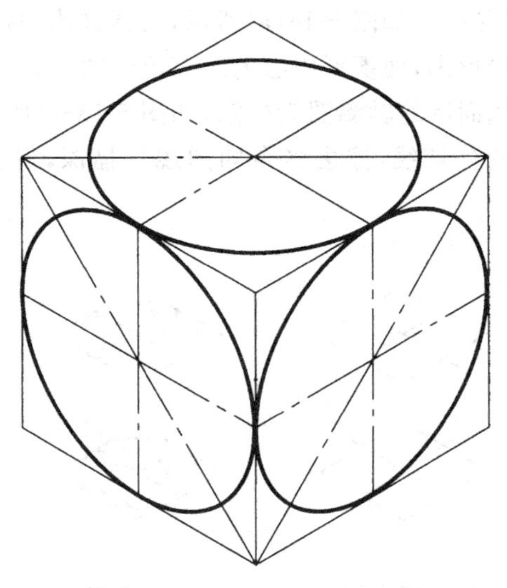

图 5-16　平行于各坐标面圆的正等测图

③ 连接 FA、FD、HB、HC，分别交于 M、N。分别以 F 和 H 为圆心，以 FA 或 HC 为半径画大圆弧，分别交于 A、D 与 B、C，如图 5-17(c)所示。

④ 分别以 M、N 为圆心，以 MA 或 NC 为半径画小圆弧，分别交于 C、D 与 A、B，即得平行于水平面的圆的正等测图，如图 5-17(d)所示。

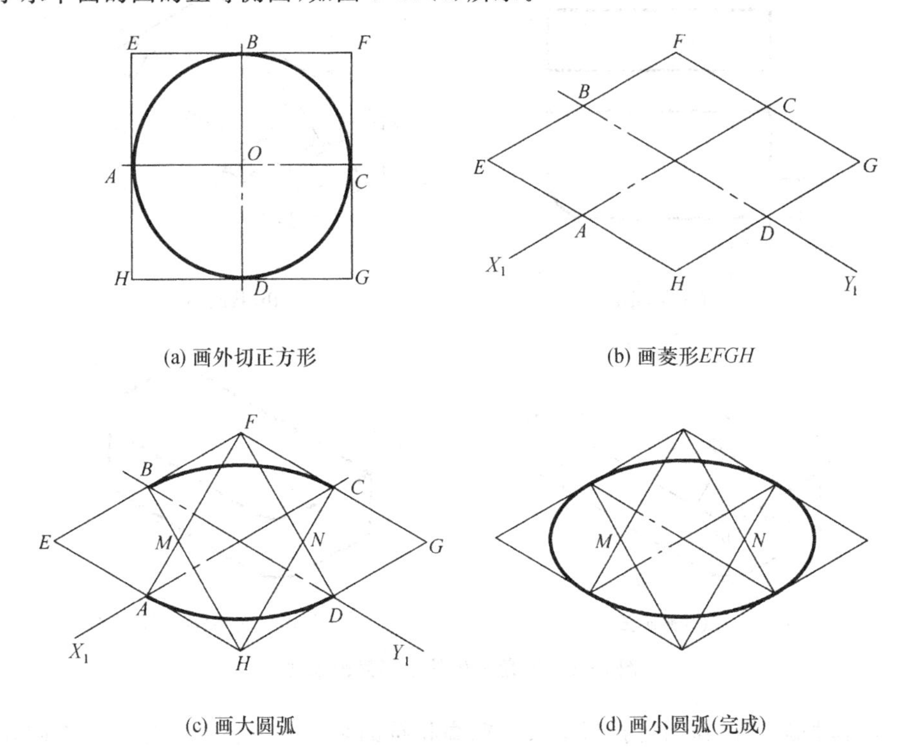

(a) 画外切正方形　(b) 画菱形EFGH

(c) 画大圆弧　(d) 画小圆弧(完成)

图 5-17　用四心法作椭圆

(2) 作圆柱体的正等测图。如图 5-18(a)所示，为圆柱体的投影图，作图步骤如下。

① 作上下底面圆的菱形图，两菱形中心的距离等于圆柱高，如图 5-18(b)所示。

② 用四心法作上下底面圆的轴测图为椭圆，如图 5-18(c)所示。

③ 作上下底面椭圆的公切线，擦去多余的图线并描深，得到圆柱体的正等测图，如图 5-18(d)所示。

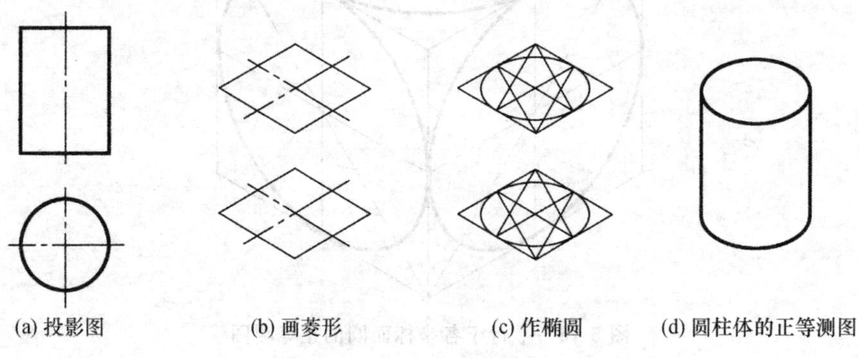
(a) 投影图　(b) 画菱形　(c) 作椭圆　(d) 圆柱体的正等测图

图 5-18　圆柱体正等测图的画法

(3) 作圆角平板的正等测图。如图 5-19(a)所示，为圆角平板的正投影图，作图步骤如下。

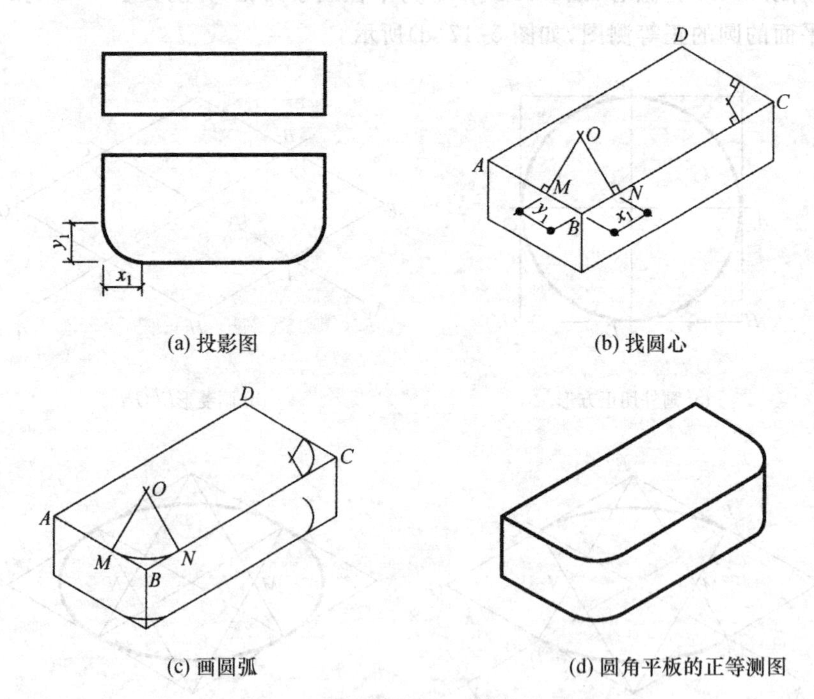

(a) 投影图　(b) 找圆心　(c) 画圆弧　(d) 圆角平板的正等测图

图 5-19　圆角平板的正等测图画法

① 建立轴测坐标，作与正投影图长、宽、高相符的轴测立方体并根据水平面圆弧对应的尺寸分别作棱线的垂线并找到圆心点 O，如图 5-19(b)所示。

② 以点 O 为圆心，以 OM 或 ON 为半径画弧，交于点 M、N。下底圆弧和右边的圆弧

画法相同,如图 5-19(c)所示。

③ 作右边两圆弧切线,擦去多余的图线并描深,得到圆角平板的正等测图,如图 5-19(d)所示。

5.4 斜轴测图

通常将坐标系 O-XYZ 中的两个坐标轴放置在与投影面平行的位置,所以常用的斜轴测投影有正面斜轴测投影和水平轴测投影。但无论哪一种,如果它的三个变形系数都相等,就叫作斜等测投影(简称斜等测)。如果只有两个变形系数相等,就叫作斜二测轴测投影(简称斜二测)。

5.4.1 正面斜轴测图

1. 形成

如图 5-20 所示,当坐标面 XOZ(形体的正立面)平行于轴测投影面 P,而投影方向倾斜于轴测投影面 P 时所得到的投影,称为正面斜轴测投影。由该投影所得到的图就是正面斜轴测图。

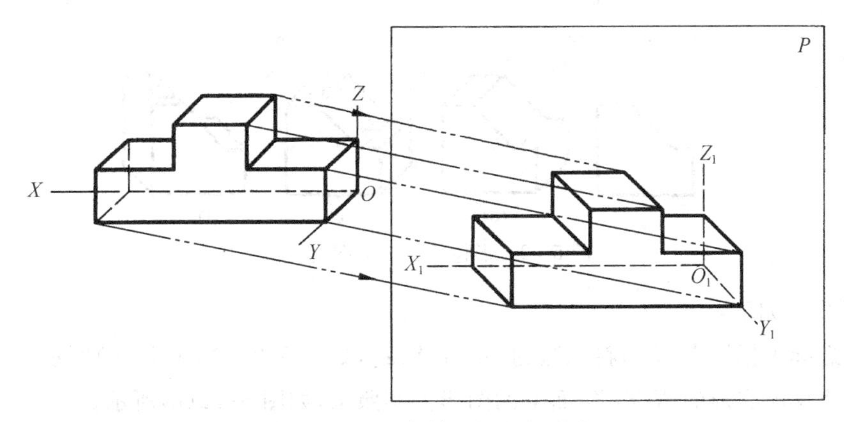

图 5-20　正面斜轴测投影的形成

轴测轴:由于 OX、OZ 轴都平行于轴测投影面,其投影不发生变形,所以$\angle X_1O_1Z_1=90°$,OY 轴垂直于轴测投影面。由于投影方向倾斜于轴测投影面,所以 O_1Y_1 是一条倾斜线,一般取与水平线成 45°。

变形系数:当 $p=q=r=1$ 时,称为斜等测;当 $p=r=1,q=0.5$ 时,称为斜二测,如图 5-21 所示。

2. 应用

对于形体的正平面形状较复杂或具有圆和曲线时,常用正面斜二测图;对于管道线路,常用正面斜等测图。

3. 画法

【例 5-6】 试作形体的斜二测图,如图 5-22(a)所示。

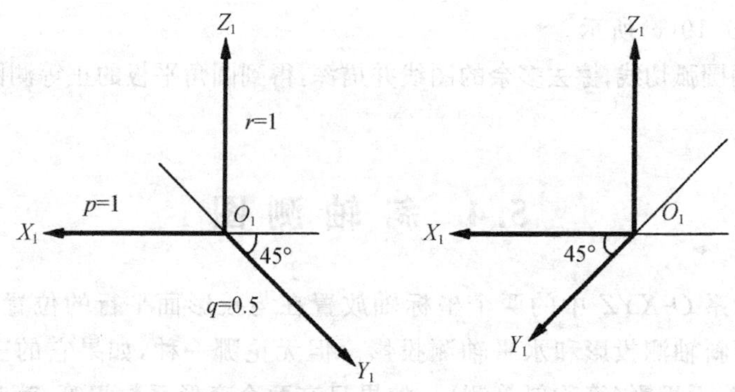

图 5-21　正面斜二测轴间角和变形系数

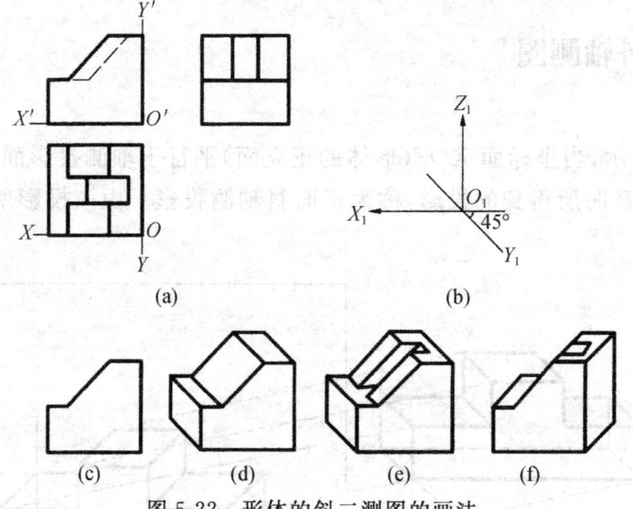

图 5-22　形体的斜二测图的画法

作图步骤如下：

(1) 选择坐标原点 O 和斜二测的 O_1-$X_1Y_1Z_1$，如图 5-22 中(a)和(b)所示。

(2) 将反映实形的 $X_1Y_1Z_1$ 面上的图形如实照画，如图 5-22(c)所示。

(3) 由各点引 Y_1 方向的平行线，并量取实长的一半($q=0.5$)，连接各点得形体的外形轮廓的轴测图，如图 5-22(d)所示。

(4) 根据被切割部分的相对位置定出各点，再连线，最后加深图线，即得所需图形，如图 5-22(e)所示。

注意：所画轴测图应充分反映形体的特征，如图 5-22 所示。其中，图 5-22(e)相对较好，而图 5-22(f)就差一些。

【例 5-7】 画出花格的斜二测图，如图 5-23(a)。

作图步骤如下：

(1) 选择坐标原点 O，如图 5-23(a)所示，轴测轴如图 5-23(b)所示。

(2) 将 $X_1O_1Z_1$ 面上的图形照画，然后过各点引 Y_1 方向的平行线，并在其上量取实长的一半($q=0.5$)，连接各点成线。

(3) 擦去多余线图线并描深，即得所需图形，如图 5-23(c)所示。

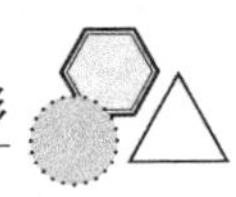

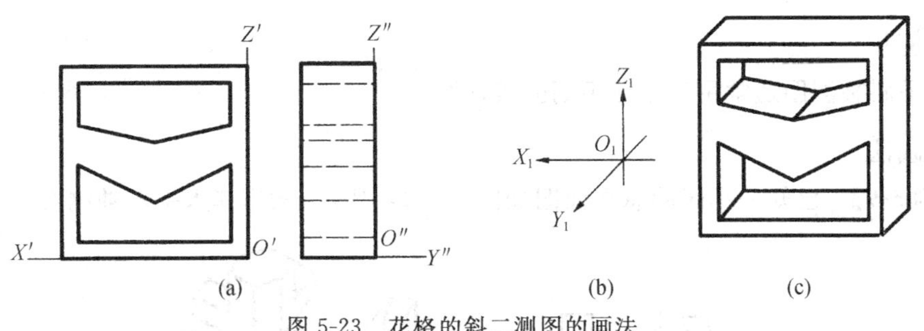

图 5-23 花格的斜二测图的画法

【例 5-8】 画出形体的斜二测图,如图 5-24(a)所示。

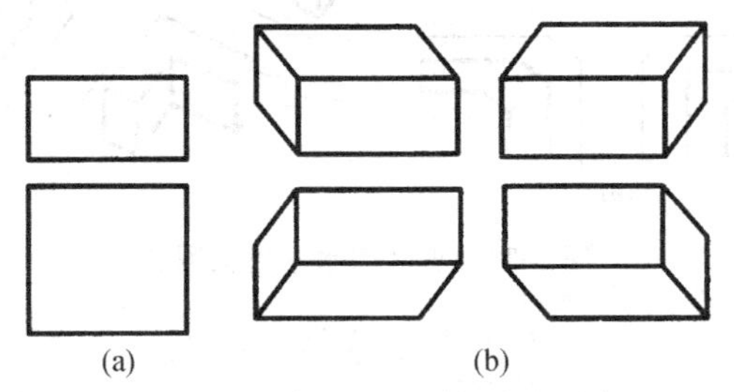

图 5-24 长方形的不同视角的选择

分析:为充分反映形体的特征,可根据需要选择适当的投影方向。图 5-24(b)就是形体在四种不同投影方向上的斜二测投影。具体作图时,除选择坐标原点 O 的位置外,其他作法均不变。

作图步骤略。

5.4.2 水平斜轴测图

1. 形成

当坐标面 XOY(形体的水平面)平行于轴测投影面,而投影方向倾斜于轴测投影面时所得到的投影,称为水平斜轴测投影。由该投影所得到的图就是水平斜轴测图。

轴测轴:由于 OX、OY 轴都平行于轴测投影面,其投影不发生变形,所以$\angle X_1O_1Y_1=90°$,OZ 轴的投影为一斜线,一般取$\angle X_1O_1Z_1=120°$,如图 5-25(a)所示。为符合视觉习惯,常将 O_1Z_1 轴取为竖直线,这就相当于整个坐标旋转了 30°,如图 5-25(b)所示。

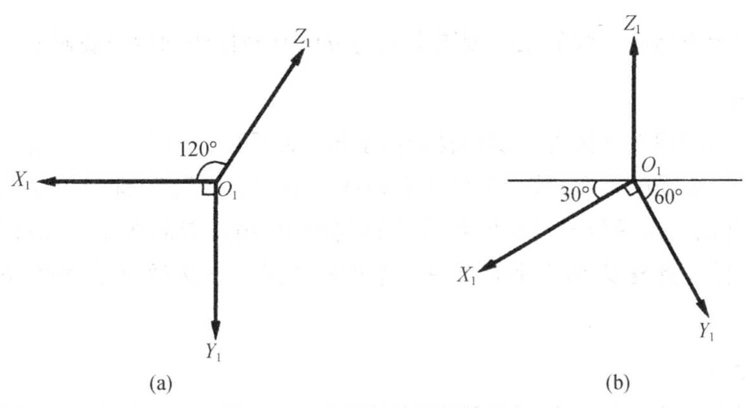

图 5-25 水平斜轴测的轴间角

2. 应用

水平斜轴测图通常用于小区规划的表现图。

3. 画法

【例 5-9】 已知一小区的总平面图如图 5-26(a)所示，试作其水平斜轴测图。

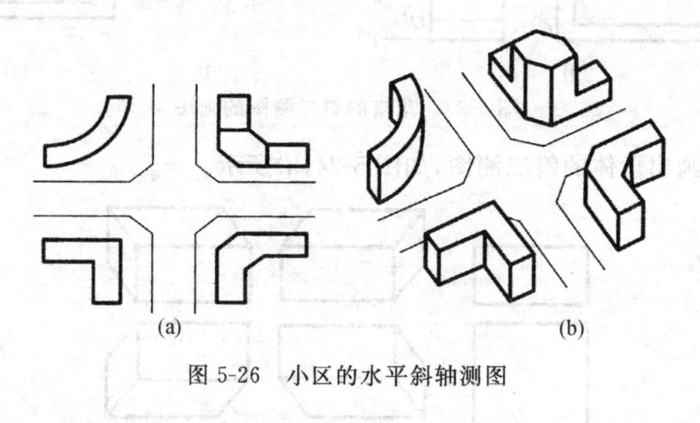

图 5-26 小区的水平斜轴测图

作图步骤如下：

(1) 将 OX 轴旋转，使其与水平线成30°。

(2) 按比例画出总平面图的水平斜轴测图。

(3) 在水平斜轴测图的基础上，根据已知的各幢房屋的设计高度，按同一比例画出各幢房屋，并画出水平轴测图，如图 5-26(b)所示。

5.5 圆的轴测投影图

5.5.1 圆的正等测投影图

在正等测图中，三个空间直角坐标面均倾斜于轴测投影面 P，所以坐标面或其平行面上圆的正等测投影为椭圆。当三个坐标面上的圆的直径相等时，其正等测投影是三个形状、大小全等但长、短轴方向不同的椭圆。如图 5-27 所示，平行于坐标面的圆的正等测投影都是椭圆。

绘制平行于坐标面的圆的正等测图常见的方法有坐标法和四心扁圆法。

1. 坐标法

坐标法是轴测图作椭圆的真实画法，作图步骤如图 5-27 所示。首先通过圆心在轴测投影轴上作出两直径的轴测投影，定出两直径的端点 A、B、C、D，即得到了椭圆的长轴和短轴；再用坐标法作出平行于直径的各弦的轴测投影，用光滑曲线逐一连接各弦端点，即求得圆的轴测图。此法又称为平行弦法，这种画椭圆的方法适合于圆的任何轴测投影作图。

2. 四心扁圆法

由于椭圆在正等测图中内切于菱形，可用四心扁圆法(也称为菱形法)来绘制。这是

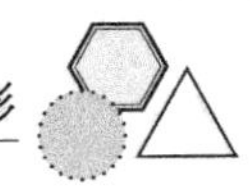

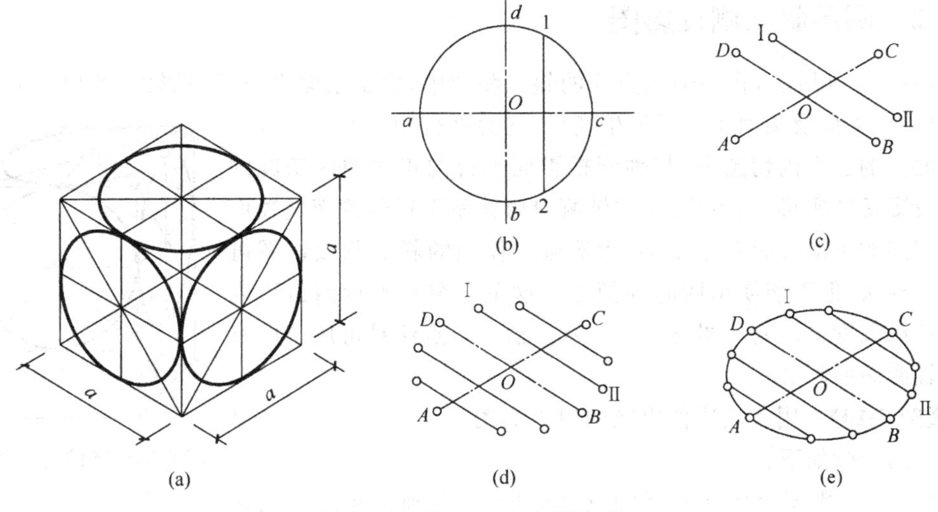

图 5-27　用坐标法绘制椭圆

一种椭圆的近似画法，需重点注意以下几点。

(1) 分辨是平行于哪个坐标面的圆。

(2) 确定圆心的位置。

(3) 画出与椭圆相切的菱形。

(4) 确定椭圆长轴与短轴的方向。

(5) 用四心扁圆法分别求四段弧线。

具体画法如图 5-28 所示。

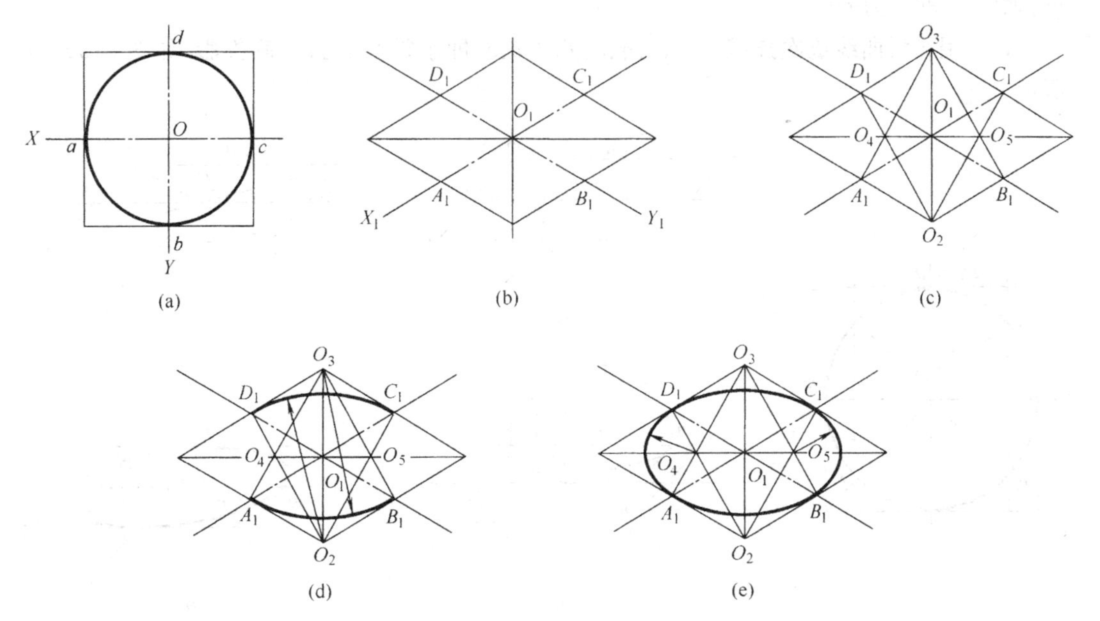

图 5-28　四心扁圆法绘制椭圆

5.5.2 圆的斜二测投影图

如图 5-29 所示，在一个正方体的斜二测图中，由于正面平行于投影面，所以正面不发生变形；而侧面及顶面正方形发生变形，均为平行四边形。正方体外表面上的三个内切圆中，与轴测投影面平行的正面的内切圆的轴测投影反映实形，仍为圆；而与轴测投影面不平行的侧面及顶面的内切圆的轴测投影发生变形，为椭圆。作圆的斜二测投影图可采用坐标法，但不能使用四心扁圆法。这里介绍在平行四边形内作内切椭圆常采用的作图方法——八点法。八点法是可用于所有圆的轴测图的画法。

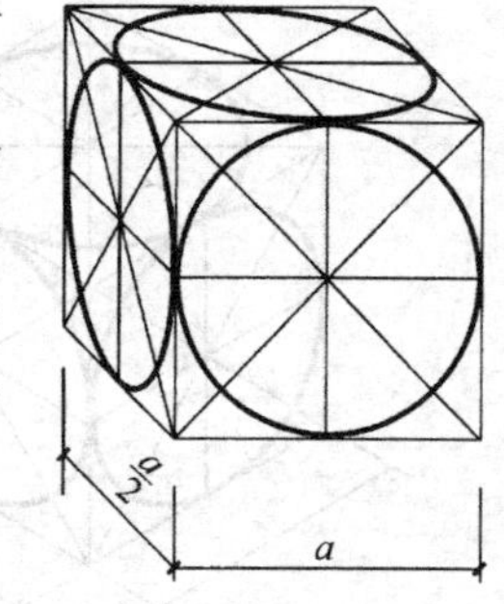

图 5-29 圆的斜二测图

【例 5-10】 用八点法作出圆的斜二测图。

作图步骤如下：

(1) 在投影图上建立坐标轴及坐标原点 O，画出圆的外切正方形，如图 5-30(a)所示。

(2) 画出坐标轴 O_1X_1、O_1Y_1，作出外切正方形的正轴测投影——平行四边形，如图 5-30(b)所示。具体画法为：在 O_1X_1 轴上截取 O_1a、O_1b 等于已知圆的半径，在 O_1Y_1 轴上截取 O_1c、O_1d 等于已知圆半径的二分之一，过 a、b 两点作 O_1Y_1 轴的平行线，得到平行四边形 1324。

(3) 连接平行四边形的对角线 12 和 34，如图 5-30(c)所示。

(4) 以 $2d$ 为斜边作一等腰直角三角形 $d52$，在 23 边上分别截取两个点 6、7，使 $d6$、$d7$ 等于 $d5$，过 6、7 分别作平行于 O_1Y_1 轴的平行线，与对角线 12、34 相交于 e、f、g、h 四个点，如图 5-30(d)所示。

(5) 用光滑曲线依次连接 a、h、c、g、b、f、d、e、a，即求得圆的斜二测投影，如图 5-30(e)所示。

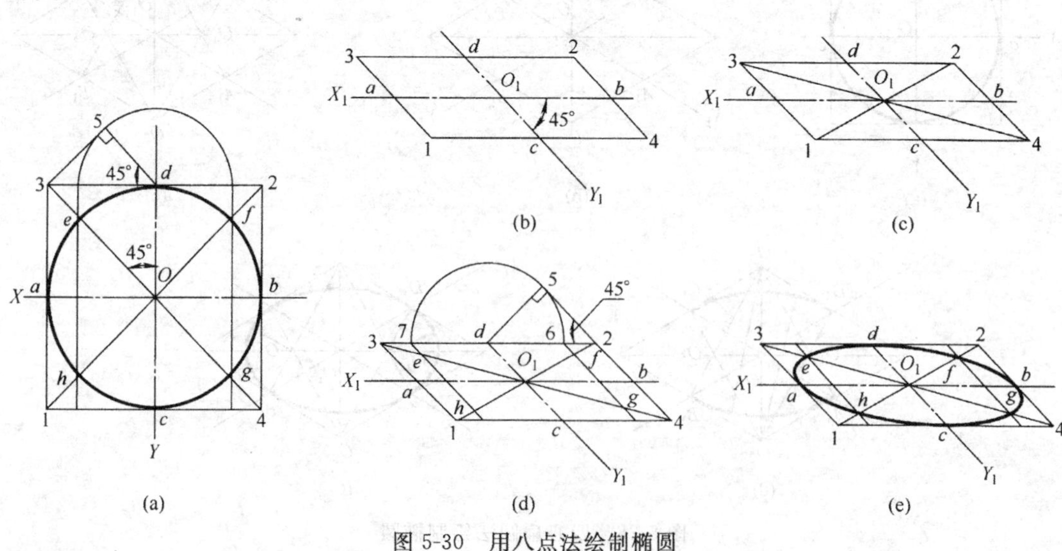

图 5-30 用八点法绘制椭圆

第6章

剖面图与断面图

6.1 剖 面 图

6.1.1 剖面图的形成

用假想剖切平面剖开物体，将观察者与剖切平面之间的部分移去，将剩余的部分向投影面进行投影，所得图形称为剖面图，简称剖面，如图 6-1 所示。

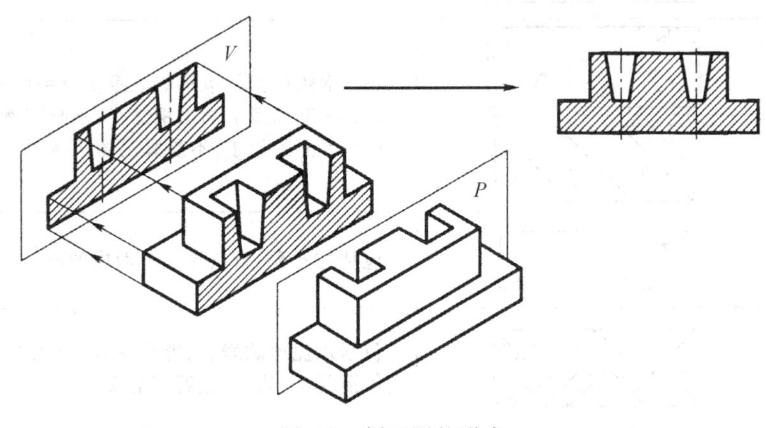

图 6-1 剖面图的形成

6.1.2 剖面图的画法及标注

画剖面图时，首先应选择合适的剖切位置。剖切平面一般选择投影面平行面，并且一般应通过物体的对称面，或者通过孔的轴线。

1. 画剖面图

画剖面图的方法如下。

(1) 剖切平面与物体接触部分的轮廓线用粗实线绘制，剖切平面没有切到但沿投射方向可以看到的部分，用中实线绘制。

(2) 剖切平面与物体接触的部分，一般要绘出材料图例。在不指明材料时，用 45°细斜线绘出图例线，间隔要均匀。在同一物体的各剖面图中，图例线的方向、间隔要一致。

表 6-1 给出了“国标”(GB/T 50001—2001)中的常用建筑材料图例。

表 6-1 常用建筑材料图例

名 称	图 例	备 注
自然土壤		包括各种自然土壤
夯实土壤	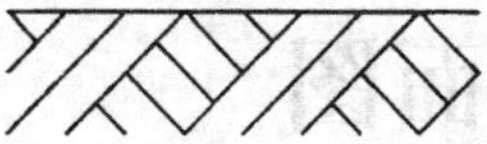	
砂、灰土	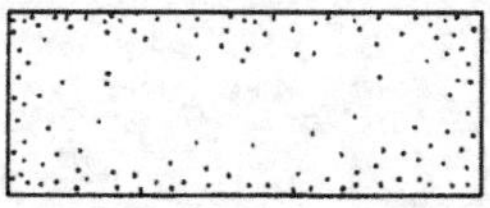	靠近轮廓线绘较密的点
毛石	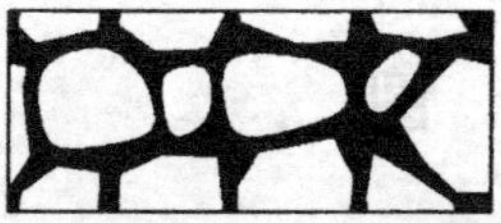	
饰面砖	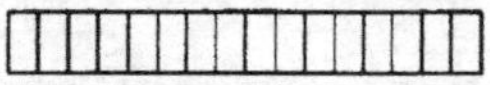	包括铺地砖、马赛克、人造大理石等
普通砖	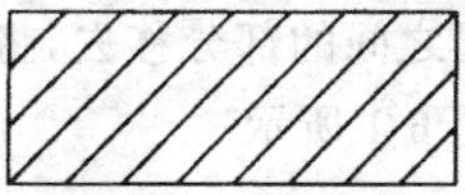	包括实心砖、多孔砖、砌块等砌体，断面较窄不易绘出图例线时，可涂红
混凝土	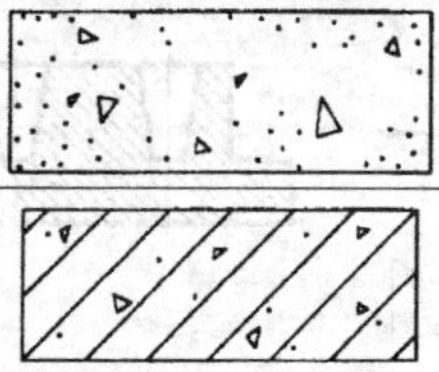	(1) 本图例指能承重的混凝土及钢筋混凝土。 (2) 在剖面图上画出钢筋时，不画图例线。 (3) 断面图形小，不易画出图例线时，可涂黑
焦渣、矿渣	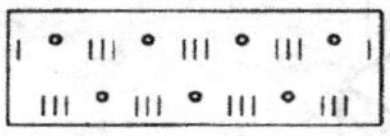	包括与水泥、石灰等混合而成的材料
多孔材料	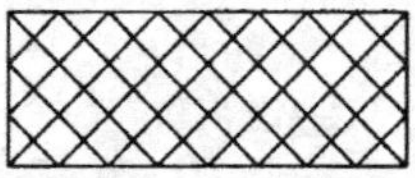	包括水泥珍珠岩、沥青珍珠岩、泡沫混凝土、非承重加气混凝土、软木、蛭石制品等
石膏板	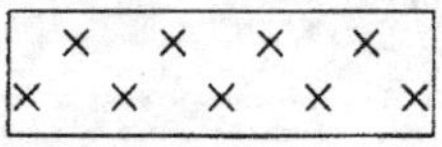	包括圆孔、方孔石膏板、防水石膏板等
金属	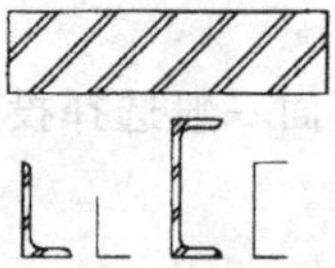	(1) 包括各种金属。 (2) 图形小时，可涂黑
防水材料		构造层次多或比例大时，采用上面的黑白相间的图例
粉刷	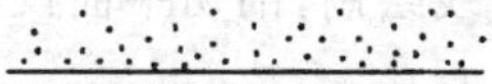	本图例采用较稀的点

(3) 剖面图中一般不绘出虚线。

(4) 因为剖切是假想的，所以除剖面图外，画物体的其他投影图时，仍应完整地画出，不受剖切影响，如图 6-2 所示。

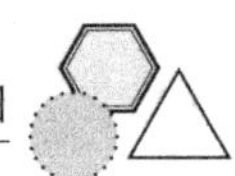

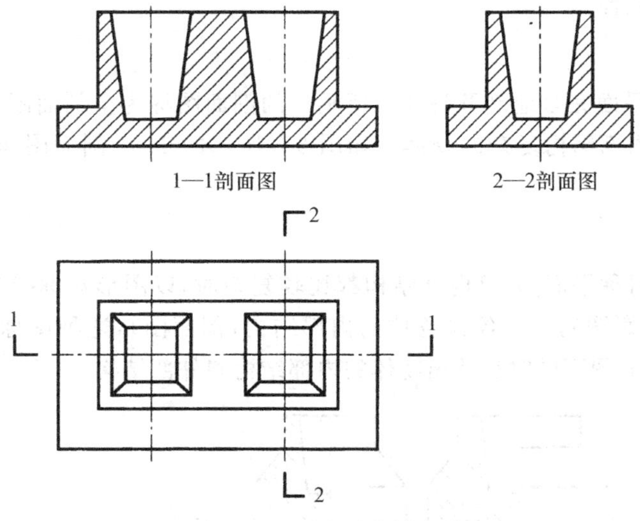

图 6-2 杯形基础的剖面图

2. 剖面图的标注

剖面图本身不能反映剖切平面的位置及投影方向，必须在其他投影图上标注位置、剖切形式及投影方向。在工程图中用剖切符号表示剖切平面的位置及投影方向。剖切符号由剖切位置线及投射方向线组成，均应以粗实线绘制。剖切位置线的长度一般为 6～10mm，投射方向线应垂直于剖切位置线，长度应短于剖切位置线，长度一般为 4～6mm。如图 6-3 所示，绘制时剖切符号应尽量不穿行图形上的图线。

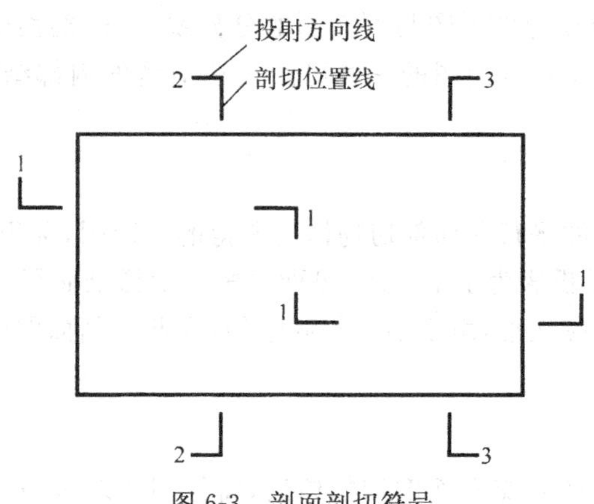

图 6-3 剖面剖切符号

剖切符号的编号宜采用阿拉伯数字，需要转折的剖切位置线在转折处外侧加注相同的编号；在剖面图的下方应注出相应的图名并在图名下方画一条粗实线，如"×—×剖面图"。

6.1.3 剖面图的分类

剖面图的剖切平面的位置、数量、方向、范围应根据物体的内部结构和外形来选择，剖

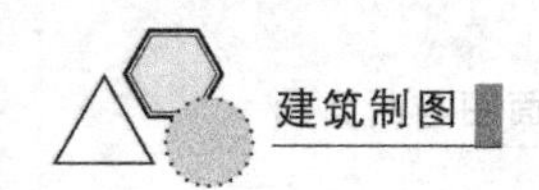

面图宜选用下列几种。

1. 全剖面图

用一个剖切平面完全地剖开物体后所画出的剖面图称为全剖面图,全剖面图适用于外形结构简单而内部结构复杂的物体。如图 6-2 所示的 1—1 剖面图和 2—2 剖面图,均为全剖面图。

2. 半剖面图

当物体具有对称平面,并且内外结构都比较复杂时,以图形对称线为分界线,一半绘制物体的外形(投影图),一半绘制物体的内部结构(剖面图),这种图称为半剖面图。如图 6-4 所示,半剖面图可同时表达出物体的内部结构和外部结构。

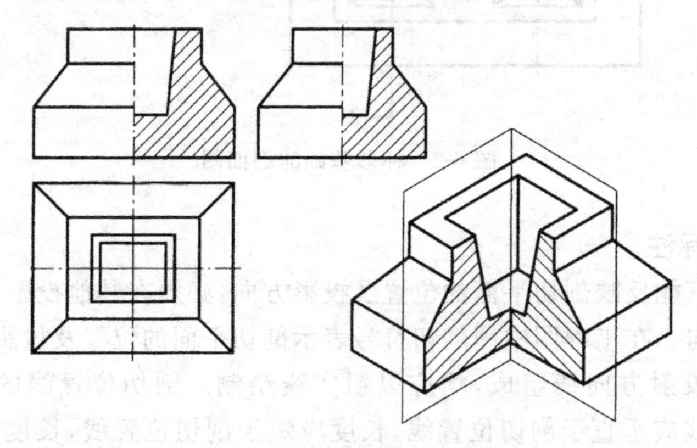

图 6-4　杯形基础的半剖面图

半剖面图以对称线作为外形图与剖面图的分界线,一般剖面图画在垂直对称线的右侧和水平对称线的下侧。在剖面图的一侧已经表达清楚的内部结构,在画外形的一侧其虚线不再画出。

3. 阶梯剖面图

用两个或两个以上的平行平面剖切物体后所得的剖面图,称为阶梯剖面图。

如图 6-5 所示,水平投影为全剖面图,侧面投影为阶梯剖面图。

在画阶梯剖面图时应注意,由于剖切是假想的,因此在剖面图中不应画出两个剖切平面的分界交线。

4. 展开剖面图

用两个或两个以上的相交平面剖切物体后,将倾斜于基本投影面的剖面旋转到平行基本投影面后再投影,所得到的剖面图称为展开剖面图。

如图 6-6 所示的过滤池,由于池壁上 3 个孔不在同一水平轴线上,仅用一个剖切平面不能都剖到,但池体具有回转轴线,可以采用两个相交的剖切平面,并让其交线与回转轴重合,使两个剖切平面通过所要表达的孔,然后将与投影面倾斜的剖切部分绕回转轴旋转到与投影面平行,再进行投影,这样池体上的孔以及内部结构就表达清楚了。

5. 局部剖面图

用一个剖切平面将物体的局部剖开后所得到的剖面图称为局部剖面图,简称局部剖。

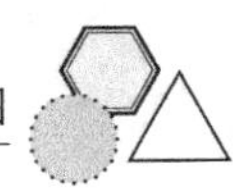

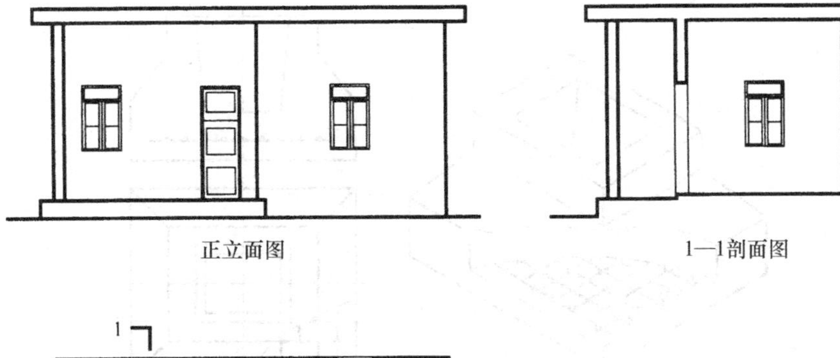

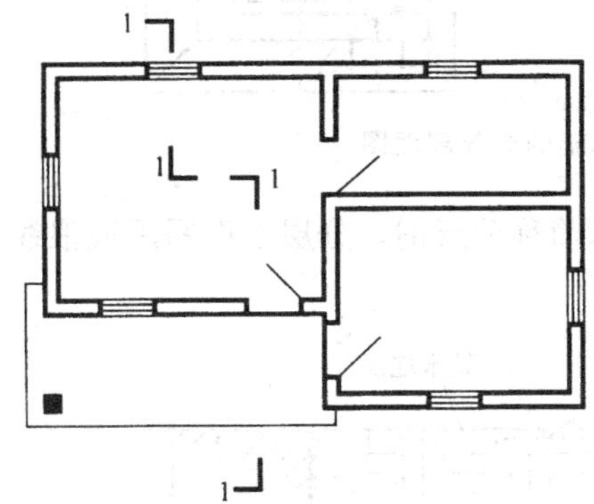

图 6-5　房屋的阶梯剖面图

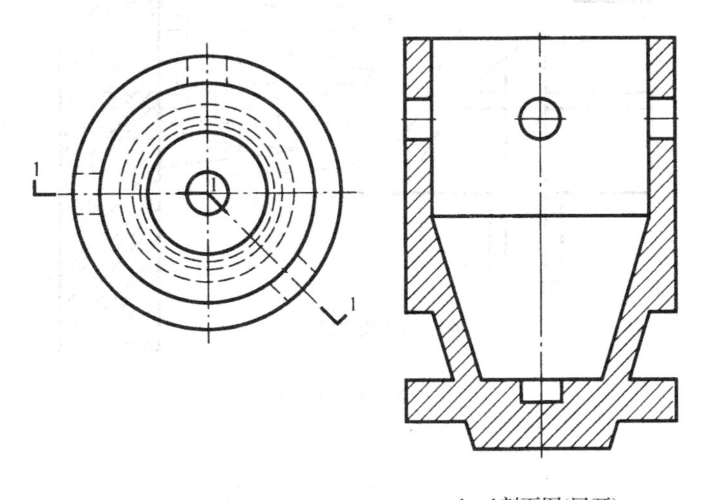

图 6-6　过滤池的展开剖面图

局部剖适用于外形结构复杂且不对称的物体，如图 6-7 所示为杯形基础的局部剖面图。

局部剖切在投影图上的边界用波浪线表示，波浪线可以视做物体断裂面的投影。绘制波浪线时，不能超出图形轮廓线，在孔洞处要断开，也不允许波浪线与图样上其他图线重合。

6. 分层剖面图

分层剖切是局部剖切的一种形式，用以表达物体内部的构造。如图 6-8 所示，用这种

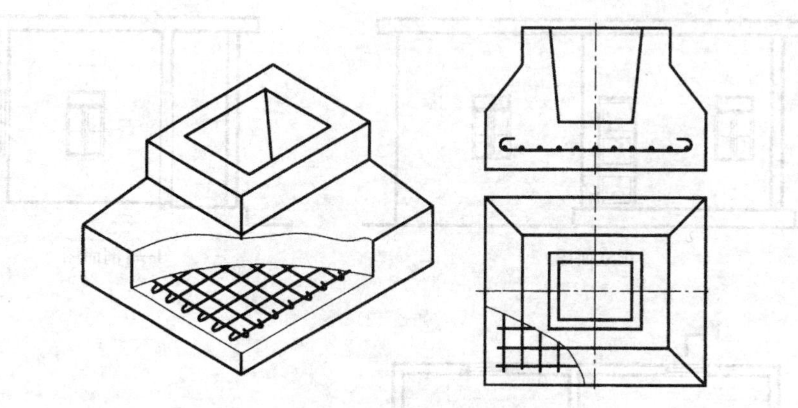

图 6-7 杯形基础的局部剖面图

剖切方法所得到的剖面图,称为分层剖面图,简称分层剖。分层剖面图用波浪线按层次将各层隔开。

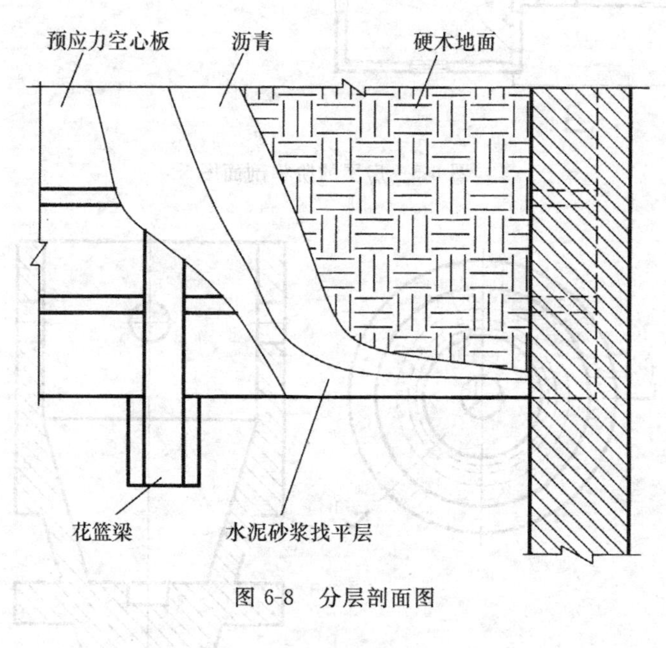

图 6-8 分层剖面图

6.2 断 面 图

6.2.1 断面图的概念

假想用一个剖切平面将物体某部分切断,其剖切平面与物体的截交线所围成的平面图形称为断面(或截面)。仅画出剖切面切到部分的图形,并在截面上画出材料图例,这样所得的图称为断面图。

断面图适用于表达变截面的杆状构件。如图 6-9 所示为预制钢筋混凝土梁的立体图,假想被剖切面 1 和 2 分别截断后,将其投影到与剖切面平行的投影面上,所得到的 1—1

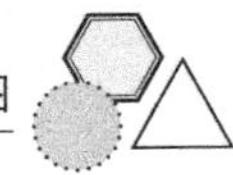

剖面图和 2—2 断面图如图 6-10 所示。

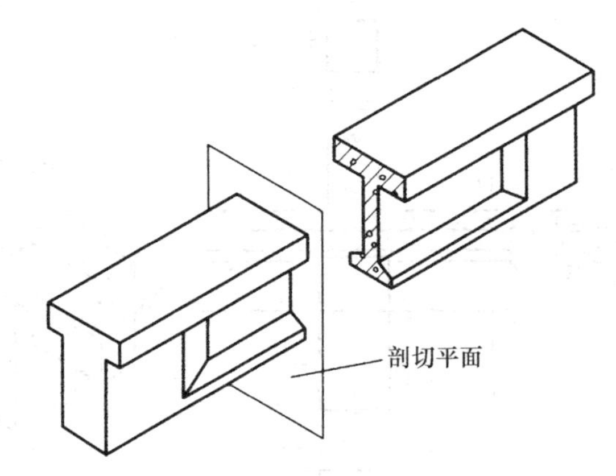

图 6-9　剖切平面剖开 T 形梁

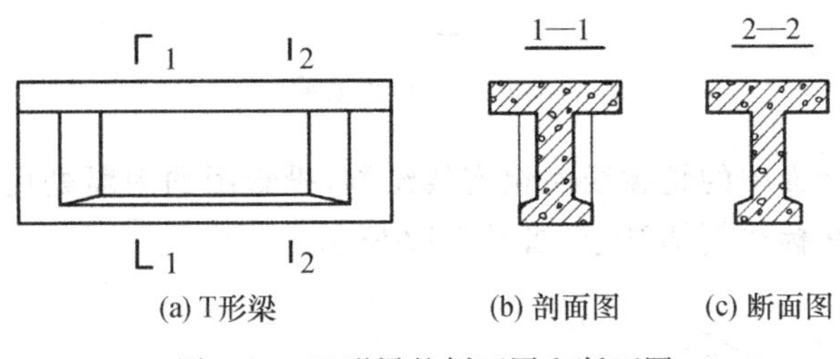

(a) T形梁　(b) 剖面图　(c) 断面图

图 6-10　T 形梁的剖面图和断面图

6.2.2　断面图与剖面图的区别

1. 绘制内容不同

剖面图除应画出剖切面切到部分的图形外，还应画出投影方向看到的部分，被剖切面切到部分的轮廓线用粗实线绘制。剖切面没有切到，但沿投影方向可以看到的部分用中实线绘制，如图 6-10(b)所示。断面图则用粗实线画出剖切面切到部分的图形，如图 6-10(c)所示。

2. 标注方式不同

断面图的剖切符号，只有剖切位置线没有剖视方向线，如图 6-10(c)所示。剖切位置线为 6～10mm 的粗实线。断面剖切符号的编号同样采用阿拉伯数字，按顺序连续编排，并应标注在剖切位置线的一侧；编号所在的一侧应为该断面的剖视方向。

6.2.3　断面图的分类

1. 移出断面图

将断面图画在视图轮廓线外的适当位置，称为移出断面图，如图 6-11 所示。

2. 中断断面图

中断断面图绘制在视图的中断处。中断断面图只适用于杆件较长、端面形状单一且

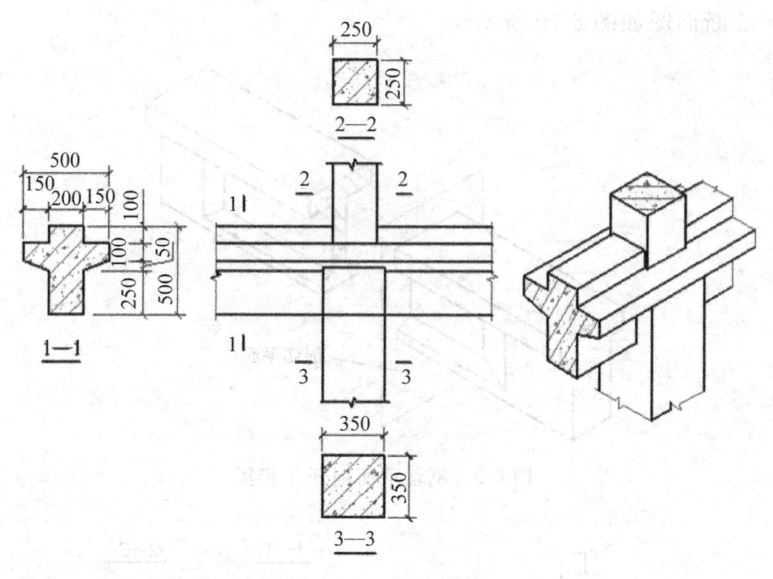

图 6-11　移出断面

对称的物体。中断断面图的轮廓线用粗实线绘制，投影图的中断处用波浪线或折断线绘制。中断断面图不必标注剖切符号，如图 6-12 所示。

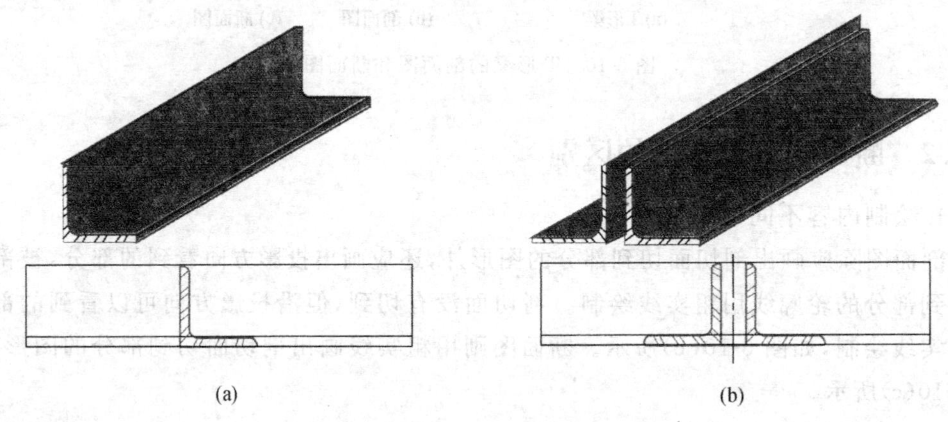

图 6-12　中断断面图

画中断断面图时，原投影长度可缩短，但尺寸应完整地标注。画图的比例、线型与重合断面图相同，也不需标注剖切位置线和编号。

3. 重合断面图

画在物体视图轮廓线内的断面图，称为重合断面图。可以看作是将所截得断面图绕剖切平面的迹线旋转 90°，绘制在视图轮廓线内，如图 6-13 所示。

重合断面的轮廓线一般用细实线画出，当视图中轮廓线与重合断面的图形重叠时，视图中的轮廓线仍连续画出，不可间断。

对称重合断面可省略标注，不对称重合断面需注出剖切位置线，并注写数字以表示投影方向。

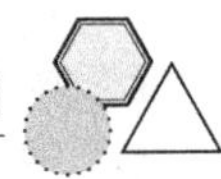

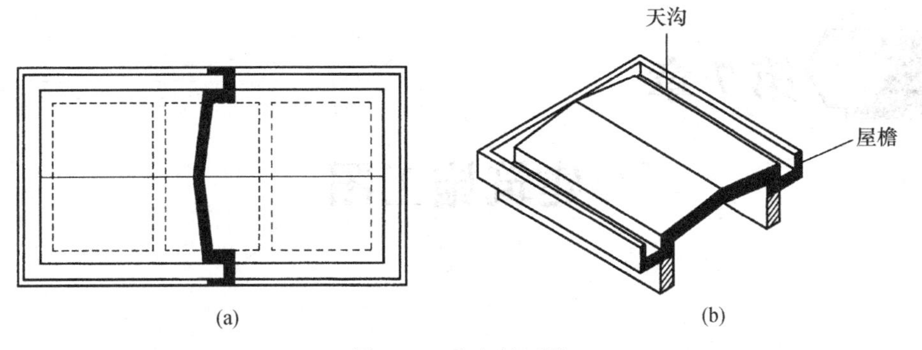

图 6-13　重合断面图

6.2.4　断面图的画法

断面图的画法与剖面图基本一致,但要注意断面图与剖面图的区别,断面图仅画出剖切平面与形体接触处的断面的正投影图。

第 7 章

建筑施工图

7.1 概　　论

7.1.1 房屋的组成及房屋施工图的分类

1. 房屋的组成

虽然各种房屋的使用要求、空间组合、外形处理、结构形式和规模大小等各有不同，但基本上是由基础、墙、柱、楼面、屋面、门窗、楼梯以及台阶、散水、阳台、走廊、天沟、雨水管、勒脚、踢脚板等组成，如图 7-1 和图 7-2(一幢三层的小别墅住宅)所示。

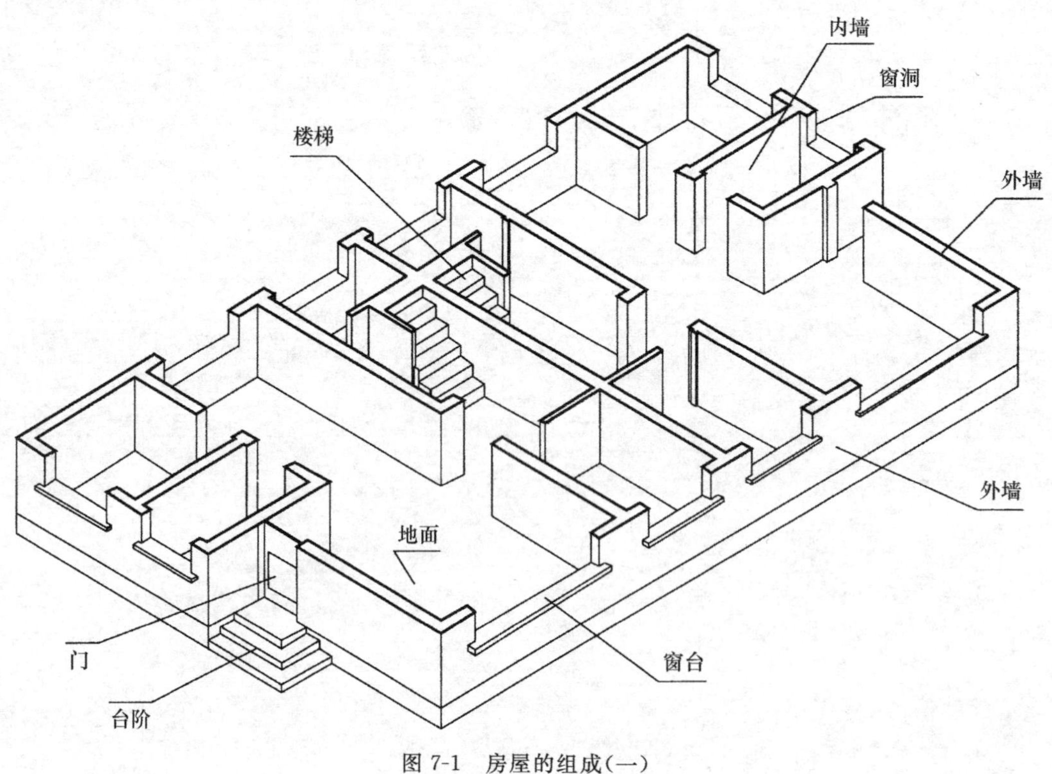

图 7-1　房屋的组成(一)

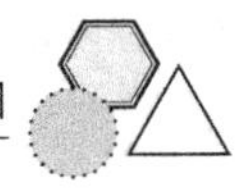

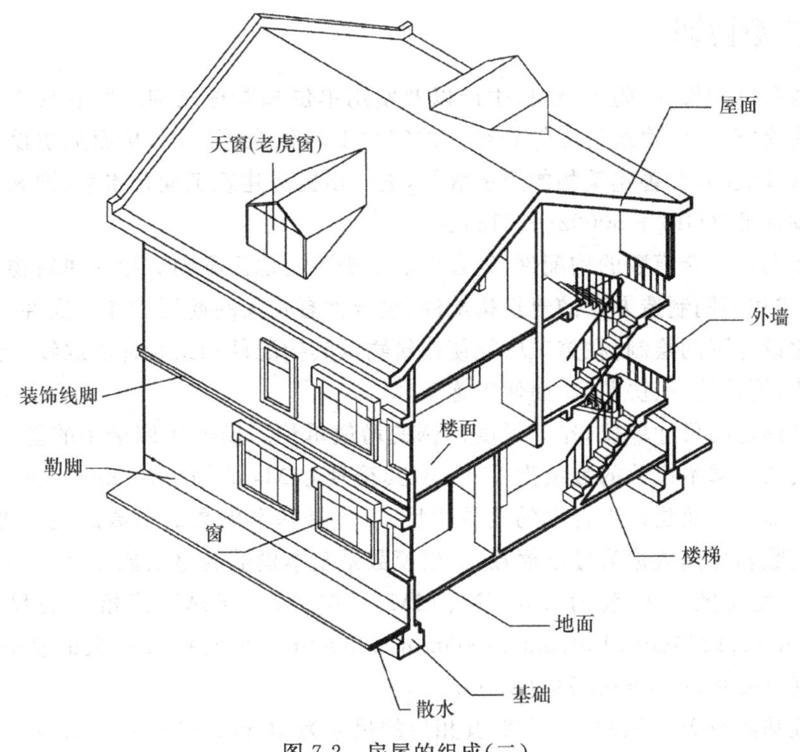

图 7-2　房屋的组成(二)

基础起着承受和传递荷载的作用;屋顶、外墙、雨篷等起着隔热、保温、遮风避雨的作用;屋面、天沟、雨水管、散水等起着排水的作用;台阶、门、走廊、楼梯起着沟通房屋内外、上下交通的作用;窗则主要用于采光和通风;墙裙、勒脚、踢脚板等起着保护墙身的作用。

2. 房屋施工图的分类

在工程建设中,首先要进行规划、设计,并绘制成图,然后照图施工。

遵照建筑制图标准和建筑专业的习惯画法绘制建筑物的多面正投影图,并注写尺寸和文字说明的图样叫建筑图。

建筑图包括建筑物的方案图、初步设计图(简称初设图)和扩大初步设计图(简称扩初图)以及施工图。

施工图根据其内容和各工程不同,分为以下几种。

(1) 建筑施工图(简称建施图)。主要用来表示建筑物的规划位置、外部造型、内部各房间的布置、内外装修、构造及施工要求等。它的内容主要包括施工图首页、总平面图、各层平面图、立面图、剖面图及详图。

(2) 结构施工图(简称结施图)。主要表示建筑物承重结构的结构类型、结构布置、构件种类、数量、大小及作法。它的内容包括结构设计说明、结构平面布置图及构件详图。

(3) 设备施工图(简称设施图)。主要表达建筑物的给排水、暖气通风、供电照明、燃气等设备的布置和施工要求等。它主要包括各种设备的布置图、系统图和详图等内容。

7.1.2 模数协调

为使建筑物的设计、施工、建材生产以及使用单位和管理机构之间容易协调，用标准化的方法使建筑制品、建筑构配件和组合件实现工厂化规模生产，从而加快设计速度，提高施工质量及效率，改善建筑物的经济效益，进一步提高建筑工业化水平，国家颁布了《建筑模数协调标准》(GB/T 50002—2013)。

模数协调使符合模数的构配件、组合件能用于不同地区不同类型的建筑物中，促使不同材料、形式和不同制造方法的建筑构配件、组合件有较大的通用性和互换性。在建筑设计中能简化设计图的绘制，在施工中能使建筑物及其构配件和组合件的放线、定位和组合等更有规律，更趋统一、协调，从而便于施工。

模数是选定的尺寸单位，作为尺度协调的增值单位。模数协调选用的基本尺寸单位称为基本模数。基本模数的数值为100mm，其符号为M，即M=100mm。整个建筑物和建筑物的一部分以及建筑组合件的模数化尺寸，应是基本模数的倍数。模数协调标准选定的扩大模数和分模数称为导出模数，导出模数是基本模数的整倍数和分数。

水平扩大模数的基数为3M、6M、12M、15M、30M、60M，其相应的尺寸分别为300mm、600mm、1200mm、1500mm、3000mm、6000mm。竖向扩大模数的基数为3M与6M，其相应的尺寸为300mm和600mm。

分模数基数为M/10、M/5、M/2，其相应的尺寸为10mm、20mm、50mm。

水平基本模数主要用于门窗洞口和构配件断面等处，1M数列按100mm晋级，幅度由1M至20M。其相应尺寸为100mm、200mm、300mm、…、2000mm。

竖向基本模数主要用于建筑物的层高、门窗洞口和构配件断面等处。其幅度由1M至36M。

水平扩大模数主要用于建筑物的开间(柱距)、进深(跨度)、构配件尺寸和门窗洞口等处。其3M数列按300mm进级，幅度由3M至75M，相应尺寸为300mm、600mm、900mm、…、7500mm。

竖向扩大模数的3M数列主要用于建筑物的高度、层高和门窗洞口等处。6M数列主要用于建筑物的高度与层高。它们的数列幅度皆不受限制。

分模数主要用于缝隙、构造节点、构配件断面等处。其M/10数列按10mm晋级，幅度由M/10至2M；M/5数列按50mm晋级，幅度由M/5至4M；M/2数列按50mm晋级，幅度由M/2至10M。

7.1.3 砖墙及砖的规格

目前，我国房屋建筑中，墙身一般以砖墙为主，另外还有石墙、混凝土墙、砌块墙等。砖墙的尺寸与砖的规格有密切联系。建筑中墙身采用的砖，不论是黏土砖、页岩砖、灰砂砖，当其尺寸为240mm×115mm×53mm时，这种砖称为标准砖，如图7-3所示。采用标准砖砌筑的墙体厚度的标准尺寸为120mm(半砖墙，实际厚度115mm)、180mm(大半砖墙，实际厚度178mm)、240mm(一砖墙，实际厚度240mm)、370mm(一砖半墙，实际厚度365mm)、490mm(两砖墙，实际厚度490mm)等，如图7-4所示。烧结普通砖和烧结多孔

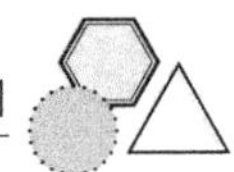

砖砌体的抗压强度等级共有五个，即MU30、MU25、MU20、MU15、MU10。

砌筑砖墙的黏结材料为砂浆，根据砂浆的材料不同分为石灰砂浆（石灰、砂）、混合砂浆（石灰、水泥、砂）、水泥砂浆（水泥、砂）。砂浆的抗压强度等级有M1.0、M2.5、M5.0、M7.5、M10五个等级。

在混合结构及钢筋混凝土结构的建筑物中，还常涉及混凝土的抗压强度等级，混凝土的抗压强度等级分为十二级，即C7.5、C10、C15、C20、C25、C30、C35、C40、C45、C50、C55、C60。

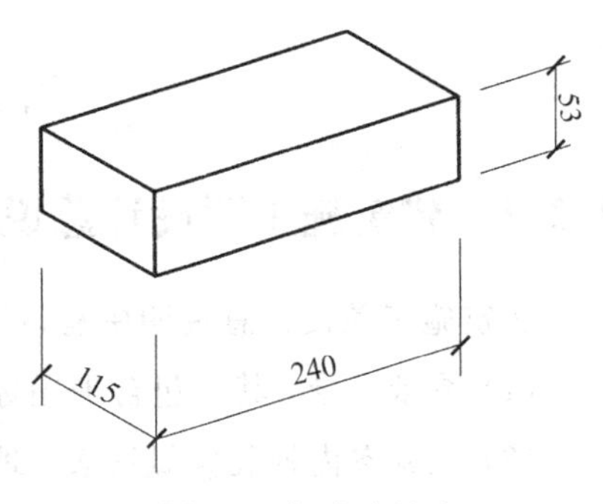

图7-3　标准砖尺寸

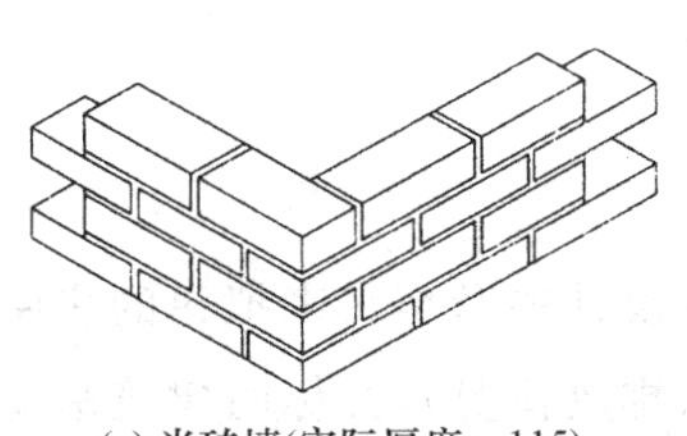

(a) 半砖墙(实际厚度：115)

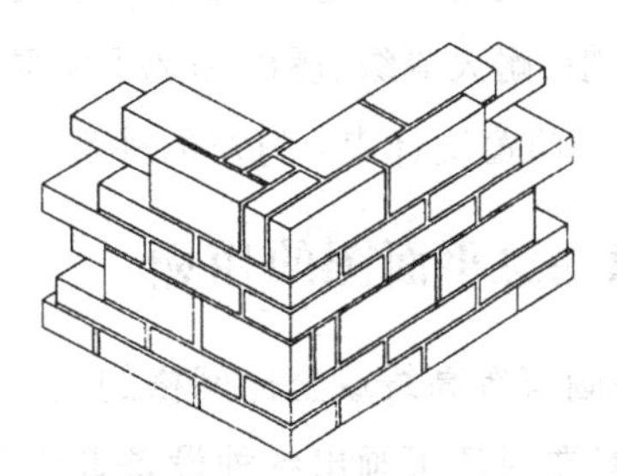

(b) 大半砖墙(实际厚度：178)

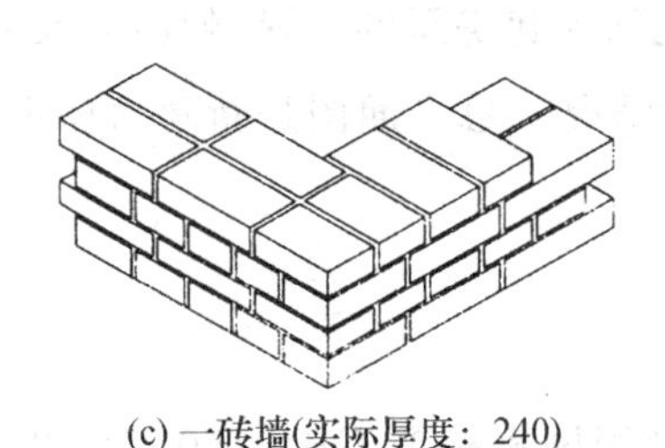

(c) 一砖墙(实际厚度：240)

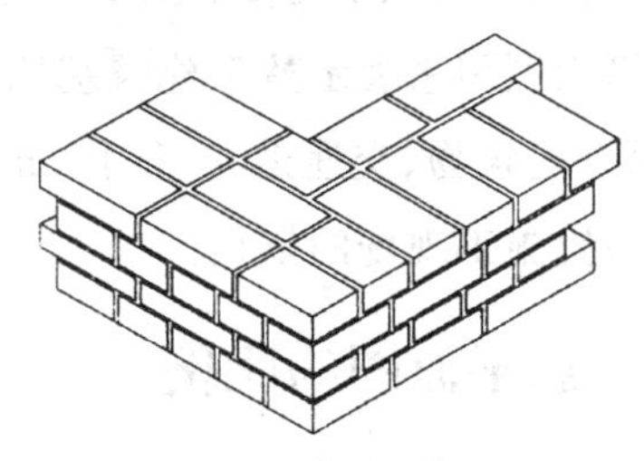

(d) 一砖半墙(实际厚度：365)

图7-4　标准砖砌筑的墙体厚度

7.1.4　标准图与标准图集

为了加快设计与施工的速度，提高设计与施工的质量，把各种常用的、大量性的房屋建筑及建筑构配件，按国家标准规定的统一模数，根据不同的规格标准，设计编出成套的施工图，以供选用。这种图样叫作标准图或通用图。将其装订成册即为标准图集。标准图集的使用范围限制在图集批准单位所在的地区。

标准图有两种，一种是整幢房屋的标准设计（定型设计），另一种是目前大量使用的建筑构配件标准图集。建筑标准图集的代号常用“建”或字母“J”表示。如北京市《实腹钢门窗图集》代号为“京J891”；西南地区（云、贵、川、渝、藏）《刚性、卷材、涂膜防水及隔热屋面构造图集》代号为“西南03J201—1”。重庆市的《楼地面作法标准图集》代号为“渝建7503”。结构标准图集的代号常用“结”或字母“G”表示。如四川省《空心板图集》代号为“川G202”；重庆市《楼梯标准图集》代号为“渝结7905”等。

7.2 总平面图

7.2.1 建筑施工图设计总说明

建筑施工图设计总说明中有以下主要内容。

(1) 图纸目录：其中包含采用标准图目录。

(2) 工程室内外装修做法表：地面、内外墙面、天棚、踢脚、屋面等做法及材料。包含面层装饰材料、防水材料、保温节能材料。

(3) 工程概况：包括工程名称、建筑使用功能、建筑面积、层数、总高、结构形式、合理使用年限、耐火等级、屋面和地下室防水等级。

(4) 门窗统计表：门窗的种类、高度、宽度、数量。

7.2.2 总平面图的用途

在画有等高线或坐标网格的地形图上，加画上新设计的乃至将来拟建的房屋、道路、绿化(必要时还可画出各种设备管线布置以及地表水排放情况)，并标明建筑基地方位及风向的图样，便是总平面图，如图 7-5 所示。

总平面图用来表示整个建筑基地的总体布局，包括新建房屋的位置、朝向以及周围环境(如原有建筑物、交通道路、绿化、地形、风向等)的情况。总平面图是新建房屋定位、放线以及布置施工现场的依据。

7.2.3 总平面图的比例

由于总平面图包括地区较大，根据中华人民共和国国家标准 GB/T 50103—2010《总图制图标准》(以下简称《总图制图标准》)规定：总平面图的比例应该用 1∶500、1∶1000、1∶2000 来绘制。实际工程中，由于国土局以及有关单位提供的地形图常为 1∶500 的比例，故总平面图常用 1∶500 的比例绘制。

7.2.4 总平面图的图例

由于总平面图的比例较小，故总平面图上的房屋、道路、桥梁、绿化等都用图例表示。表 7-1 列出的为《总图制图标准》规定的总图图例(以图形规定出的画法称为图例)。在较复杂的总平面图中，如用了一些《总图制图标准》上没有的图例，应在图纸的适当位置加以说明。总平面图常画在有等高线和坐标网格的地形图上，地形图上的坐标称为测量坐标，是用与地形图相同比例画出的 50m×50m 或 100m×100m 的方格网，此方格网的竖轴用 X 表示，横轴用 Y 表示。一般房屋的定位应注其三个角的坐标，如果建筑物、构筑物的外墙与坐标轴线平行，可标注其对角坐标。

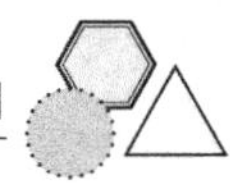

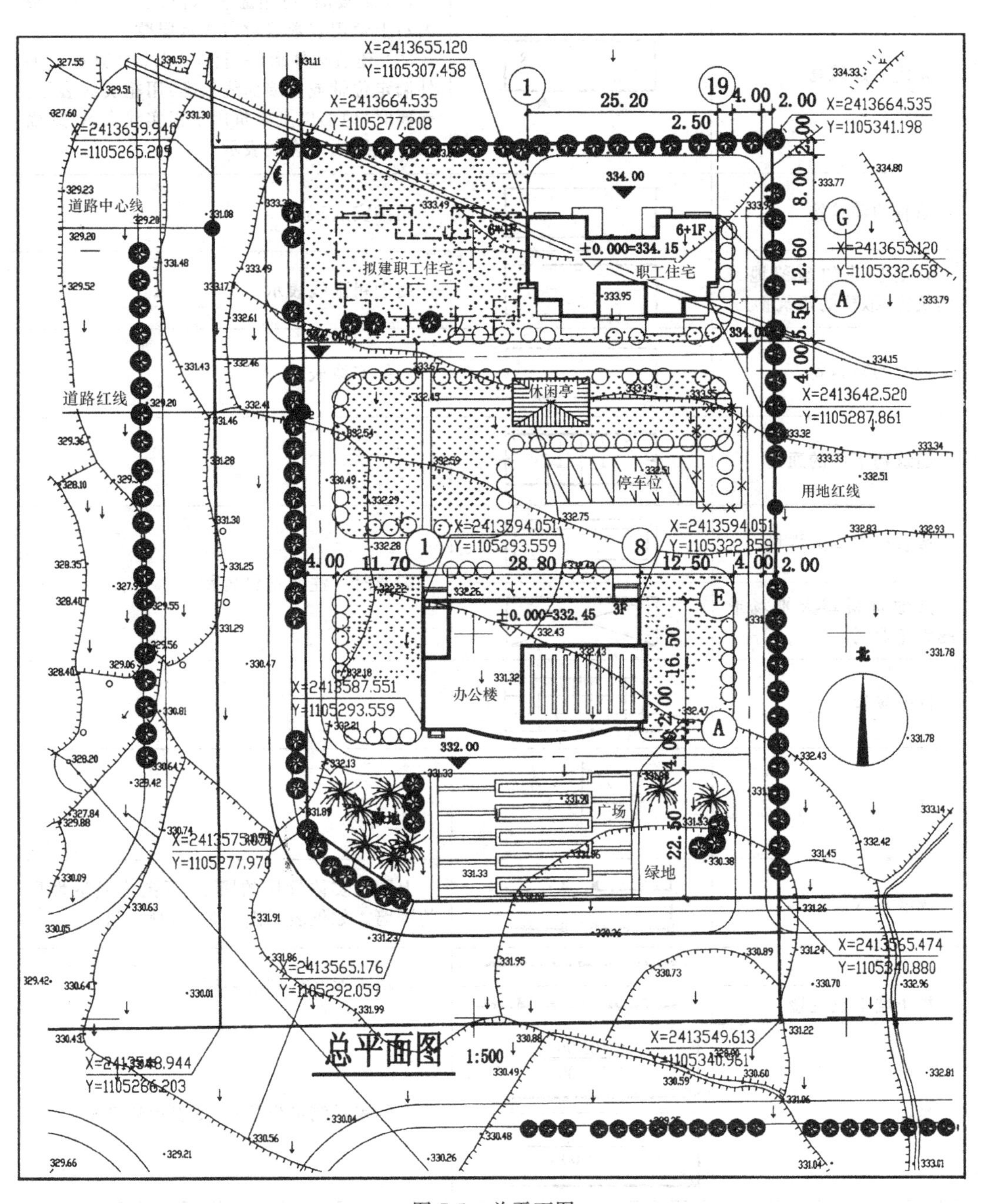

X=2413655.120
Y=1105307.458
X=2413664.535
Y=1105277.208
X=2413659.940
Y=1105265.209
25.20
4.00
2.00
2.50
X=2413664.535
Y=1105341.198
334.00
道路中心线
6+1F
±0.000=334.15
拟建职工住宅
职工住宅
X=2413655.120
Y=1105332.658
道路红线
休闲亭
X=2413642.520
Y=1105287.861
停车位
用地红线
X=2413594.051
Y=1105293.559
X=2413594.051
Y=1105322.359
4.00
11.70
28.80
12.50
4.00
2.00
±0.000=332.45
3F
16.50
北
X=2413587.551
Y=1105293.559
办公楼
332.00
广场
22.50
绿地
X=2413565.474
Y=1105340.880
X=2413565.176
Y=1105292.059
X=2413549.613
Y=1105340.961
总平面图 1:500
Y=1105266.203

图 7-5　总平面图

表 7-1　总平面图图例(摘自 GB/T 50103—2010)

名　称	图　例	说　明
新建的建筑物	 8	(1) 需要时,可用▲表示出入口,可在图形内右上角用点数或数字表示层数。 (2) 建筑物外形(一般以±0.000 高度处的外墙定位轴或外墙面线为准)用粗实线表示。需要时,地面以上建筑用中粗实线表示,地面以下建筑用细虚线表示
原有的建筑物		用细实线表示
计划扩建的预留地或建筑物(拟建的建筑物)		用中粗虚线表示
拆除的建筑物		用细实线表示
建筑物下面的通道	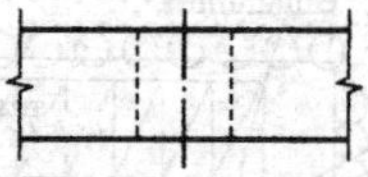	
散状材料露天堆场		需要时可注明材料名称
其他材料露天堆场或露天作业场	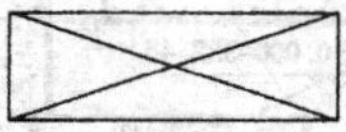	
铺砌场地	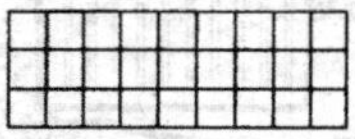	
烟囱		
围墙及大门	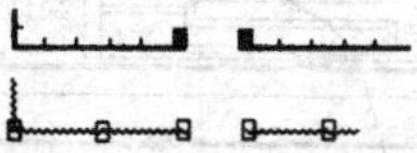	上图为实体性质的围墙,下图为通透性质的围墙。如仅表示围墙时,不画大门
挡土墙		被挡土在"突出"的一侧
挡土墙上设围墙		
坐标	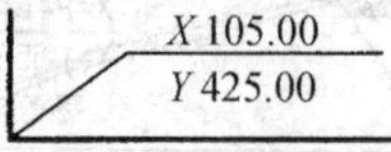 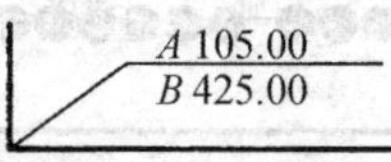 X 105.00 Y 425.00 A 105.00 B 425.00	上图表示测量坐标;下图表示建筑坐标
填挖边坡	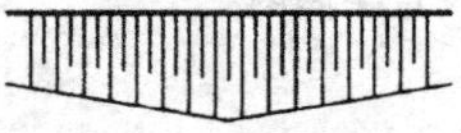	(1) 边坡较长时,可在一端或两端局部表示。 (2) 下边线为虚线时表示填方
护坡	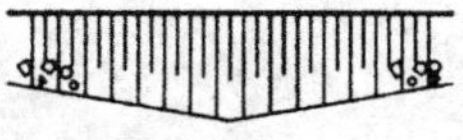	

续表

名　称	图　例	说　明
雨水口		
消火栓井		
室内标高	151.000(±0.000)	
室外标高	143.000 ● 143.000	室外标高也可采用等高线表示

新建房屋的朝向(对整个房屋而言,指主要出入口所在墙面所面对的方向;对一般房间而言,则指主要开窗面所面对的方向)与风向,可在图纸的适当位置绘制指北针或风向频率玫瑰图(简称“风玫瑰”)来表示,指北针应按中华人民共和国国家标准《房屋建筑制图统一标准》(GB/T 50001—2010)规定绘制,如图 7-6 所示,指针方向为北向,圆用细实线,直径为 24mm,指针尾部宽度为 3mm,指针针尖处应注写“北”或“N”。如需用较大直径绘制指北针时,指针尾部宽度宜为直径的 1/8。

风向频率玫瑰图在 8 个或 16 个方位线上用端点与中心的距离,代表当地这一风向在一年中发生的频率,粗实线表示全年风向,细虚线范围表示夏季风向。风向由各方位吹向中心,风向线最长者为主导风向,如图 7-7 所示。

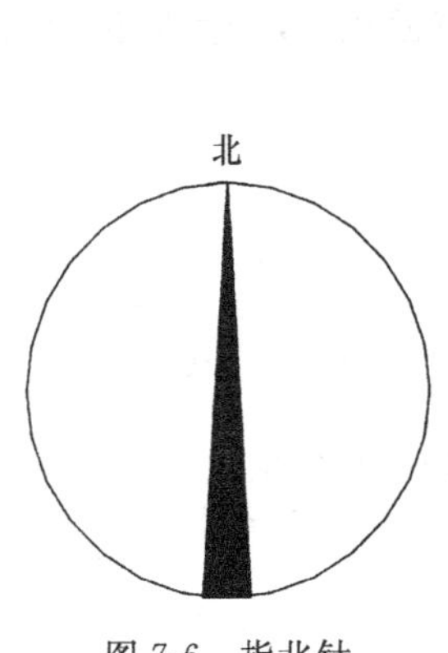

图 7-6　指北针

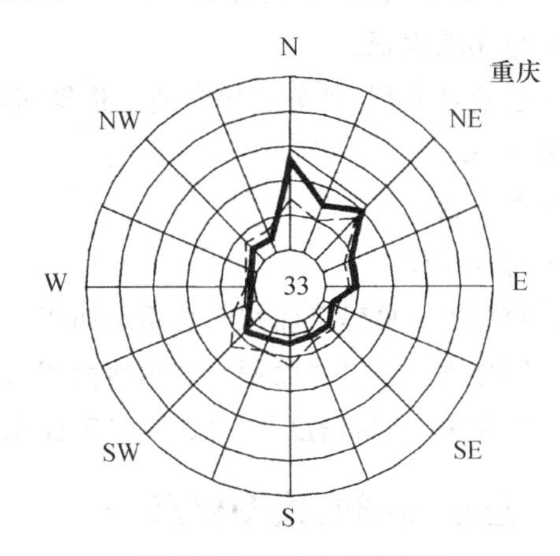

图 7-7　风向频率玫瑰图

7.2.5　总平面图的尺寸标注

总平面图上的尺寸应标注新建房屋的总长、总宽以及与周围房屋或道路的间距,尺寸以“m”为单位,标注到小数点后两位。新建房屋的层数在房屋图形平面外轮廓线右上角上用点数或数字表示。一般低层、多层用点数表示层数,高层用数字表示。如果为群体建筑,也可统一用点数或数字表示。

新建房屋的室内地坪标高为绝对标高(以我国青岛市外黄海海平面为±0.000 的标

高)，这也是相对标高(以某建筑物底层室内地坪为±0.000的标高)的零点。室外整平标高采用全部涂黑的等腰三角形“▼”表示，大小形状同标高符号。总平面图上标高单位为“m”，标到小数点后两位。

图7-5为某县技术质量监督局办公楼及职工住宅所建地的总平面图。从图中可以看出，整个基地平面很规则，南边是规划的城市主干道，西边是规划的城市次干道，东边和北边是其他单位建筑用地。新建办公楼位于整个基地的中部，其建筑的定位已用测量坐标标出了三个角点的坐标，其朝向可根据指北针判断为坐北朝南，新建办公楼的南边是广场入口，北边是停车场职工住宅，东边和西边都布置有较好的绿地，使整个环境开敞、空透，形成较好的绿化景观。用粗实线画出的新建办公楼共3层，总长28.80m，总宽16.50m，距东边环形通道12.50m，距南边环形通道2.00m。新建办公楼的室内整平标高为332.45m，室外整平标高为332.00m。从图中我们还可以看到，紧靠新建办公楼的北偏东方向停车场边有一需拆除的建筑。基地北边用粗实线画出的是即将新建的一个单元的职工住宅，该新建的职工住宅共6+1层(顶上两层为跃层)，总长25.20m，总宽12.60m，距北边建筑红线10.00m，距东边建筑红线8.50m，距南边小区道路5.50m。新建的职工住宅的室内整平标高为334.15m，室外整平标高为334.00m。而在即将新建的两个单元的职工住宅的西边准备再拼建一个单元的职工住宅，故在此是用虚线来表示的(拟建建筑)。

在实际施工图上，往往会在图纸的一角用表格的方式来说明整个建筑基地的经济技术指标。主要的经济技术指标如下。

(1) 总用地面积。

(2) 总建筑面积(可分别包含地上建筑面积和地下建筑面积，或分为居住建筑面积和公共建筑面积)。

(3) 总户数。

(4) 总停车位。

(5) 容积率：总建筑面积÷总用地面积。

(6) 绿地率：总绿地面积÷总用地面积×100%。

(7) 覆盖率(建筑密度)：总建筑投影面积÷总用地面积×100%。

7.2.6 总平面图的读图要点

(1) 图名、比例。

(2) 新建工程项目名称、位置、层数、指北针、风玫瑰、朝向、建筑室内外绝对标高。

(3) 新建道路的布置以及宽度、坡度、坡向、坡长，绿化场地、管线的布置。

(4) 新建建筑的总长和总宽。

(5) 原有建筑的位置、层数与新建建筑的关系。

(6) 周围的地形地貌。

(7) 定位放线依据(坐标)。

(8) 主要的经济技术指标。

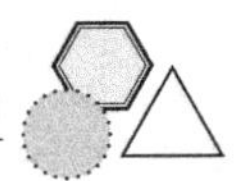

7.3　建筑平面图

7.3.1　建筑平面图的图示方法

建筑平面图是将房屋假想用一水平的剖切平面，沿门窗洞口在视平面的位置剖切后，移去剖切平面以上的部分，再将剖切平面以下的部分作投影所得的水平投影图，简称平面图。

建筑平面图主要反映房屋的平面形状、大小和各部分水平方向的组合关系，如房间的布置与功能；墙、柱的位置和尺寸；楼梯、走廊的设置；门窗的类型和位置等情况。

对于高层（多层）建筑，一般是按层数绘制平面图，有几层就应画几个平面图，并在图的下方注以相应的图名，如一层（通常也称为底层）平面图、二层平面图、……、顶层平面图。如果除一层和顶层外其余中间各层的平面布置、房间分隔和大小完全相同时，则可用一个平面图表示，图名为“×—×层平面图”，也可称为“标准（中间）层平面图”。若建筑平面左右对称时，亦可将两层平面图画在同一平面图上，中间画一对称符号作为分界线，并在图的下边分别注明图名。

另外，一般还应绘制屋顶平面图。它是房屋顶部的水平投影图，主要反映屋顶部的女儿墙、天窗、水箱间、屋顶检修孔、排烟道等位置，以及屋顶的排水情况（包括屋顶排水区域的划分和导流方向、坡度、天沟、排水口、雨水管的布置等）。由于结构和形状的特点，可以采用较小的比例绘制。

有时对于比较简单且施工方法通用的屋面也可省略此图。

如图 7-8～图 7-12 所示为某办公楼的一层至四层和屋顶平面图。

7.3.2　平面图的图示内容

1. 图线、比例

在平面图中的线型粗细分明：凡被剖切到的墙、柱等断面轮廓用粗实线绘制；未被剖切到的可见轮廓（如窗台、台阶、花池等）及门的开启线用中实线绘制；其余结构（如窗的图例线、索引符号指引线、墙内壁柜等）的可见轮廓用细实线绘制。有时或在比例较小的情况下（如 1∶200），也可采用两种线宽，即除了剖切到的断面轮廓用粗实线绘制外，其余可见轮廓均用细实线绘制。

平面图的比例宜在 1:50、1:100、1:200 三种比例中选择。例图选用的比例为1:100，这也是常用的比例。住宅单元平面宜选用 1:50 的比例，组合平面宜选用 1:200 的比例。

房屋中的个别构配件应该画在哪一层平面图上是有分工的，若室外有台阶、坡道、花池、明沟、散水等，须在底层平面图中表示出来，雨水管、植被以及剖面图的剖切符号都应画在底层平面图中，其他各层平面图只绘制本层形状及剖切所见部分（如雨篷、阳台等）即可。

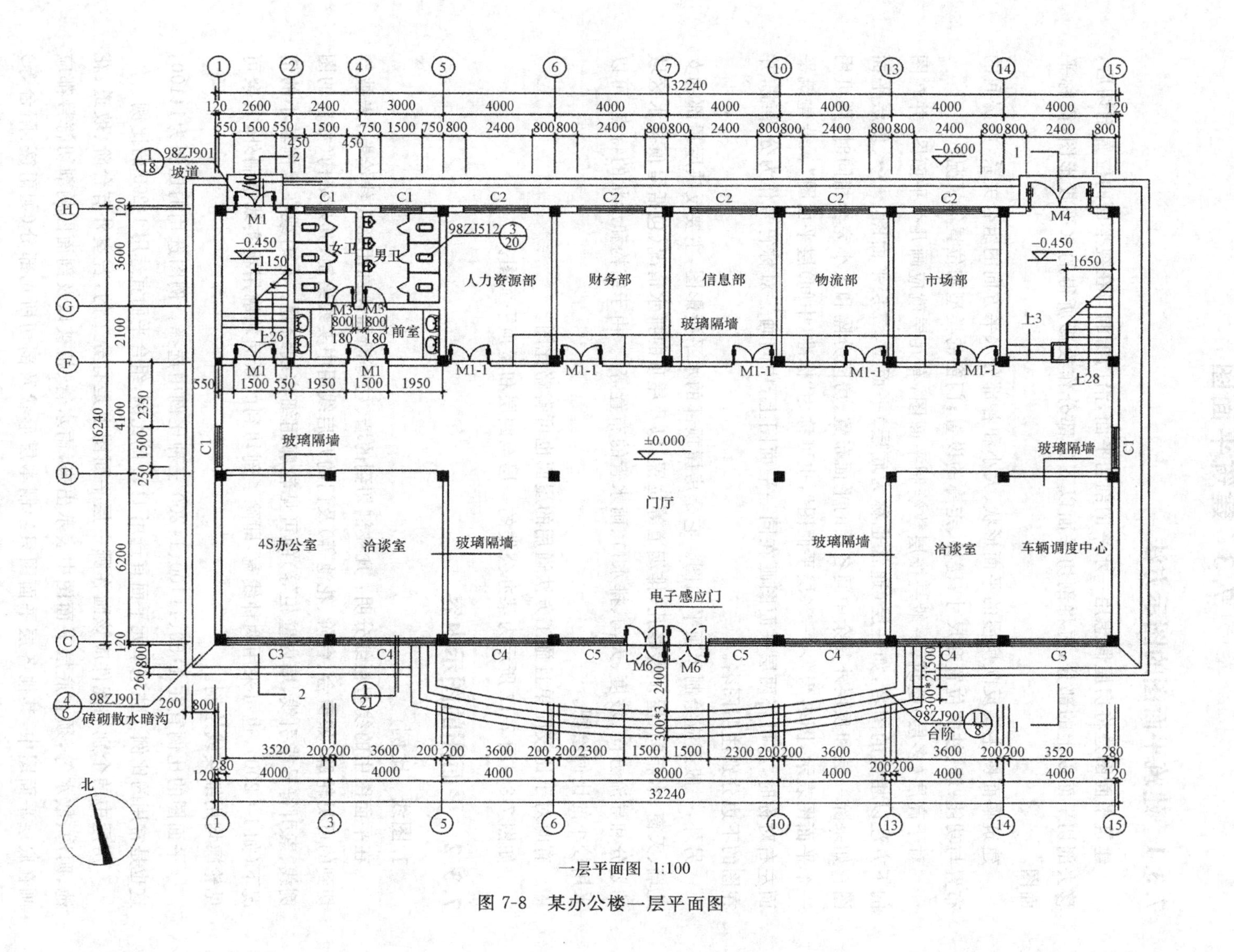

图 7-8 某办公楼一层平面图

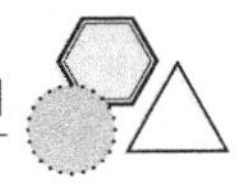

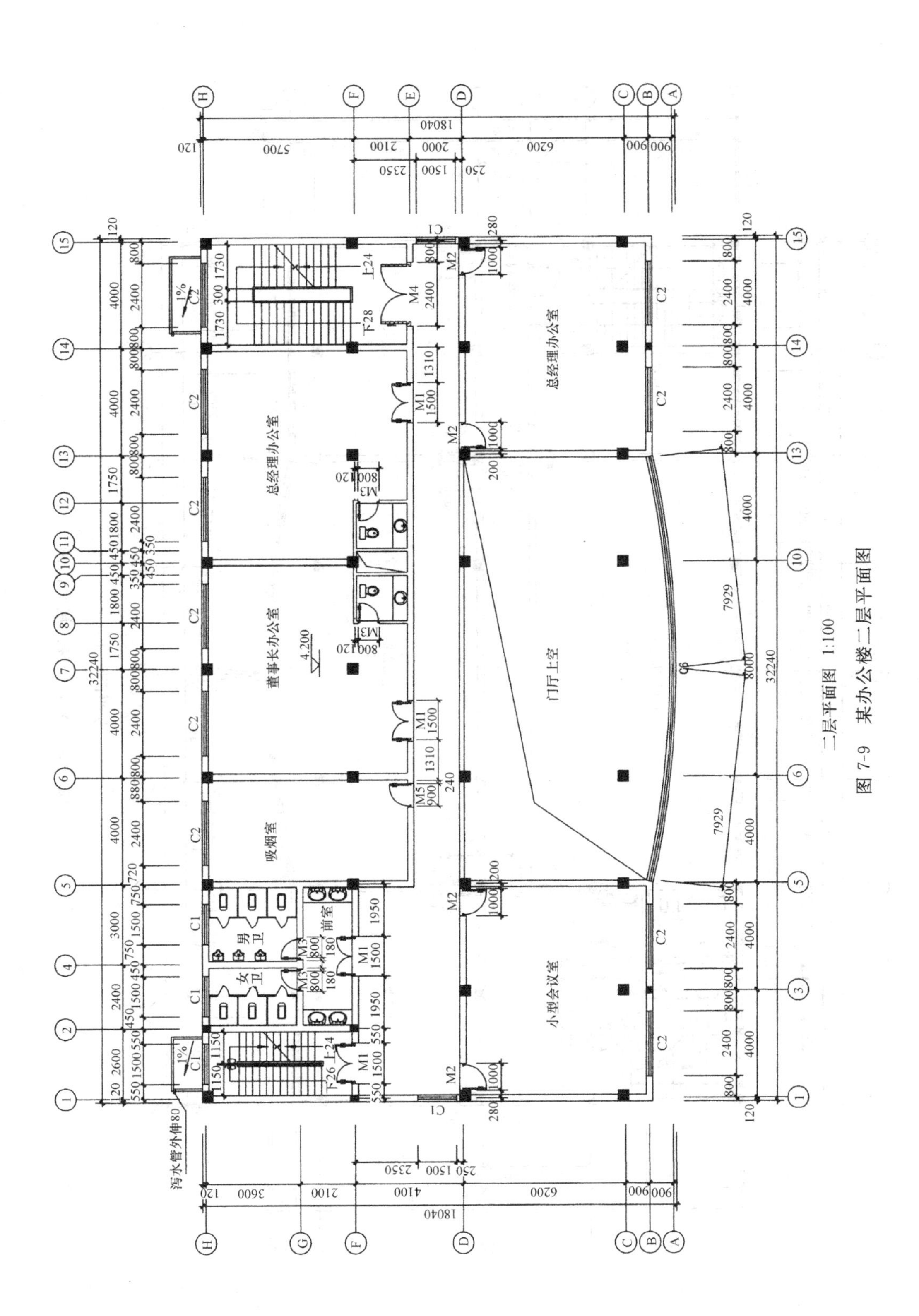

图 7-9　某办公楼二层平面图

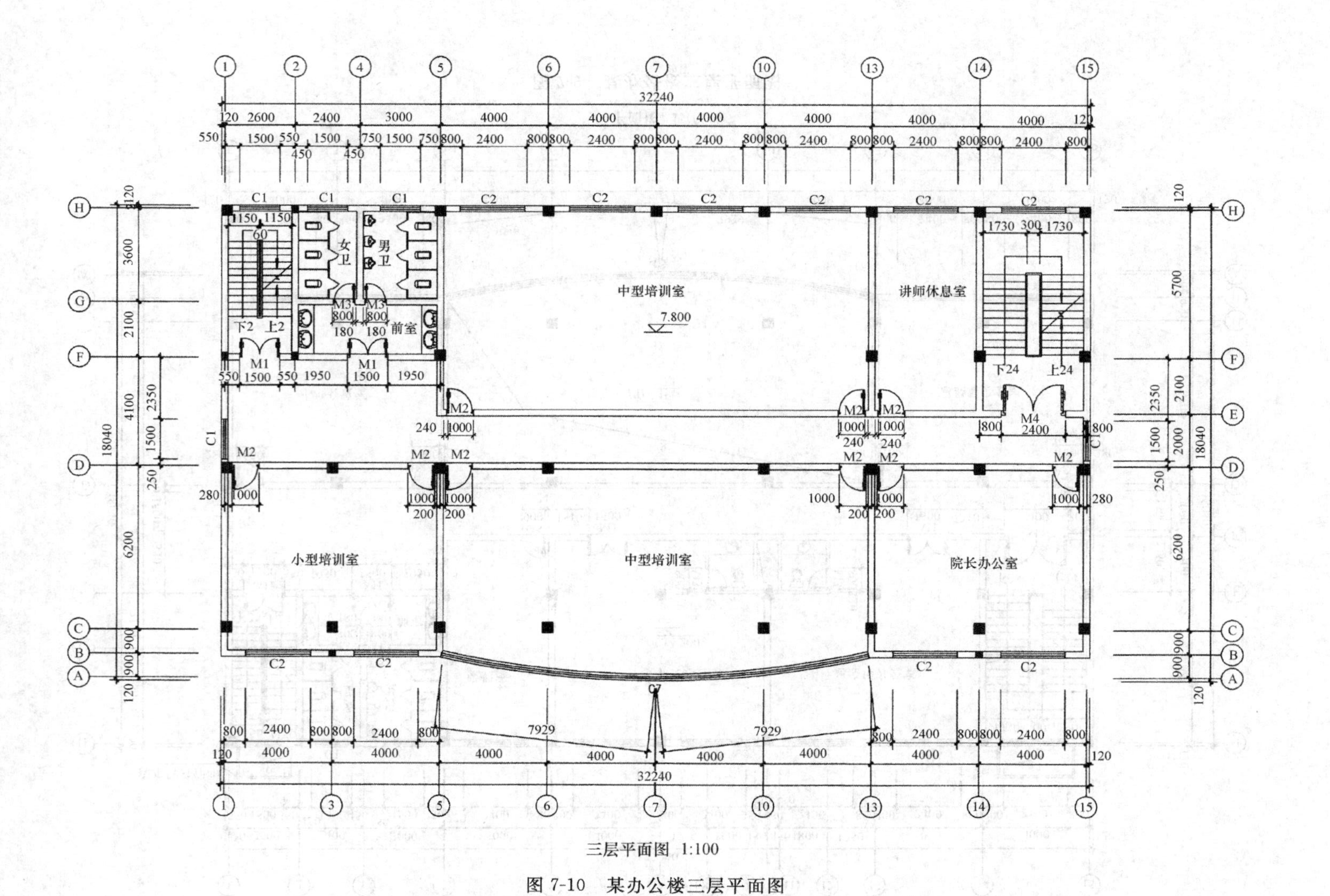

图 7-10　某办公楼三层平面图

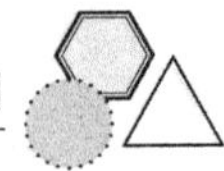

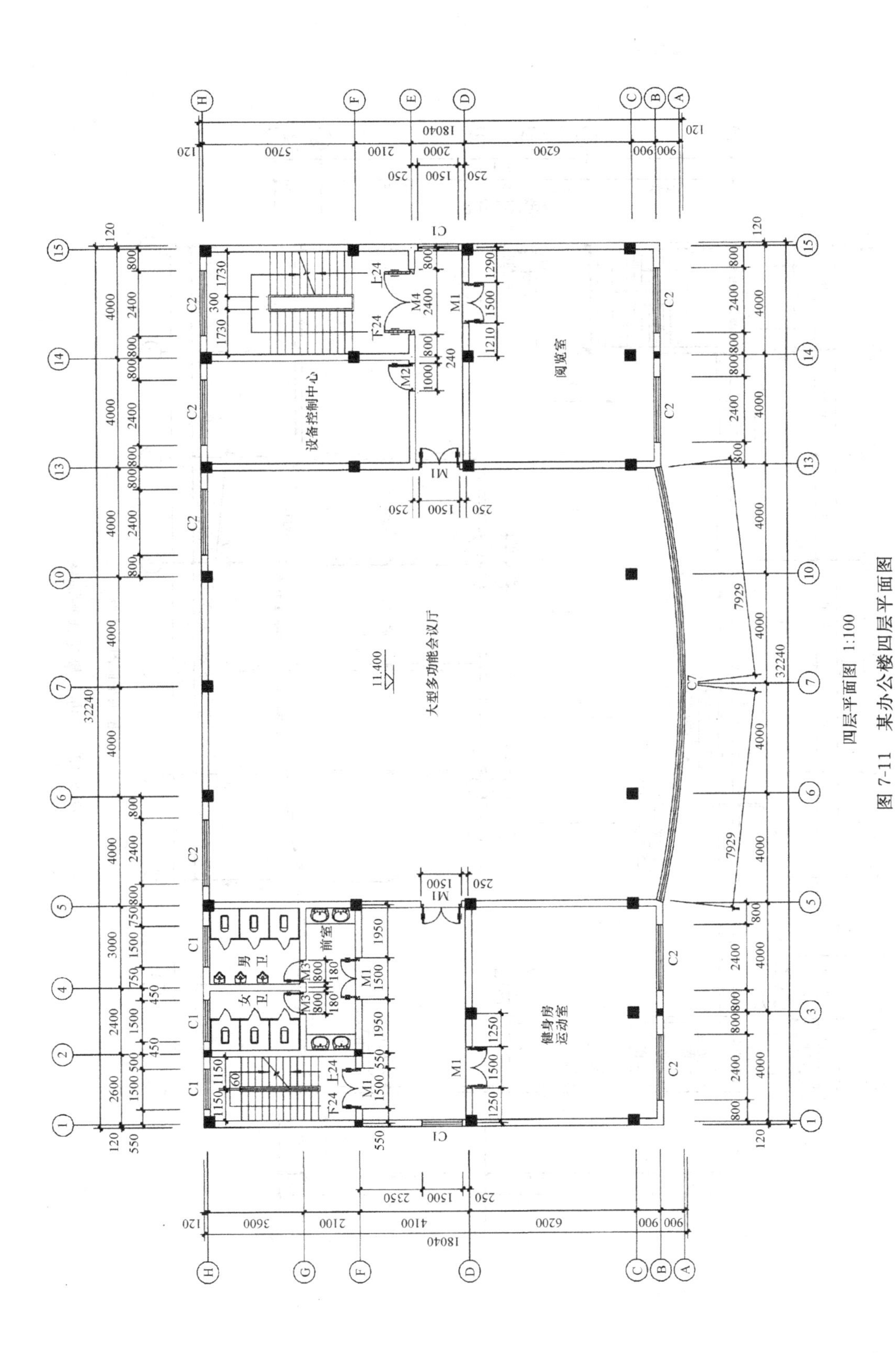

四层平面图 1:100

图 7-11　某办公楼四层平面图

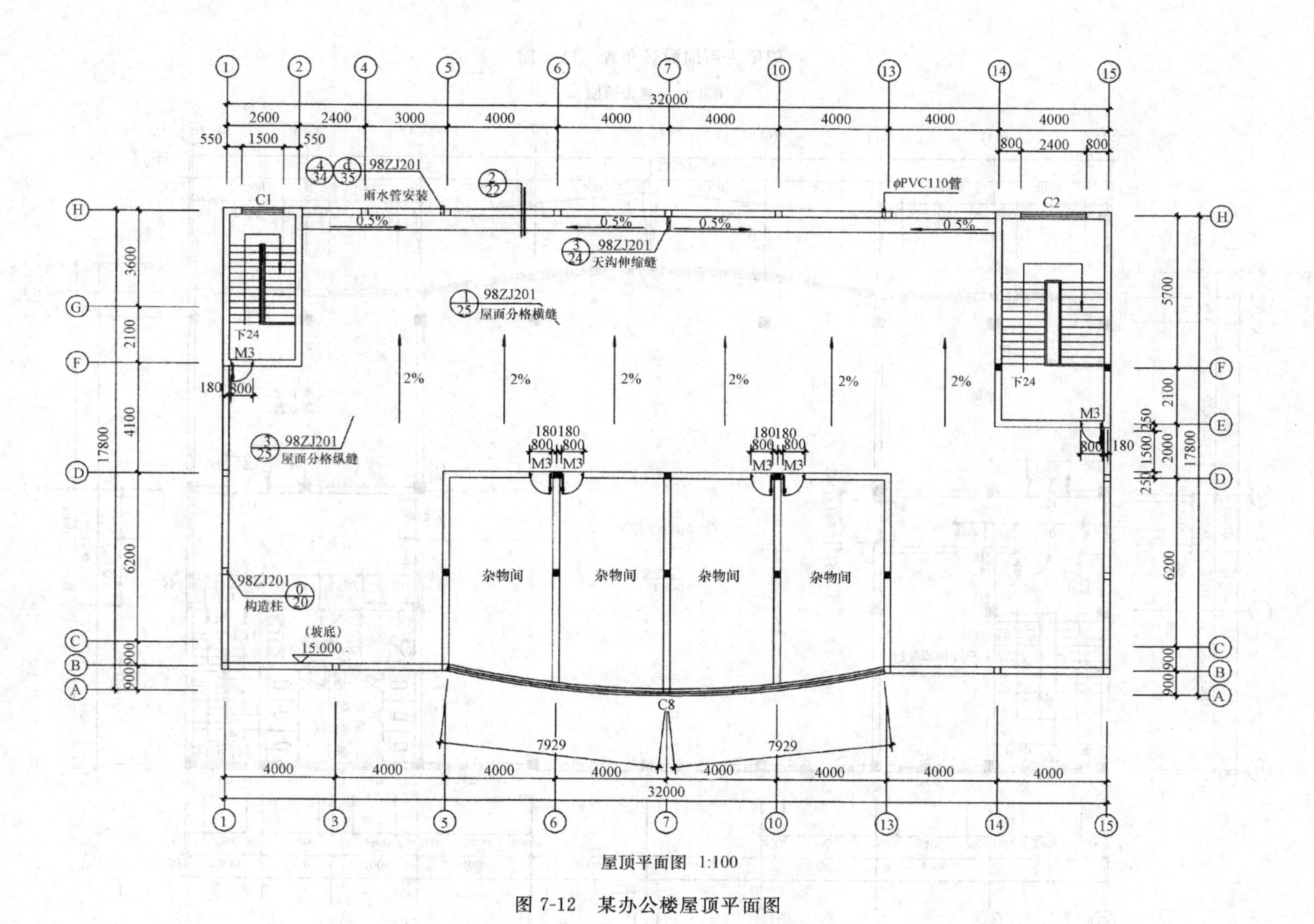

图 7-12 某办公楼屋顶平面图

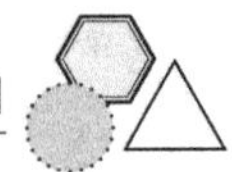

2. 定位轴线及编号

定位轴线是建筑物中承重构件的定位线，是确定房屋结构、构件位置和尺寸的，也是施工中定位和放线的重要依据。

在施工图中，凡承重的构件，如基础、墙、柱、梁、屋架都要确定轴线，并按“国标”规定绘制并编号。

定位轴线用细点画线绘制，在墙、柱中的位置与墙的厚度有关，也与其上部搁置的梁、板支承深度有关。以砖墙承重的民用建筑，楼板在墙上搭接深度一般为 120mm 以上，所以外墙的定位轴线按距其内墙面 120mm 定位。对于内墙及其他承重构件，定位轴线一般在中心对称处。

3. 图例

由于平面图所用的比例较小，许多建筑细部及门窗不能详细画出，因此须用“国标”统一规定的图例来表示。表 7-2 列举了建筑构造与配件的常用图例。

表 7-2　建筑构造与配件的常用图例

序号	名　　称	图　　例	说　　明
1	坡道	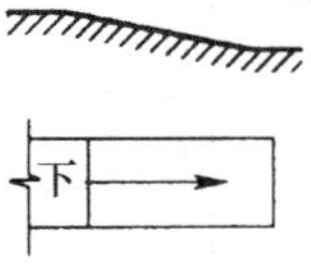 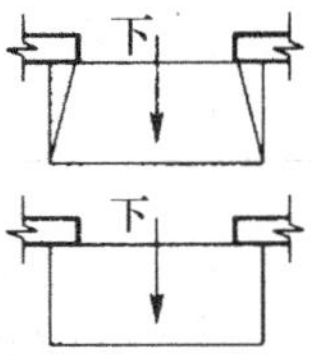 下 下 下	上图为长坡道，下图为门口坡道
2	平面高差	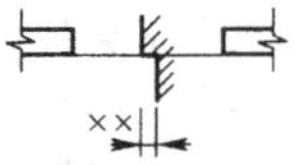 ××	适用于高差小于 100 的两个地面或楼面相接处
3	检查孔		左图为可见检查孔，右图为不可见检查孔
4	孔洞		阴影部分可以涂色代替
5	坑槽		
6	空门洞	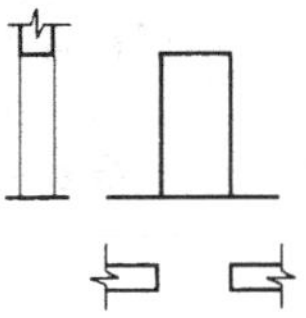	h 为门洞高度

续表

序号	名　称	图　例	说　明
7	单扇门(包括平开或单面弹簧)		(1) 门的名称代号为 M。 (2) 图例中剖面图左为外、右为内,平面图下为外、上为内。 (3) 立面图上开启方向线交角的一侧为安装合页的一侧,实线为外开,虚线为内开。 (4) 平面图上门线应以 90°或 45°开启,开启弧线宜绘出。 (5) 立面图上的开启在一般设计图上可不表示,在详图及室内设计图上应表示。 (6) 立面形式应按实际情况绘制
8	双扇门(包括平开或单面弹簧)		
9	对开折叠门		
10	单扇双面弹簧门		
11	双扇双面弹簧门		(1) 门的名称代号为 M。 (2) 图例中剖面图左为外、右为内,平面图下为外、上为内。 (3) 立面图上开启方向线交角的一侧为安装合页的一侧,实线为外开,虚线为内开。 (4) 平面图上门线应以 90°或 45°开启,开启弧线宜绘出。 (5) 立面形式应按实际情况绘制
12	自动门		
13	新建的墙和窗		(1) 本图以小型砌块为图例,绘图时应按所用材料的图例绘制,不适合用图例绘制的,可在墙面以文字或代号注明。 (2) 小比例绘图时平、剖面窗线可用单粗实线表示

续表

<table>
<tr><th>序号</th><th>名　称</th><th>图　例</th><th>说　明</th></tr>
<tr><td>14</td><td>单层固定窗</td><td> 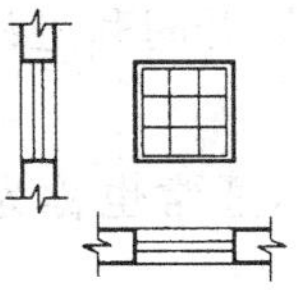</td><td rowspan="5">(1) 窗的名称代号为 C。
(2) 立面图上斜线表示窗的开启方向，实线为外开，虚线为内开。开启方向线交角的一侧为安装合页的一侧，一般设计图中可不表示。
(3) 图例中，剖面图所示，左为外、右为内；平面图所示，下为外、上为内。
(4) 平面图和剖面图虚线仅说明开关方式，在设计图中不需要表示。
(5) 窗的立面形式应按实际情况绘制。
(6) 小比例绘图时平、剖面的窗线可用单粗实线表示</td></tr>
<tr><td>15</td><td>单层中悬窗</td><td></td></tr>
<tr><td>16</td><td>单层外开平开窗</td><td></td></tr>
<tr><td>17</td><td>双层内外平开窗</td><td></td></tr>
<tr><td>18</td><td>推拉窗</td><td></td></tr>
<tr><td>19</td><td>高窗</td><td> 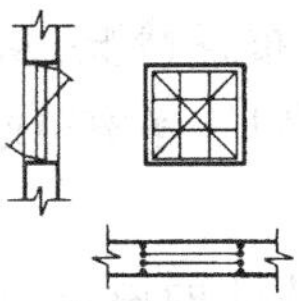</td><td>h 为窗底距本层楼地面的高度</td></tr>
</table>

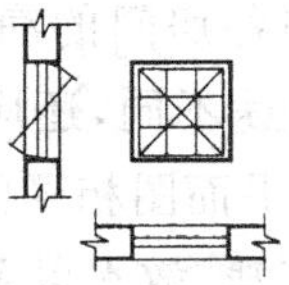

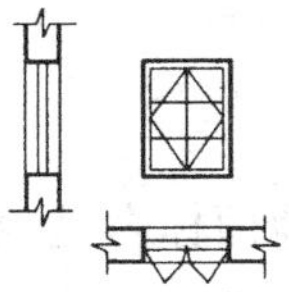

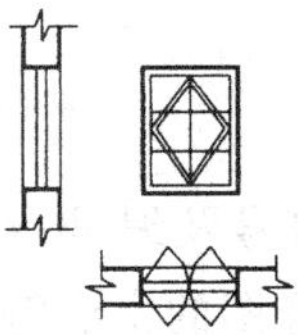

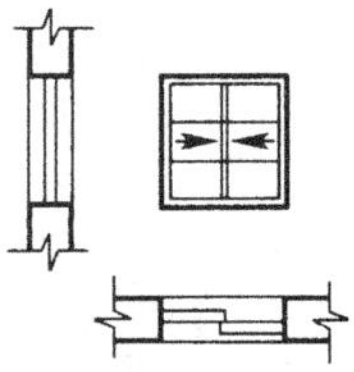

门窗除了用图例表示外，还应注写门窗的代号和编号，如 M-1、C-3。M、C 分别为门和窗的代号；1 和 3 分别为门窗的编号。

注意：门窗虽然用图例表示，但其门窗洞口形式、大小和位置必须按投影关系对应画出，还要注意门的开启方向，通常要在底层平面图的图幅内(或首页图)附有门窗表。至于门窗的详细构造，则要看门窗的构造详图。

4. 尺寸标注

在平面图中所标注的尺寸可分为 3 类：外部尺寸、内部尺寸、具体构造尺寸。

(1) 外部尺寸。一般在图形中外墙的下方及左方标注 3 道尺寸。

① 第 1 道尺寸是距离图样较近的，称为细部尺寸，以定位轴线为基准，标注门窗洞口的定型尺寸和定位尺寸，以及窗间墙、柱、外墙轴线到外皮等尺寸。

② 第 2 道尺寸为定位轴线之间的尺寸，即开间和进深尺寸（横向为开间尺寸，竖向为进深尺寸）。

③ 第 3 道尺寸为房屋的总长、总宽尺寸，通常也称为外包尺寸。用总尺寸可计算出房屋的占地面积。

(2) 内部尺寸。内部尺寸包括不同类型各房间的净长、净宽；内墙的门窗洞口的定型、定位尺寸；墙体厚度尺寸。各房间按其用途不同，还应注写其名称。在其他各层平面图中，除标注轴线间尺寸和总尺寸外，与一层平面图相同的细部尺寸均可省略。

(3) 具体构造尺寸。外墙以外的台阶、花池、散水以及室内固定设施的大小与位置尺寸等可单独标注其尺寸。

5. 各层标高

在平面图中要清楚地标注出地面标高，地面标高是表明各层楼地面对标高零点（正负零）的相对高度。一般平面图分别标注下列标高：室内地面标高、室外地面标高、室外台阶标高、卫生间地面标高、楼梯平台标高等。

6. 其他内容

在一层平面图中要标注剖面图的剖切符号及编号；在图幅的左下角或右上角画出指北针或风玫瑰图；需要时还要标注有关部位详图的索引符号，按标准图集采用的构配件的编号及文字说明等。

7.3.3 平面图的阅读

1. 平面图的阅读方法

平面图的阅读方法介绍如下。

(1) 看图名、比例、指北针，了解图名、比例、朝向。

(2) 分析建筑平面的形状及各层的平面布置情况，从图中房间的名称可以了解各房间的使用性质；从内部尺寸可以了解房间的净长、净宽（或面积）；还有楼梯间的布置、楼梯段的踏步级数和楼梯的走向。

(3) 读定位轴线及轴线间尺寸，了解各墙体的厚度；门窗洞口的位置、代号及门的开启方向；门、窗的规格尺寸及数量。

(4) 了解室外台阶、花池、散水、阳台、雨篷、雨水管等构造的位置及尺寸。

(5) 阅读有关的符号及文字说明，查阅索引符号及其对应的详图或标准图集。

(6) 从屋顶平面图中分析了解屋面构造及排水情况。

2. 平面图实例阅读

图 7-8 所示为某办公楼一层平面图。阅读过程如下。

(1) 绘图比例为 1：100，主要入口在南偏东，两个次要入口在北偏西，房屋平面外部轮廓总长为 32240mm，总宽为 16240mm。在正门外有四步台阶，外墙四周有散水暗沟。

(2) 大门右侧是洽谈室和车辆调度中心，左侧是洽谈室和 4S 办公室，走廊北侧的房

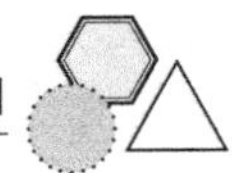

间有人力资源部、财务部、信息部、物流部、市场部、楼梯和卫生间等。图中左侧楼梯处箭头旁边有“上26”，是指从一层到二层两个梯段共26级踏步，图中右侧楼梯处箭头旁边有“上28”，是指两个梯段共28级踏步，“上3”是指走廊到门厅要上3级踏步。

(3) 平面图横向轴线的编号从①～②，横向轴线的编号为Ⓒ～Ⓗ，轴线间的尺寸表明了各房间的开间和进深尺寸。

(4) 地面标高：正门厅地面标高为±0.000m，北面两个门厅地面标高为－0.450m，其余房间地面标高均为±0.000m。

(5) 一层平面图中有两个剖切符号表明剖切平面的位置。在图中左上方M1坡道处、砖砌散水暗沟处、门厅台阶处有索引符号，表明另有详图给出。

其他楼层平面图的读图基本相同。

7.4　建筑立面施工图

7.4.1　建筑立面图的形成

在与建筑物立面平行的铅直投影面上所做的投影图称为建筑立面图，简称立面图，如图7-13所示。

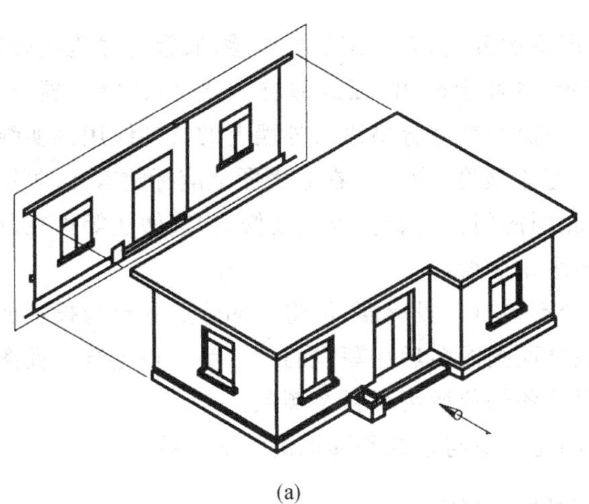

(a)

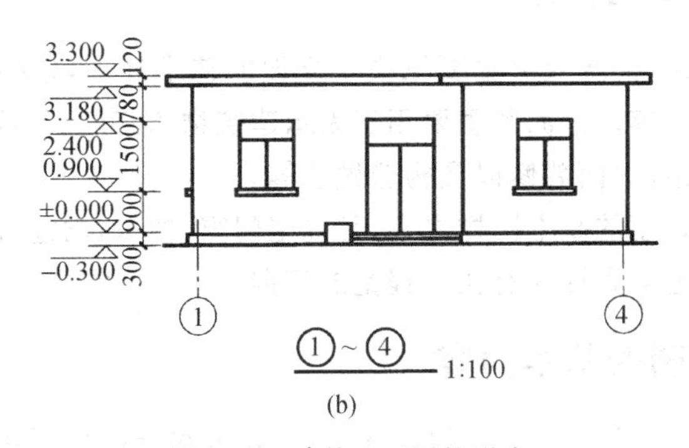

(b)

图7-13　建筑立面图的形成

在施工图中，立面图可根据指北针按朝向命名，如东、西、南、北立面；也可以把建筑物主要出入口所在的立面或反映建筑物主要特征的立面称为正立面，其余相应地称为背立面、左立面、右立面；还可以房屋两端墙（或柱）的定位轴线编号来命名，如①～⑦轴立面等。建筑立面图的投影方向和名称如图 7-14 所示。

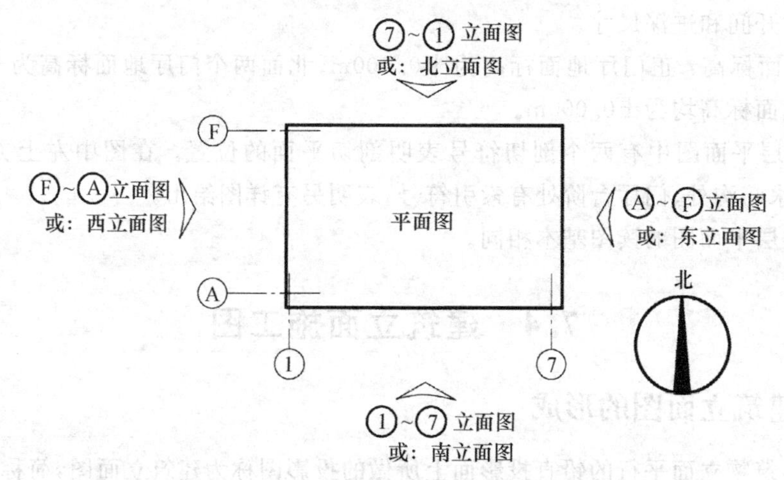

图 7-14　建筑立面图的投影方向和名称

为了使建筑立面图主次分明，有一定的立体感，通常将建筑物外轮廓和较大转折处轮廓的投影用粗实线表示；外墙上凸出、凹进部位，如壁柱、窗台、楣线、挑檐、门窗洞口等的投影用中粗实线表示；门窗的细部分格以及外墙上的装饰线用细实线表示；室外地坪线用加粗实线（1.4*b*，*b* 表示基本线宽）表示。在立面图上应标注首尾轴线。

在建筑立面图上相同的门窗、阳台、外檐装修、构造做法等可在局部重点表示，绘出其完整图形，其余部分只画轮廓线。

房屋立面如有部分不平行于投影面，可将该部分展开至与投影面平行，再用投影法画出其立面图，但应在该立面图图名后注写“展开”二字。在建筑立面图上，外墙表面分格线应表示清楚，用文字说明各部位所用材料及颜色。

建筑立面图的绘图比例应与建筑平面图的比例一致。

7.4.2　建筑立面图的作用

建筑物的外观特征、艺术效果主要取决于立面的艺术处理，包括建筑造型与尺度、装饰材料色彩的选用等内容。立面图主要用于表示建筑物的高度、层数与外貌，立面各部分配件的形状和相互关系，立面装修以及构造做法等。

立面图是房屋建筑图的基本图样之一，是确定门窗、檐口、雨篷、阳台等的形状和位置及指导房屋外部装修施工和计算有关工程量的依据。

7.4.3　建筑立面图的基本内容

（1）表现建筑物外形上可以看到的全部内容，如散水、台阶、雨水管、遮阳措施、花池、勒脚、门头、门窗、雨罩、阳台、檐口；屋顶上面可以看到的烟囱、水箱间、通风道。

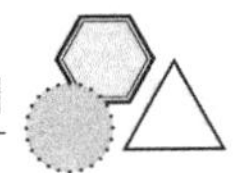

还可以看到外楼梯等可看到的其他内容和位置。

在建筑立面图上，相同的门窗、阳台、外檐装修、构造做法等可在局部重点表示，绘出其完整图形，其余部分只画轮廓线。

(2) 表明外形高度方向的三道尺寸线，即总高度、分层高度、门窗上下皮、勒脚、檐口等具体高度。而长度方向由于平面图已标注过详细尺寸，这里不再重注，但长度方向首层两端的轴线(如①、⑥)要用数字符号标明，并注明该二轴线间的总尺寸。

(3) 因立面图重点反映高度方面的变化，虽然标注了三道尺寸，若想知道某一位置的具体高程，还得推算。为简便起见，从室外地坪到屋顶最高部位，都注标高。它们的单位是m，一般取小数点后两位。

(4) 表明外墙、屋顶等各部位建筑装修材料做法及颜色。

(5) 表明局部或外墙索引。

7.4.4 建筑立面图的图示方法

为了使建筑立面图主次分明，有一定的立体感，通常将建筑物外轮廓和较大转折处轮廓的投影用粗实线表示；外墙上凸出、凹进部位，如壁柱、窗台、挑檐、门窗洞口等的投影用中粗实线表示；门窗的细部分格以及外墙上的装饰线用细实线表示；室外地坪线用加粗实线(1.4b)表示。在立面图上应标注首尾轴线。

在建筑立面图上相同的门窗、阳台、外檐装修、构造做法等可在局部重点表示，绘出其完整图形，其余部分只画轮廓线。

房屋立面如有部分不平行于投影面，可将该部分展开至与投影面平行，再用投影法画出其立面图，但应在该立面图图名后注写“展开”二字。

在建筑立面图上，外墙表面分格线应表示清楚，用文字说明各部位所用材料及颜色。

建筑立面图的绘图比例应与建筑平面图的比例一致。

7.4.5 建筑立面图的识读实例

图7-15是某后勤服务楼的南立面图。识图步骤分述如下。

(1) 了解图名、比例。

(2) 了解建筑的外貌，包括全部外形，如门窗形式和具体位置。

(3) 了解建筑的高度，包括各个部位的标高；高度方向的三道尺寸，应与各层平面图、屋顶平面及剖面图前后对照理解，明确入口处高度、坡屋顶的屋脊高度、平屋顶的高度及玻璃幕的高度。

(4) 了解建筑物的外装修。图中所注明的外装修做法；如浅驼色面砖墙面可在说明中查到图集号L06J113第50页节点2，蓝灰色装饰瓦屋面可在说明中查到图集号L06J113第41页节点60，其具体材料和做法可在图集中找到。

(5) 了解立面图上详图索引符号的位置与其作用。$\frac{4}{12}$说明这个部位有剖面详图，它是剖切后向右作投影，这个详图可以在建筑施工图纸中找到，详图编号是“4”。

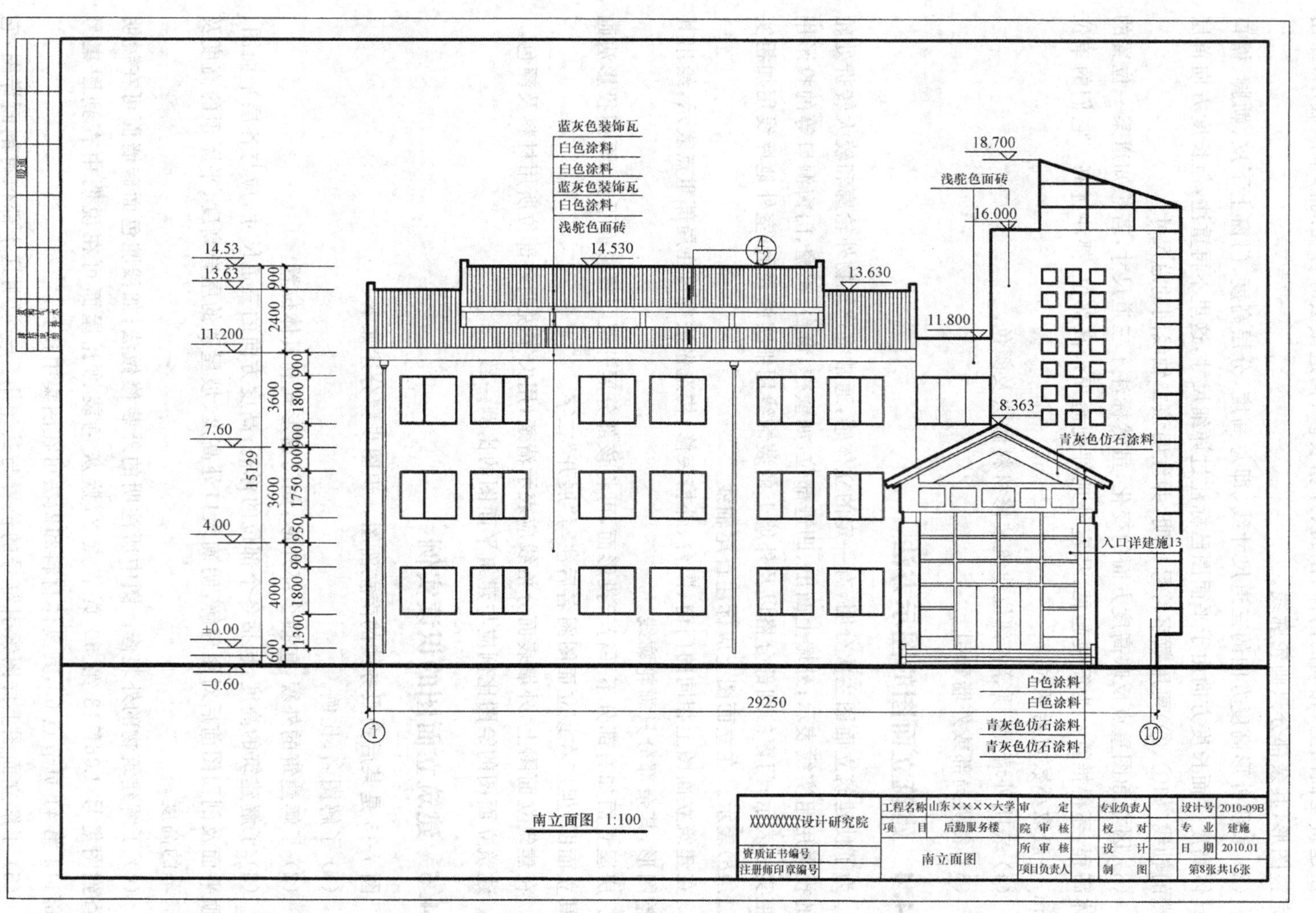

图 7-15 某后勤服务楼的南立面图

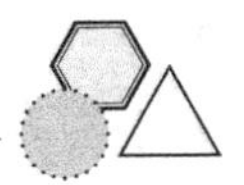

7.4.6 建筑立面图的识读注意事项

(1) 立面图与平面图有密切关系,各立面图轴线编号均应与平面图严格一致,并应校核门、窗等所有细部构造是否正确无误。

(2) 各立面图彼此之间在材料做法上有无不符、不协调、不一致之处,以及检查房屋整体外观、外装修有无不交圈之处。

7.4.7 建筑立面图的绘制方法

立面图的画法和步骤与建筑平面图基本相同,同样先选定比例和图幅,经过画底图和加深两个步骤。

(1) 画室外地坪线、建筑外轮廓线。

(2) 画各层门窗洞口线。

(3) 画墙面细部,如阳台、窗台、楣线、门窗细部分格、壁柱、室外台阶、花池等。

(4) 检查无误后,按立面图的线型要求进行图线加深。

(5) 标注标高、首尾轴线,书写墙面装修文字、图名、比例等,说明文字一般用5号字,图名用10号字。

7.5 建筑剖面图

7.5.1 图示方法及作用

假想用一个或多个垂直于外墙轴线的正平面或侧平面将房屋剖切开,所得的视图称为建筑剖面图(architectural section),简称剖面图(section)。剖面图用以表示房屋的内部结构或构造形式、分层情况和各部位的联系、材料及其高度等,是与平面图、立面图相互配合的不可缺少的重要图样。

剖面图的数量应根据房屋的具体情况和施工实际需要而决定。剖切面一般横向设置,平行于侧面,必要时也可纵向设置,平行于正面。剖切位置应选择在反映房屋内部构造比较复杂或典型的部位,并通过门窗洞口。多层房屋的剖面,应通过楼梯间或在层高不同、层数不同的部位。剖面图的图名编号应与平面图上所标注剖切符号的编号对应,如1—1剖面图、2—2剖面图等。

剖面图中的断面,其材料图例、抹灰层面层线和地面面层线的表示原则及方法,与平面图的处理相同。

习惯上,剖面图中不画出基础和大放脚。

7.5.2 图示内容

(1) 墙、柱及其定位轴线。

(2) 室内首层地面、地坑、地沟、各层楼面、顶棚、屋顶(包括檐口、女儿墙、隔热层或保温层、天窗、烟囱、水池等)、门窗、楼梯、阳台、雨篷、预留洞、墙裙、踢脚板、防潮层、室外地面、散水、排水沟及其他装修等剖切到和能看到的内容。

(3) 标出各部位完成面的标高和高度方向尺寸。

标高尺寸包括室内外地面、各层楼面与楼梯平台、檐口或女儿墙顶面、高出屋面的水池顶面、烟囱顶面、楼梯间顶面、电梯间顶面等处完成面的标高。

高度尺寸包括：外部尺寸的门窗洞口(包括洞口上部和窗台)高度,层间高度及总高度(室外地面至檐口或女儿墙顶)。有时,后两部分尺寸可不标注。

内部尺寸的地坑深度和隔断、搁板、平台、墙裙及室内门、窗等的高度。

注写标高及尺寸时,注意与立面图和平面图相应部分的尺寸一致。

(4) 楼、地面各层构造,一般可用引出线说明。引出线指向所说明的部位,并按其构造的层次顺序,逐层加以文字说明。

(5) 画出需画详图之处的索引符号。

7.5.3 实例

现以实例的 1—1 剖面图为例(图 7-16),说明剖面图的内容及其阅读方法。

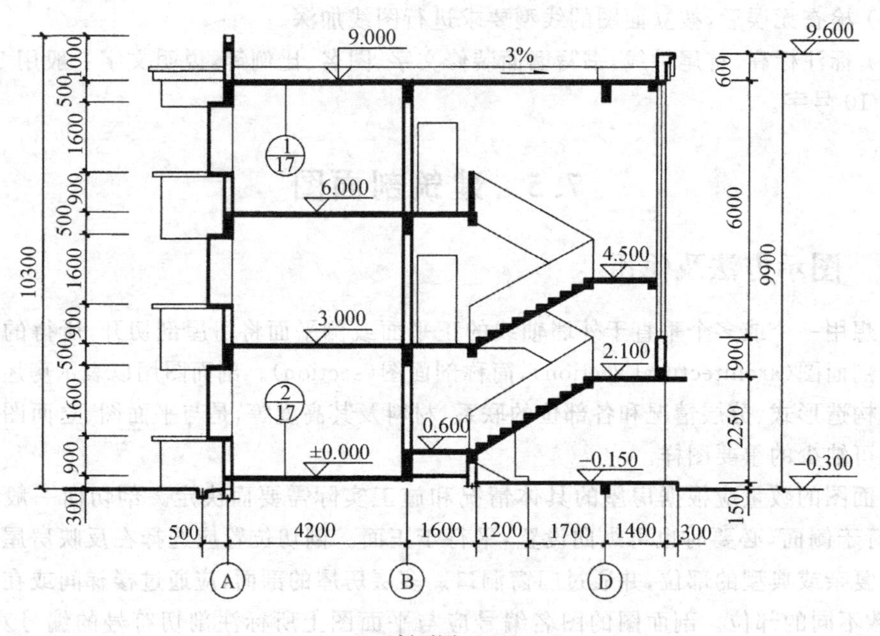

图 7-16 建筑剖面图

(1) 从图名和轴线编号与平面图上的剖切符号位置和轴线编号相对照,可知剖切平面通过楼梯间,1—1 剖面图是剖切后向左进行投射所得的横向剖面图。

(2) 图中画出房屋地面至屋面的结构形式和构造内容。对照平面图可知,此房屋是一框架结构,垂直方向承重构件(柱)和水平方向承重构件(梁和板)都是用钢筋混凝土构成。从地面和屋面的材料图例可知,它们都是混凝土构件。

(3) 图中标注的标高都是相对标高。首层地面标高是±0.000,二层楼面和三层楼面标高分别是 3.000 和 6.000,说明楼层高度都是 3m。D 轴入口处地面标高是−0.150,比

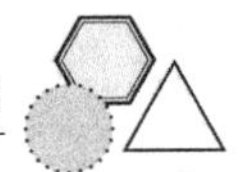

首层室内地面低150mm。图中标注了窗台和门窗洞口的高度尺寸。楼梯另有详图,其详细尺寸不在此处注出。

(4) 从图中标注的屋面坡度可知,该处为一单向排水屋面,其坡度为3%(其他倾斜的地方,如散水、排水沟、坡道等,也可用此方式表示其坡度)。

7.6 建筑详图

7.6.1 建筑详图概述

建筑平面图、立面图和剖面图虽然能够表达建筑物的外部形状、平面布置、内部构造和主要尺寸,但由于比例较小,许多细部构造、尺寸、材料和做法等内容无法表达清楚,为了满足施工要求,还必须要画出建筑详图。建筑详图是建筑平面图、立面图和剖面图的补充,也是建筑施工图的重要组成部分。

建筑详图比例大,反映的内容详尽。常用的比例有1∶50、1∶20、1∶10、1∶5、1∶2、1∶1等。

建筑详图可分为构造节点详图和构(配)件详图两类。凡表达建筑物某一局部构造、尺寸和材料的详图称为构造节点详图,如檐口、窗台、勒脚、明沟等;凡表明构配件本身构造的详图称为构(配)件详图,如门、窗、楼梯、花格、雨水管等。对于套用标准图或通用图的构造节点和建筑构(配)件,只需注明所套用图集的名称、型号或页次(索引符号),可不必另画详图。

对于构造节点详图,除了要在建筑平面图、立面图、剖面图上的有关部位注出索引符号外,还应在详图上注出详图符号或名称,以便对照查阅。而对于构(配)件详图,可不注索引符号,只在详图上写明该构配件的名称或型号即可。

建筑详图的图示方法可用平面详图、立面详图、剖面详图或断面详图,详图中还可以索引出比例更大的详图。

建筑详图的图线一般采用3种线宽的线宽组,其线宽宜为b∶0.5b∶0.25b,如绘制较简单的图样时,也可采用2种线宽的线宽组,其线宽比例为b∶0.25b。建筑详图图线宽度选用示例如图7-17所示。

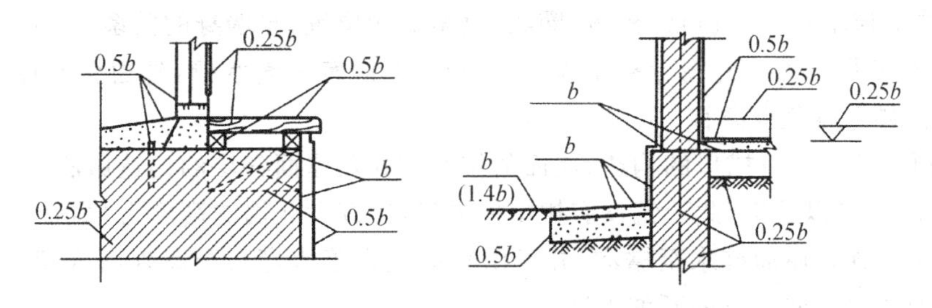

图7-17 建筑详图图线宽度选用示例

一幢建筑物的施工图通常有以下几种详图:外墙详图、楼梯详图、门窗详图以及室内外一些构配件的详图,如室外台阶、花池、散水、明沟、阳台、厕所、壁柜等。

7.6.2 外墙墙身构造详图

外墙详图实际上是建筑剖面图中外墙墙身的局部放大图。它主要表明了建筑物的屋面、檐口、楼面、地面的构造及其与墙体的连接，还表明女儿墙、门窗顶、窗台、圈梁、过梁、勒脚、散水、明沟等节点的尺寸、材料和做法等构造情况，是砌墙、室内外装修、门窗立口等施工和编制预算的重要依据。

外墙剖面详图一般采用较大比例(如 1∶20) 绘制，为节省图幅，通常采用折断画法，往往在窗中间处断开，成为几个节点详图的组合。如多层房屋中各层的构造一样，可只画底层、顶层和一个中间层的节点；基础部分不画，用折断线断开。

外墙剖面详图上标注尺寸和标高，与建筑剖面图基本相同，线型也与剖面图一样，剖到的轮廓线用粗实线画出，因为采用了较大的比例，墙身还应用细实线画出粉刷线，并在断面轮廓线内画上规定的材料图例。

1. 外墙墙身构造详图的识读

下面介绍外墙墙身构造详图的识读方法。

(1) 图名、比例、外墙在建筑物中的位置、墙厚与定位轴线的关系。

图 7-18 是比例为 1∶20 的 2—2 剖面图，即外墙墙身详图。根据剖切符号的编号 2，可以在底层平面图上找出编号为 2 的剖切符号，通过底层平面图可以找出该外墙的位置处于哪个定位轴线中。

从图 7-18 中可以看出，被剖切的墙、楼板等轮廓线用粗实线表示，断面轮廓线内还画上了材料图例，粉刷层用细实线表示。外墙的厚度为 240mm，定位轴线从墙身中间通过。

(2) 屋面、楼面和地面的构造层次和做法。

一般通过多层构造引出线来表示各构造层次的厚度、材料和做法。

从图 7-18 可以看出用 4 个多层构造引出线分别表示了屋面、楼面、地面及明沟的构造做法。

(3) 底层节点——勒脚、散水、明沟及防潮层的构造做法，如勒脚的高度，散水的宽度和坡度，防潮层的位置，以及它们的材料做法。

从图 7-18 可以看出此建筑只有明沟，没有散水，60mm 厚的钢筋混凝土防潮层距底层室内地面 50mm。勒脚的做法是 20mm 厚 1∶2 的水泥砂浆。

(4) 中间层节点——窗台、楼板、圈梁、过梁等的位置，与墙身的关系。

从图 7-18 可以看出外窗台挑出墙面 60mm，下面有一滴水槽，外窗台厚度为 90mm，内窗台的材料为黑色水磨石。

(5) 顶层节点——檐口的构造、屋面的排水方式及屋面各层的构造做法。

从图 7-18 可以看出，此建筑没有挑出的檐口，砖砌女儿墙的高度为 820mm，顶部有一钢筋混凝土压顶。屋面排水至檐沟，并经雨水口流入落水弯头至室外雨水管。特别要注意的是屋面防水层向檐口的延伸做法。

(6) 内、外墙面的装修做法。

图 7-18 是比例为 1∶20 的详图，按照国家标准的规定详图必须用细实线画出粉刷层。图中外墙面的内、外墙的装修做法都用文字说明的形式详细表述。

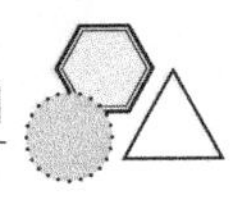

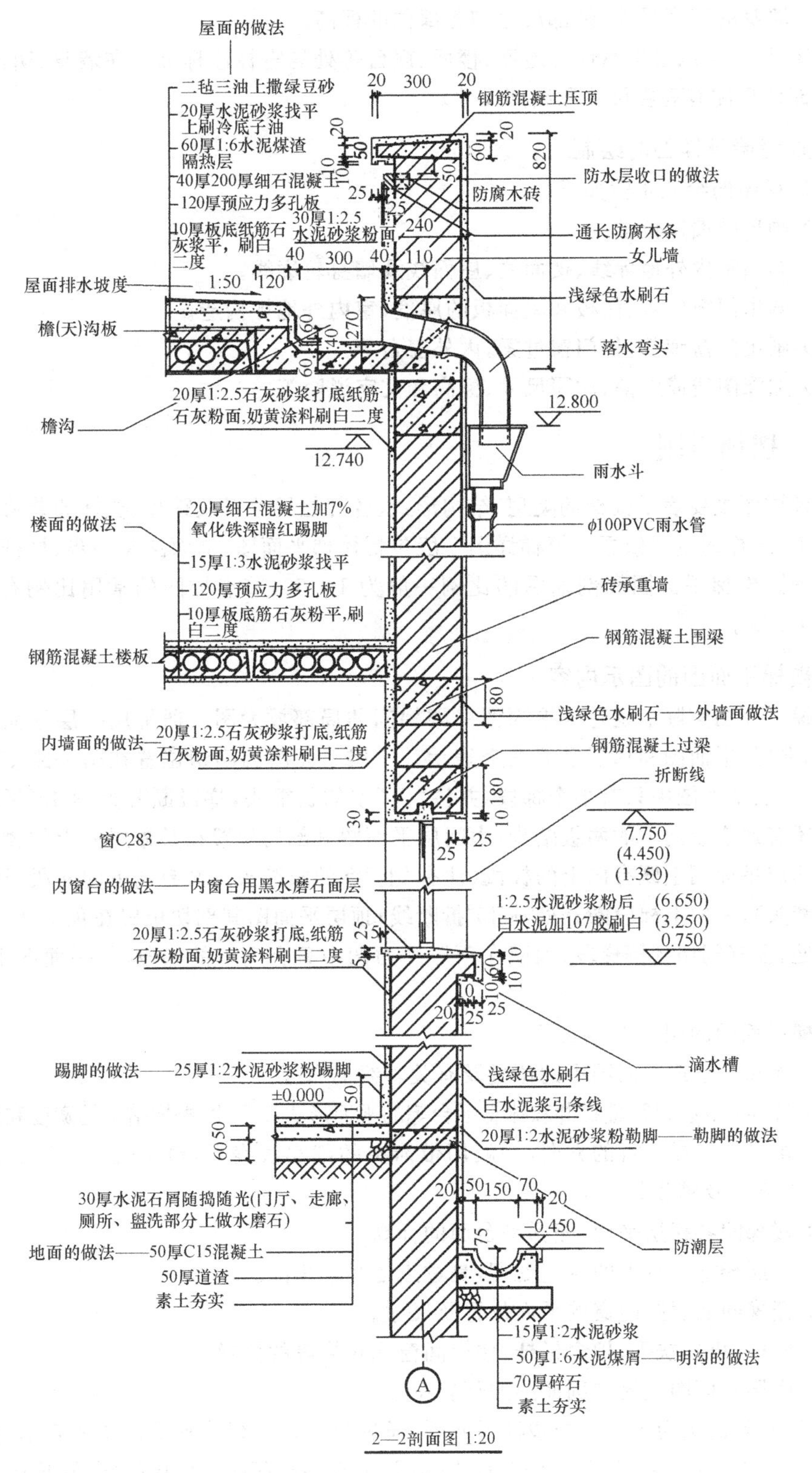

2—2剖面图 1:20

图 7-18　某外墙墙身构造详图

(7) 墙身的高度尺寸、细部尺寸和各部位的标高。

从图 7-18 可以看出室内外地面、楼面、窗台等处均需标注标高。在墙身、明沟、窗台、檐沟等部位还注有高度尺寸和细部尺寸。

2. 外墙墙身详图的绘制

外墙详图的绘制步骤如下。

(1) 画出外墙定位轴线。

(2) 画出室内外地坪线、楼面线、屋面线及墙身轮廓线。

(3) 画出门窗位置、楼板和屋面板的厚度、室内外地坪构造。

(4) 画出门窗细部,如门窗过梁,内外窗台等。

(5) 加深图线或上墨,注写尺寸、标高和文字说明等。

7.6.3 楼梯详图

楼梯详图主要表示楼梯的类型、结构形式、各部位尺寸以及踏步、栏杆的装修做法,是楼梯施工、放样的重要依据。楼梯详图一般包括楼梯平面图、剖面图及踏步、栏杆、扶手等节点详图。楼梯平面图和剖面图的比例一般为 1∶50,节点详图的常用比例有 1∶10、1∶5、1∶2 等。

1. 楼梯平面图的图示内容

楼梯平面图实际上是建筑平面图中楼梯间的局部放大图。通常用一层平面图、中间层(或标准层)平面图和顶层平面图来表示。一层平面图的剖切位置在第一跑楼梯段上。因此,在一层平面图中只有半个梯段,并注“上”字的长箭头,梯段断开处画 45°折断线,有的楼梯还有通道或向下的两级踏步;中间层平面图其剖切位置在某楼层向上的楼梯段,所以在中间层平面图上既有向上的梯段(注有“上”字的长箭头),又有向下的梯段(注有“下”字的长箭头),在向上梯段断开处画 45°折断线;顶层平面图其剖切位置在顶层楼层地面一定高度处,没有剖切到楼梯段,因而在顶层平面图中只有向下的梯段,其平面图中没有折断线。

楼梯平面图的图示内容如下。

(1) 楼梯在建筑平面图中的位置及有关轴线的布置。

(2) 楼梯间、楼梯段、楼梯井和休息平台等的平面形式和尺寸,楼梯踏步的宽度和踏步数。

(3) 楼梯上行或下行的方向,一般用带箭头的细实线表示,箭头表示上下方向,箭尾标注上、下字样及踏步数。

(4) 楼梯间各楼层平面、楼梯平台面的标高。

(5) 一层楼梯平台下的空间处理,是过道还是小房间。

(6) 楼梯间墙、柱、门窗的平面位置及尺寸。

(7) 栏杆(板)、扶手、护窗栏杆、楼梯间窗或花格等的位置。

(8) 底层平面图上楼梯剖面图的剖切符号。

图 7-19 是比例为 1∶50 的楼梯平面图,通过此图来介绍楼梯平面图所表示的内容和图示要求。它由底层平面图、二(三)层平面图(标准层平面图)、四层平面图(顶层平面图)

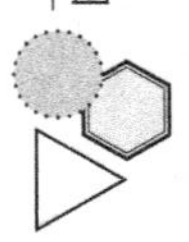

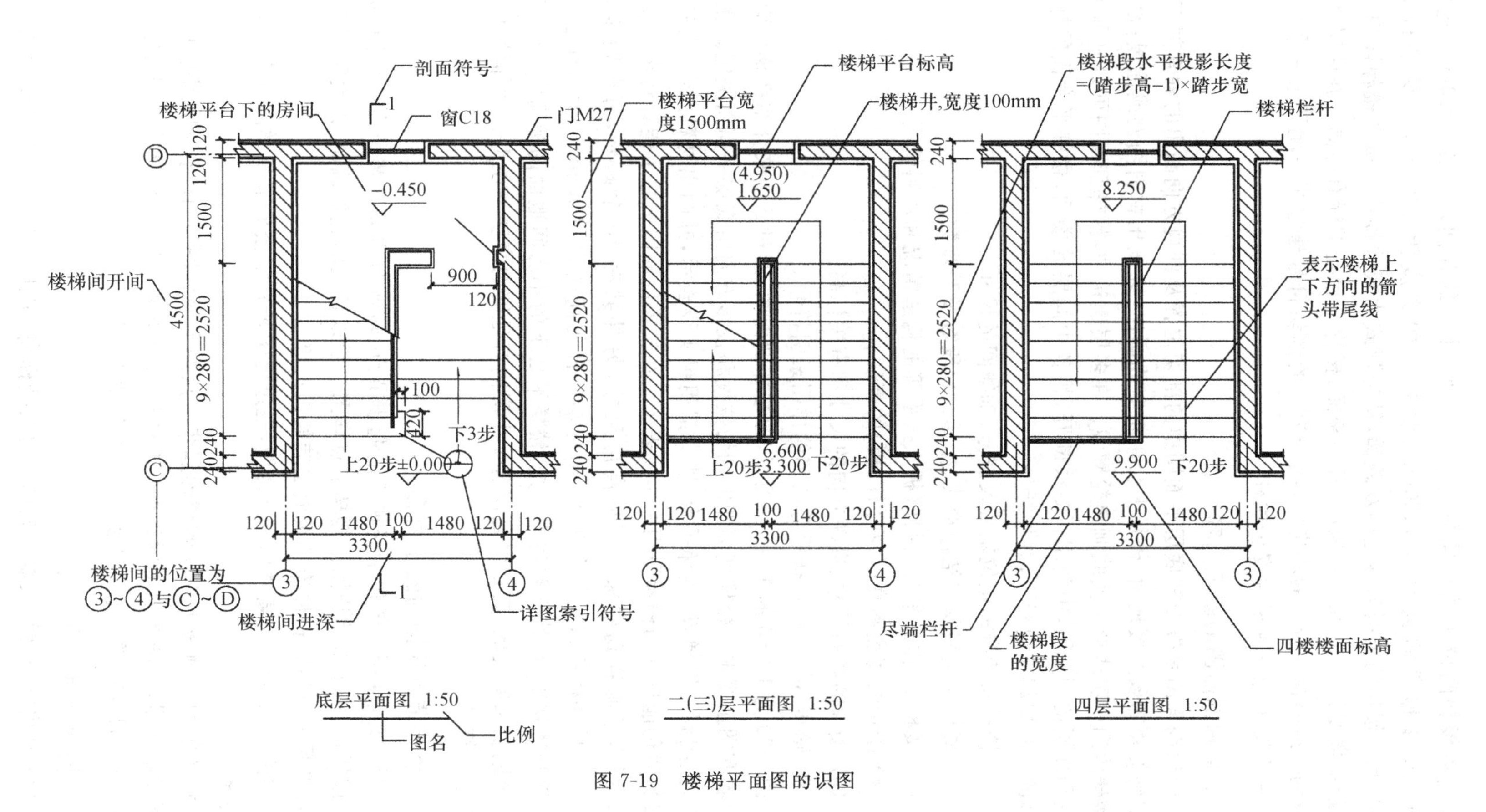

图 7-19　楼梯平面图的识图

组成。该楼梯间位于③～④轴与Ⓒ～Ⓓ轴，楼梯的开间尺寸为3300mm，进深尺寸为4500mm，楼梯段的宽度为1480mm，楼梯井的宽度为100mm，楼梯平台的宽度为1500mm。楼梯的类型为等跑的双跑梯，结构形式为板式楼梯。每个楼梯段均有10个踏步，踏步宽度为280mm。在地面、各层楼面、楼梯平台处都标有标高。在底层平面图上还能看到一层楼梯平台下的小房间，编号为1的剖切符号通过第一跑即第一个楼梯段。在顶层平面图上能看到尽端安全栏杆。

2. 楼梯剖面图的图示内容

楼梯剖面图是按楼梯底层平面图中的剖切位置及剖视方向画出的垂直剖面图。凡是被剖到的楼梯段及楼地面、楼梯平台用粗实线画出，并画出材料图例或涂黑；没有被剖到的楼梯段用中实线或细实线画出轮廓线。在多层建筑中，楼梯剖面图可以只画出底层、中间层和顶层的剖面图，中间用折断线断开，将各中间层的楼面、楼梯平台面的标高数字在所画的中间层相应地标注，并加括号。

(1) 楼梯间墙身的定位轴线及编号、轴线间的尺寸。

(2) 楼梯的类型及其结构形式、楼梯的梯段数及踏步数。

(3) 楼梯段、休息平台、栏杆(板)、扶手等的构造情况和用料情况。

(4) 踏步的宽度和高度及栏杆(板)的高度。

(5) 楼梯的竖向尺寸、进深方向的尺寸和有关标高。

(6) 踏步、栏杆(板)、扶手等细部的详图索引符号。

图7-20为1∶50的1—1剖面图，即楼梯剖面图，通过此图来介绍楼梯剖面图所表示的内容和图示要求。楼梯剖面图的剖切位置和投影方向由底层平面图决定。在楼梯剖面图中，被剖到的楼梯段、楼梯平台、墙身都用粗实线表示，并画出材料图例；没有被剖到的但投影时仍能见到的楼梯段用中实线表示。在楼梯剖面图中除了能看到楼梯段的水平投影长度外，还能看到楼梯段竖向高度尺寸，另外共有10个踏步，每个踏步的高度为165mm。楼梯栏杆的高度为900mm，尽端栏杆的高度为1050mm。标高标注在地面、各层楼面和楼梯平台，特别要注意的是，楼梯平台下的小房间地面的标高为－0.450m，是通过3个踏步来实现的，其目的是使这个小房间有足够的高度。在1—1剖面图中还有两个详图索引符号。

3. 楼梯节点详图的图示内容

楼梯节点详图一般包括楼梯段的起步节点、转弯节点和止步节点的详图，楼梯踏步、栏杆或栏板、扶手等的详图。楼梯节点详图一般以较大的比例画出，以表明它们的断面形式、细部尺寸、材料、构件连接及面层装修做法等。

如图7-21所示为某楼梯节点详图，通过此图来介绍楼梯节点详图所表示的内容和图示要求。

详图①为比例是1∶20的楼梯起步节点的平面详图，详图②为比例是1∶10的楼梯转弯节点详图，详图③为比例是1∶10的楼梯起步节点详图，详图④为比例是1∶5的踏步及面层的详图，详图⑤为比例是1∶2的扶手详图。

4. 楼梯剖面图的画法

(1) 画出定位轴线及墙体轮廓。再根据标高，定出室内外地坪、各楼面及休息平台的

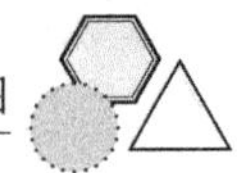

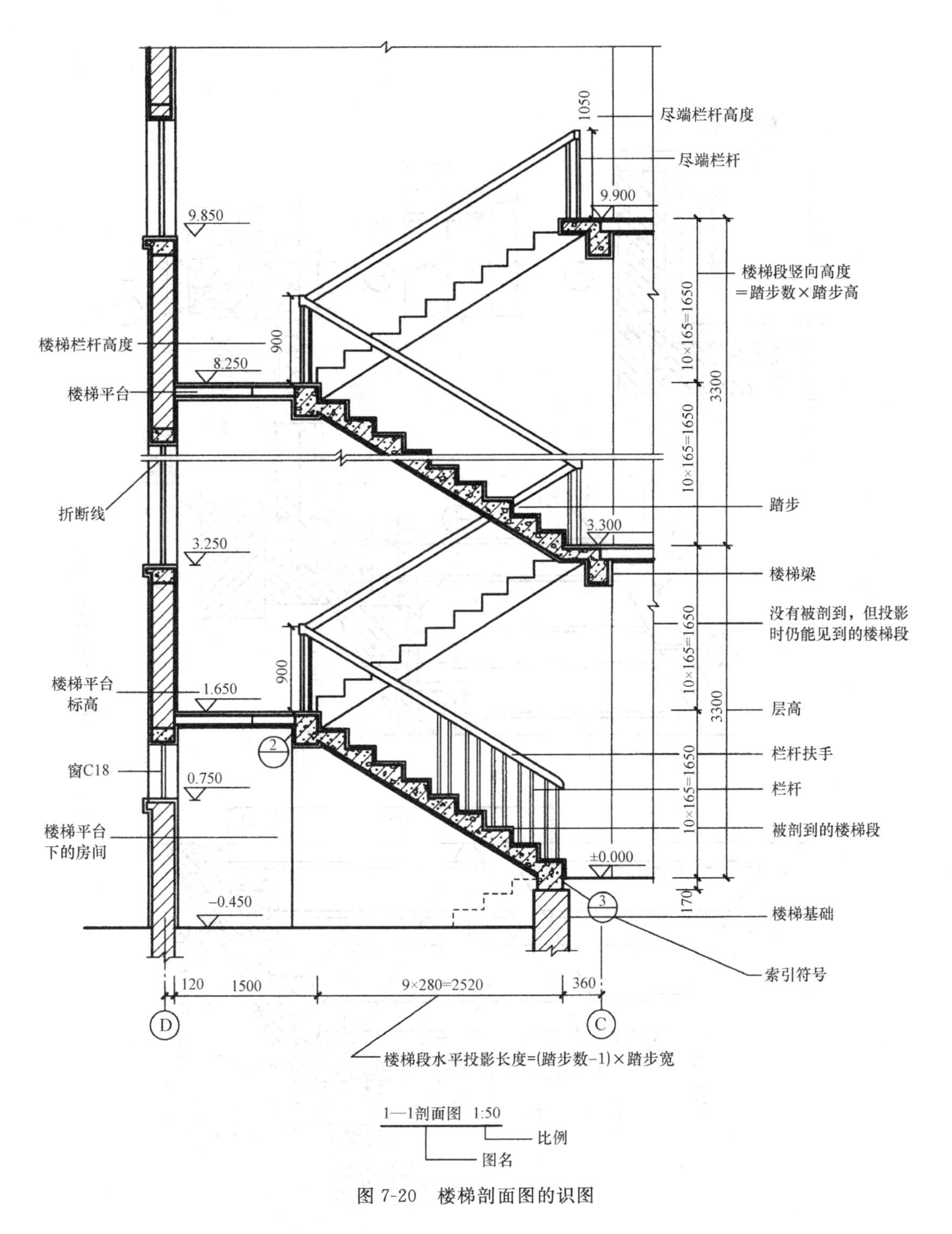

图 7-20 楼梯剖面图的识图

高度位置。根据平台宽度 D 和梯段长度 L，定出梯段的位置。

(2) 确定梯段的起步点，在梯段长度内画出踏步形状。其方法有两种：一种是网格法，一种是辅助线法。网格法：在水平方向等分梯段的踏面数和竖直方向等分梯段的踏步数后，形成网格状，沿网格图线画出踏步形状。辅助线法：作出梯段的第一个踢面，并用

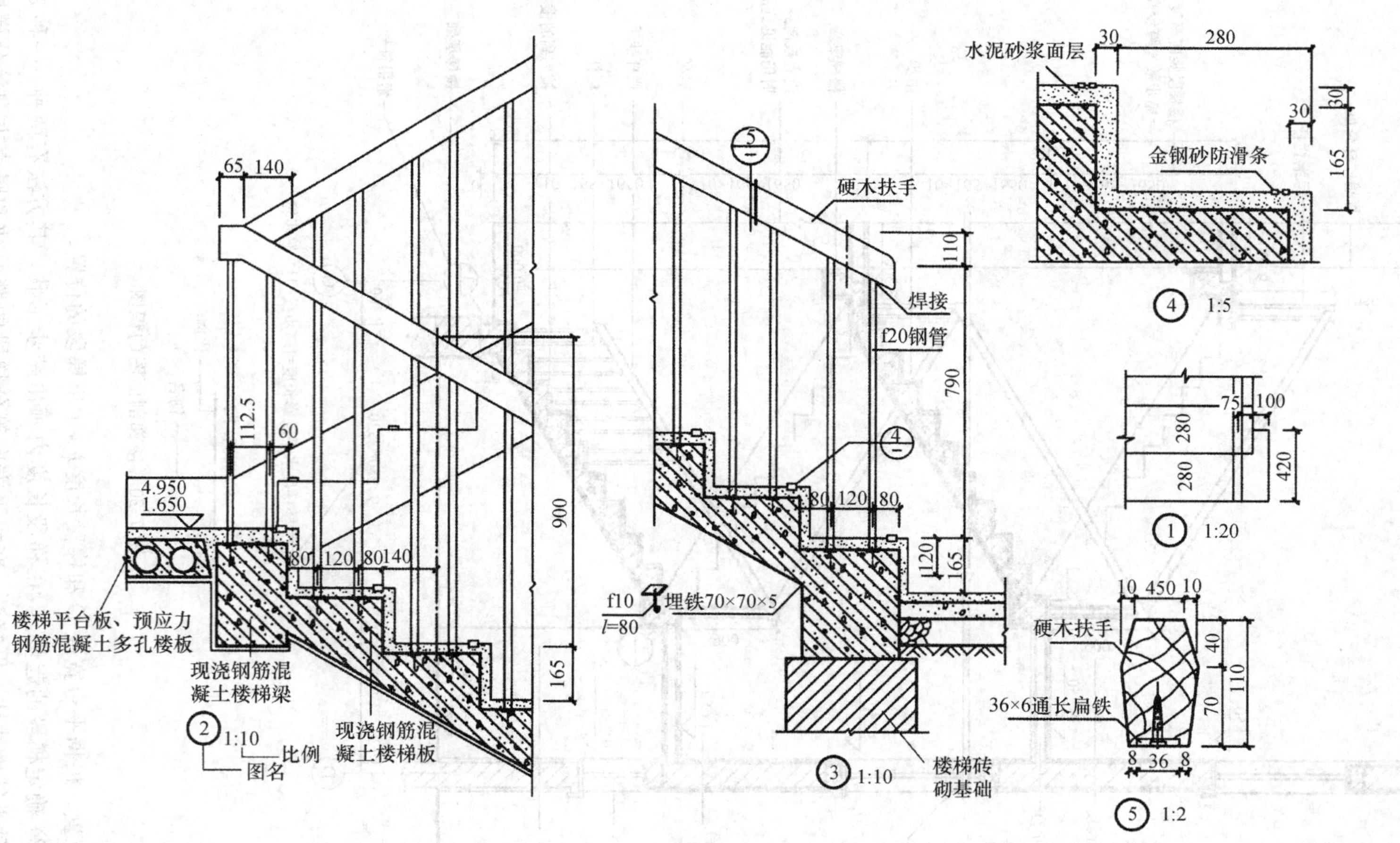

图 7-21　某楼梯节点详图

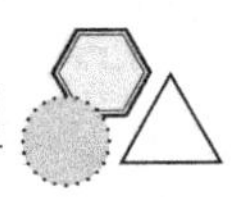

细实线与最后一个踢面(即平台板边线或楼面板边线)相连,然后用踏面数等分所做的辅助线,过辅助线上的等分点向下作垂线和向右(左)作水平线,得到踢面和踏面的投影,形成踏步。

(3) 画楼梯板厚度,栏杆、扶手等轮廓。

(4) 加深图线,画材料图例;标注标高和各部分尺寸;写图名、比例、索引符号、有关说明等,完成楼梯剖面图。

7.6.4　门窗详图

在建筑施工图中,如果采用标准图时,则只需在门窗统计表中注明该详图所在标准图集中的编号,不必另画详图。如果没有标准图时,或采用非标准门窗,则一定要画出门窗详图。

门窗详图是表示门窗的外形、尺寸、开启方式和方向、构造、用料等情况的图纸。门窗详图一般由立面图、节点详图、五金配件、文字说明等组成。

1. 门窗立面图的图示内容

门窗立面图是其外立面的投影图,它主要表明门窗的外形、尺寸、开启方式和方向,节点详图的索引标志等内容。立面图上的开启方向用相交细斜线表示,两斜线的交点即安装门窗扇铰链的一侧,斜线为实线表示外开,虚线表示内开。

(1) 门窗的立面形状、骨架形式和材料。

(2) 门窗的主要尺寸。立面图上通常注有三道外尺寸,最外一道为门窗洞口尺寸,也是建筑平面图、立面图、剖面图上标注的洞口尺寸,中间一道为门窗框的尺寸和灰缝尺寸,最里面一道为门窗扇尺寸。

(3) 门窗的开启形式,是内开、外开还是其他形式。

(4) 门窗节点详图的剖切位置和索引符号。

2. 门窗节点详图的图示内容

门窗节点详图为门窗的局部剖(断)面图,是表明门窗中各构件的断面形状、尺寸以及有关组合等节点的构造图纸。

(1) 节点详图在立面图中的位置。

(2) 门窗框和门窗扇的断面形状、尺寸、材料以及互相的构造关系,门窗框与墙体的相对位置和连接方式,有关的五金零件等。

7.6.5　标准图集

在建筑施工图中,有许多构(配)件和构造做法常采用标准图图集。看图时需要查阅有关的标准图集。

为提高设计和施工的速度及质量,常把各种常见的、多用的建筑物以及它们的构件、配件,按照统一的模数,根据各种不同的标准、规格,设计并绘制出成套的施工图,经有关部门审查批准后,供设计和施工中直接选用。这样的图样叫作标准图或通用图。把它们编号装订成册,即为标准图集。

标准图集有两种，一种是整幢建筑物的标准设计(定型设计)，如住宅、中小学教学楼、单层工业厂房体系等；另一种是目前大量使用的建筑构件标准图和建筑配件标准图。

7.7 建筑施工图的绘制

7.7.1 绘制建筑施工图的目的和要求

通过前面的学习，大家应该已基本掌握了建筑施工图的内容、图示原理及识读方法，但还必须学会绘制施工图，才能把房屋的内容及设计意图正确、清晰、明了地表达出来。同时，通过施工图的绘制，还能进一步认识房屋的构造，提高识读建筑施工图的能力。绘制施工图时，要认真细致，做到投影正确、表达清楚、尺寸齐全、字体工整、图样布置紧凑、图面整洁清晰、符合制图规定。

7.7.2 绘制建筑施工图的步骤及方法

(1) 绘图工具、图纸的准备。绘图工具一般要有圆规、分规和建筑模板。丁字尺和三角板要根据图幅的大小选用。图板一般选用 1# 或 2#。绘图铅笔一般选用 2B、HB、H 和 2H 四种。墨线笔一般选用粗、中、细三种型号的针管笔。图纸型号由绘制的比例及图形复杂程度而定，绘图练习以 2#、3# 图纸为宜。

(2) 熟悉房屋的概况、确定图样比例和数量。根据房屋的外形、层数、每层的平面布置和内部构造的复杂程度，确定图样的比例和数量，做到表达内容既不重复，也不遗漏。图样的数量在满足施工要求的条件下以少为好。另外，对于房屋的细部构造如墙身剖面、门、窗、楼梯等，凡能选用标准图集的可不必另外绘制详图。

(3) 合理布置图面。当平面图、立面图、剖面图画在同一张图纸内时，应使图样保持对应关系，即平面图与正立平面图长对正，平面图与侧立面图宽相等，立面图和剖面图应高平齐。当详图与被索引图样画在同一张图纸内时，应使详图尽量靠近被索引位置，以便读图。如不画在同一张纸上时，它们相互间对应的尺寸应相同。

此外，各图形安排要匀称，图形之间要留有足够的位置注写尺寸、文字及图名。总之，要根据房屋复杂程度的不同来进行合理的安排和布置，使得每张图纸上主次分明，排列均匀紧凑，表达清晰，布置整齐。

(4) 打底稿。为了图纸的准确与整洁，任何图纸都应先用较硬的铅笔(如 H、2H)画出轻淡的底稿线。画底稿的顺序是：平面图→剖面图→立面图→详图。

(5) 检查加深。把底稿全部内容互相对照、反复检查，做到图形、尺寸准确无误后方可加深，正式出图。加深可选用针管墨水笔或较软铅笔(B、2B)，并按国家标准规定的线型加深图线。图线加深的一般顺序与后面所介绍的习惯画法一致。

(6) 注写尺寸、图名、比例和各种符号(剖切符号、索引符号、标高符号等)。

(7) 填写标题栏。

(8) 清洁图面，擦去不必要的作图线和脏痕。

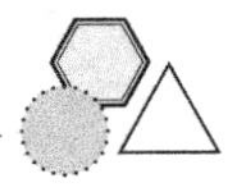

7.7.3　绘图中的习惯画法

(1) 相同方向、相同线型尽可能一次画完，以免三角板、丁字尺来回移动。上墨或描图时，同一粗细的线型一次画完，这样可使线型一致，并能减少换笔次数。

(2) 相等的尺寸尽可能一次量出，如平面图中同样宽度尺寸的门窗洞，立面图中同样高度尺寸的门窗洞、阳台、雨篷等，可以用分规一次量出。

(3) 同一方向的尺寸一次量出。如画平面图时一次性量出纵向尺寸，一次性量出横向尺寸；画剖面图时一次性量出从地坪到檐口的垂直方向尺寸。

(4) 铅笔加深或描图上墨时，一般顺序是：先画上部、后画下部；先画左边、后画右边；先画水平线，后画垂直线或倾斜线；先画曲线，后画直线。

绘图方式没有固定的模式，只要把以上几点有机地结合起来，就会获得满意的效果。

7.7.4　建筑施工图画法举例

现举例说明建筑平面图、剖面图、立面图、详图的画法和步骤。

1. 平面图的画法步骤

(1) 画定位轴线，墙、柱轮廓线[图 7-22(a)]。

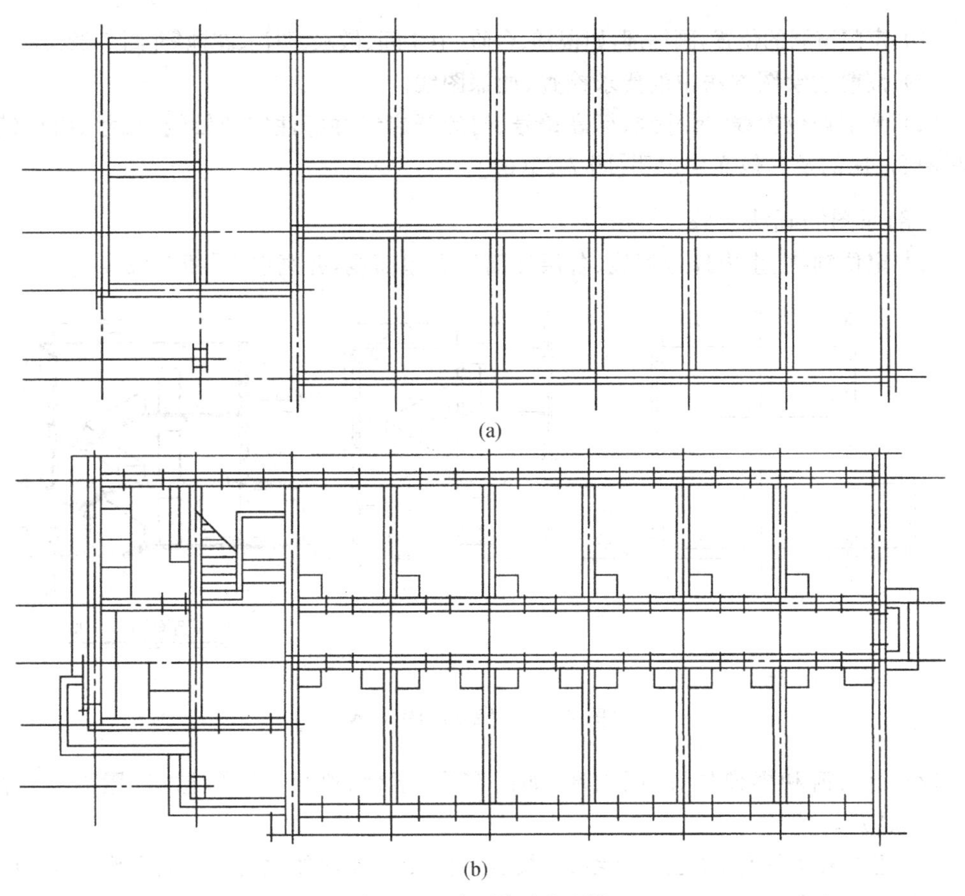

(a)

(b)

图 7-22　平面图画法步骤

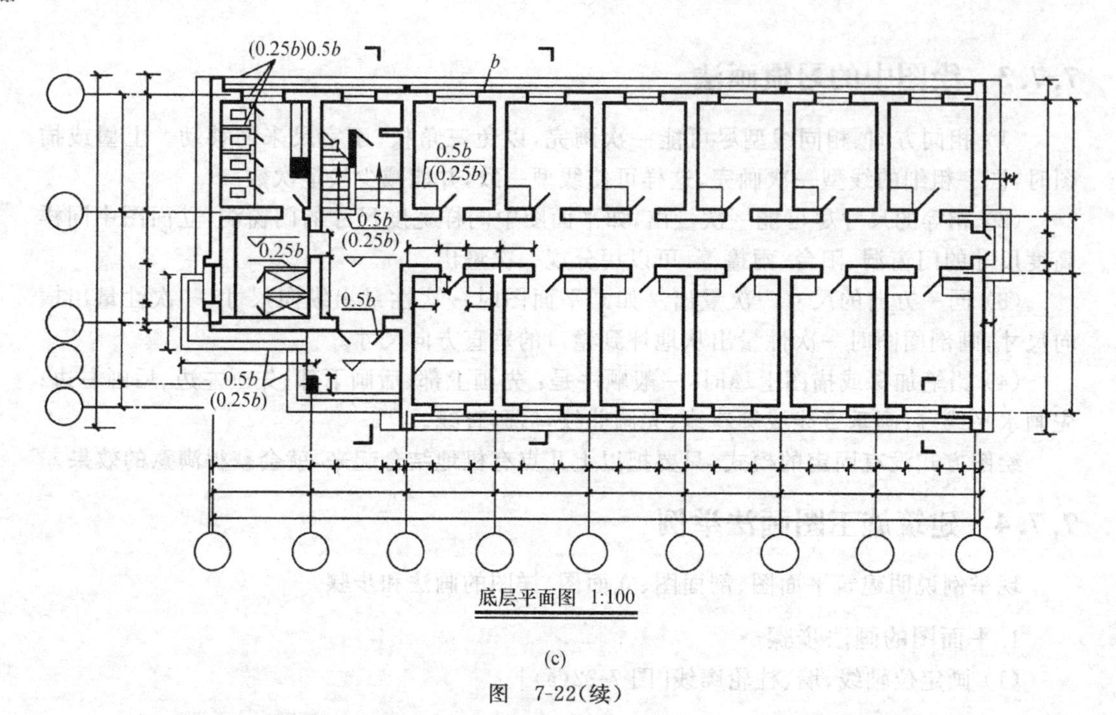

(c)

图 7-22(续)

(2) 定门窗洞的位置,画细部,如楼梯、台阶、卫生间、散水、明沟、花池等[图 7-22(b)]。

(3) 按前述绘图方法中的要求检查、加深图线。

(4) 画剖切位置线、尺寸线、标高符号、门的开启线并标注定位轴线、尺寸、门窗编号,注写图名、比例及其他文字说明[图 7-22(c)]。

2. 剖面图的画法步骤

(1) 定位轴线、室内外地坪线、各层楼面线和屋面线,并画墙身[图 7-23(a)]。

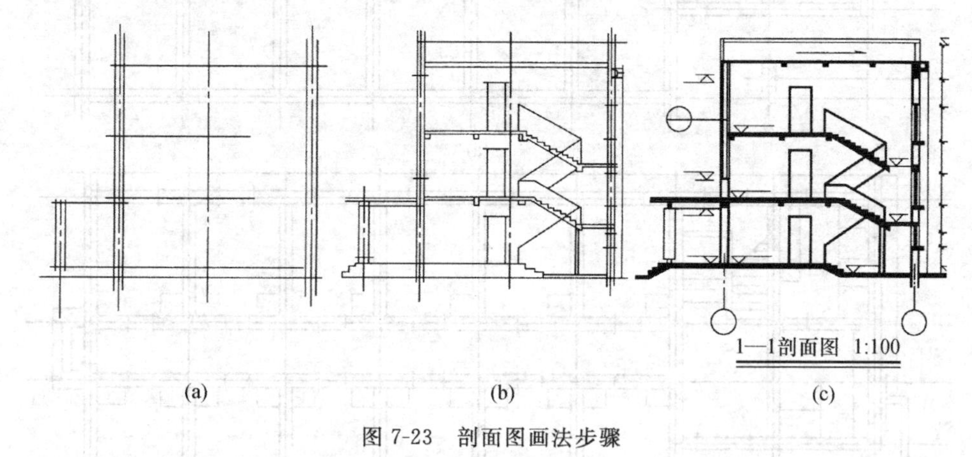

(a)　　(b)　　(c)

图 7-23　剖面图画法步骤

(2) 定门窗和楼梯位置,画细部,如门窗洞、楼梯、梁板、雨篷、檐口、屋面和台阶等[图 7-23(b)]。

(3) 经检查无误后,擦去多余线条,按施工图要求加深图线,画材料图例,注高、尺寸、图名、比例及有关的文字说明[图 7-23(c)]。

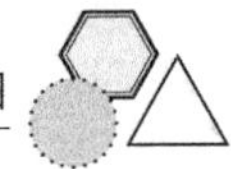

3. 立面图的画法步骤

(1) 从平面图中引出立面的长度,从剖面图高平齐对应画出立面的高度及各部位的位置。

(2) 画室外地坪线、屋面线和外墙轮廓线[图 7-24(a)]。

(3) 定门窗位置,画细部,如檐口、门窗洞、窗台、阳台、花池、栏杆、台阶水管等[图 7-24(b)]。

(4) 检查后加深图线,画出少量门窗扇及装饰、墙面分格线、定位轴线,并注高、图名、比例及有关文字说明[图 7-24(c)]。

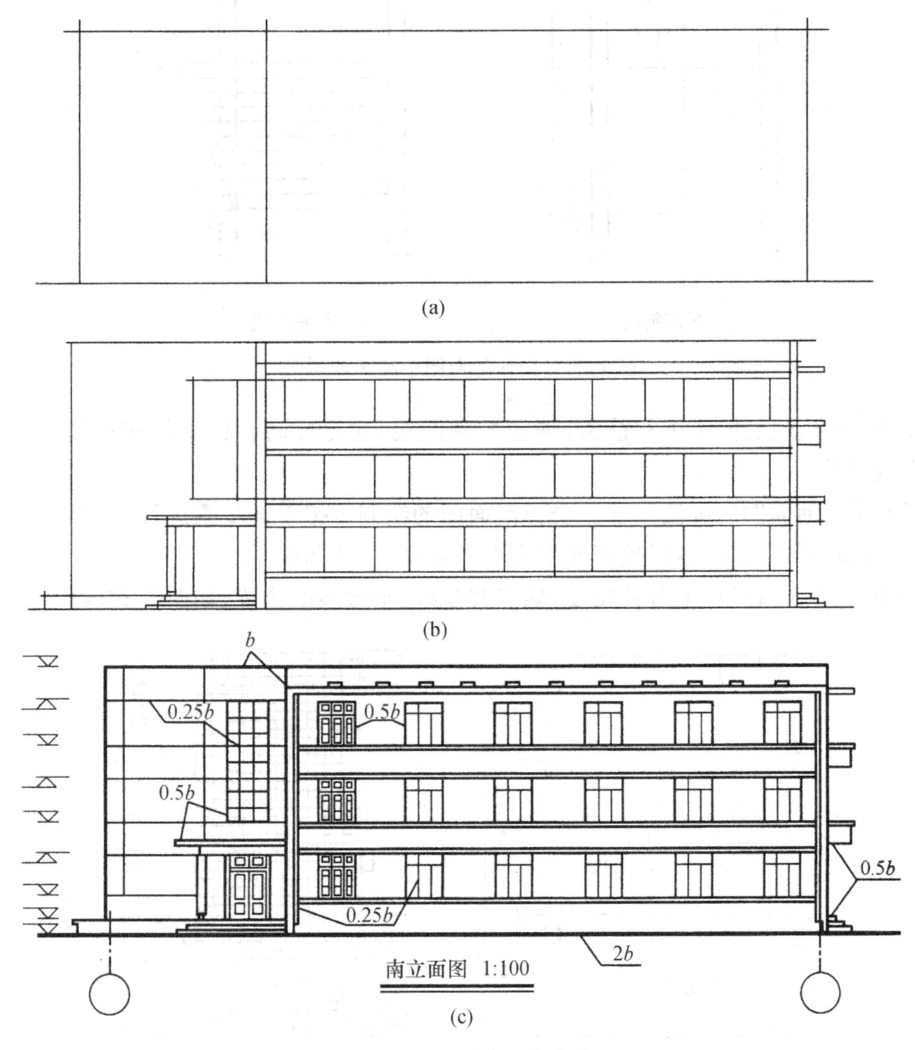

图 7-24　立面图画法步骤

4. 楼梯详图的画法步骤

(1) 楼梯平面图的画法步骤。在绘制楼梯平面图时踏步的分格常常容易画错,或画不准确。通常,踏步的分格可用等分两平行线间距的方法画出,所画的每分格,表示梯段一级踏面的投影。现结合图 7-25 介绍楼梯顶层平面图的画法。

① 根据楼梯的进深、开间和墙后尺寸画出楼梯间平面图。

② 根据楼梯平台的宽度定出平台线，自平台线起量出梯段水平投影长度，定起步线，如图 7-25(a)所示。本例中梯段踏步数为 11，踏步宽 280mm，则平台梯段另一端起步线的水平距离为(11－1)×280＝2800(mm)。

③ 采用两平行线间距任意等分的方法作出平台线和起步线之间的踏步等分点，然后分别作踏步平行线，如图 7-25(b)所示。

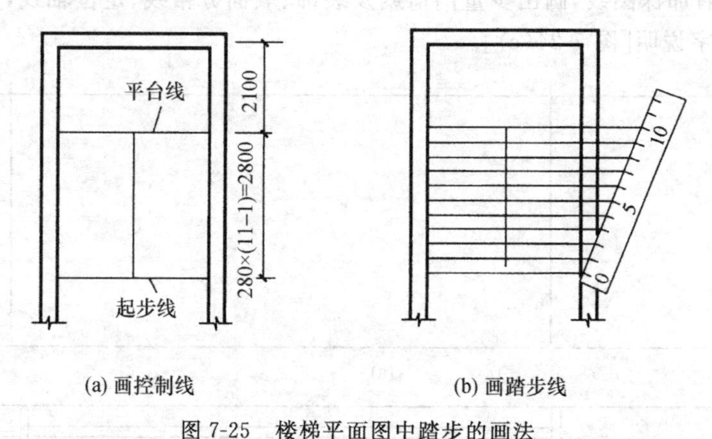

图 7-25 楼梯平面图中踏步的画法

④ 画栏板或栏杆、上下行箭头，加深各种图线，注写标高、尺寸、剖切符号、图名比例及文字说明等。

(2) 楼梯剖面图的画法步骤。楼梯剖面图的绘制可按下面步骤进行。

① 画轴线，定地面、各层楼面和平台面的高度线(控制线)。

② 定出楼面、梯段、平台的宽度，确定起步线、平台线的位置，如图 7-26(a)。

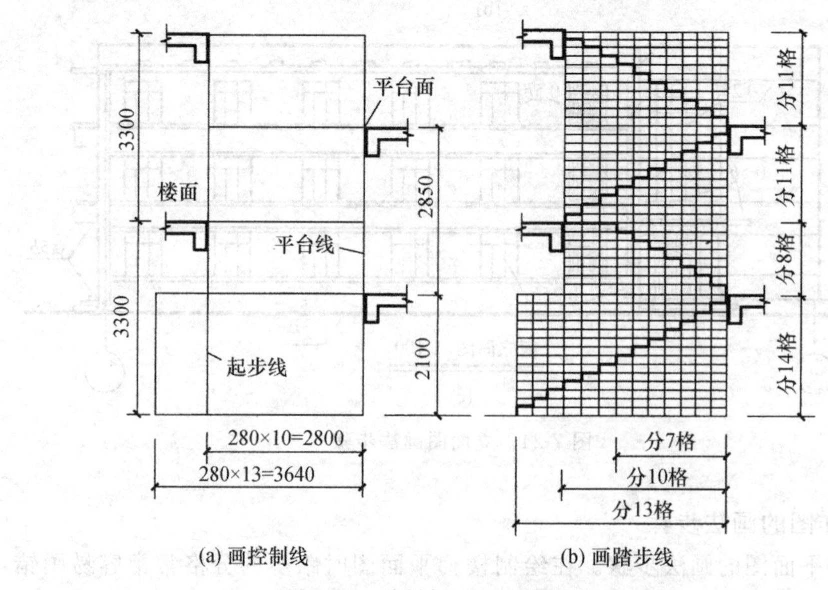

图 7-26 楼梯剖面图中踏步的画法

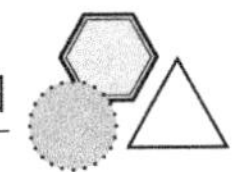

③ 根据踏步的高和宽以及踏步数进行分格，竖向分格数等于踏步数，横向分格数为踏步数减 1，画出踏步轮廓线，如图 7-26(b)所示。

④ 画墙身轮廓线及细部，如栏杆或栏板、扶手、梁板、门窗等。

⑤ 检查后加深图线，在剖切到的轮廓内画上材料图例，注写标高和尺寸，完成全图。

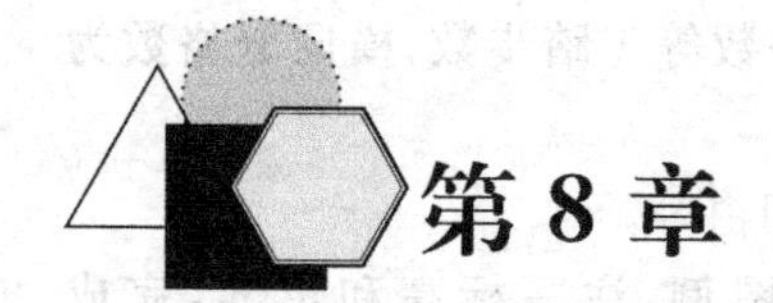

第8章

结构施工图

8.1 概　　述

建筑物的外部造型千姿百态，无论其造型如何，都需要靠承重部件组成的骨架体系将其支撑起来，这种承重骨架体系称为建筑结构，组成建筑结构的各个部件称为结构构件，如板、梁、柱、屋架、基础等。

结构施工图是在建筑设计的基础上，对房屋各承重构件的布置、形状、大小、材料、构造及其相互关系等进行设计而画出来的图样。主要用来作为施工放线、开挖基槽、支模板、绑扎钢筋、设置预埋件、浇捣混凝土和安装梁、板、柱等构件及编制预算和施工组织计划等的依据。

8.1.1 结构施工图的分类及内容

1. 结构设计说明

结构设计说明以文字叙述为主，主要说明设计的依据，如地基情况、风雪荷载、抗震情况，选用材料的类型、规格、强度等级，施工要求，选用标准图集等。

2. 结构布置图及钢筋图

结构布置图是房屋承重结构的整体布置图，主要表示结构构件的位置、数量、型号及相互关系。常用的结构平面布置图有基础平面图、楼层结构布置平面图、屋面结构布置平面图等。

因我国目前混凝土结构施工图设计方法的改革，推出了国家标准图集《混凝土结构施工图平面整体表示方法制图规则和构造详图》，其表达形式是把结构构件的尺寸和配筋等，按照施工顺序和平面整体表示法制图规则，整体地直接表达在各类构件的结构平面布置图上，再与标准构造详图相配合，即构成一套新型完整的结构施工图。对一般的房屋常将结构布置图和配筋图合二为一，分为柱平面配筋图、楼面板配筋图、屋面板配筋图、楼面梁配筋图、屋面梁配筋图。如梁较多，则分楼（屋）面水平梁配筋图和楼（屋）面垂直梁配筋图。它改变了传统的将构件从结构平面图中索引出来，再逐个绘制配筋详图的烦琐方法，从而使结构设计更加方便，表达更加全面、准确，易随机修正，大大地简化了绘图过程。

《混凝土结构施工图平面整体表示方法制图规则和构造详图》图集包括两大部分内容：平面整体表示方法制图规则和标准构造详图。

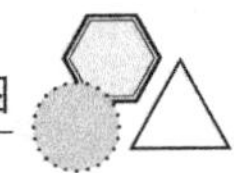

3. 构件详图

构件详图是表示单个构件形状、尺寸、材料、构造及工艺的图样。其包括：梁、柱、板及基础结构详图，楼梯结构详图，屋架结构详图，其他详图，如天沟、雨篷等。

8.1.2　施工图中的有关规定

由于房屋结构中的构件繁多，布置复杂，为了图示简明，方便识图，国家《建筑结构制图标准》(GB/T 50105—2001）对结构施工图的绘制进行了明确的规定。

（1）常用构件代号用各构件名称的汉语拼音的第一个字母表示，详见表 8-1。

表 8-1　常用构件代号

序号	名　　称	代号	序号	名　　称	代号	序号	名　　称	代号
1	板	B	19	圈梁	QL	37	承台	CT
2	屋面板	WB	20	过梁	GL	38	设备基础	SJ
3	空心板	KB	21	连系梁	LL	39	桩	ZH
4	槽形板	CB	22	基础梁	JL	40	挡土墙	DQ
5	折板	ZB	23	楼梯梁	TL	41	地沟	DG
6	密肋板	MB	24	框架梁	KL	42	柱间支撑	ZC
7	楼梯板	TB	25	框支梁	KZL	43	垂直支撑	CC
8	盖板或沟盖板	GB	26	屋面框架梁	WKL	44	水平支撑	SC
9	挡雨板或檐口板	YB	27	檩条	LT	45	梯	T
10	吊车安全走道板	DB	28	屋架	WJ	46	雨篷	YP
11	墙板	QB	29	托架	TJ	47	阳台	YT
12	天沟板	TGB	30	天窗架	CJ	48	梁垫	LD
13	梁	L	31	框架	KJ	49	预埋件	M
14	屋面梁	WL	32	刚架	GJ	50	天窗端壁	TD
15	吊车梁	DL	33	支架	ZJ	51	钢筋网	W
16	单轨吊车梁	DDL	34	柱	Z	52	钢筋骨架	G
17	轨道连接梁	DGL	35	框架柱	KZ	53	基础	J
18	车挡	CD	36	构造柱	GZ	54	暗柱	AZ

注：

（1）预制钢筋混凝土构件、现浇钢筋混凝土构件、钢构件和木构件，一般可直接采用本表中的构件代号。在绘图中需要区别上述构件的材料种类时，可在构件代号前加注材料代号，并在图纸中加以说明。

（2）预应力钢筋混凝土构件的代号，应在构件代号前加注“Y-”，如图中 Y-DL 表示预应力钢筋混凝土吊车梁。

（2）结构图上的轴线及编号应与建筑施工图一致。

（3）结构图上的尺寸标注应与建筑施工图相符合，需要注意的是结构图所注尺寸是结构的实际尺寸，即不包括表层粉刷或面层的厚度。

(4) 结构图应用正投影法绘制。

8.1.3 钢筋混凝土结构图的图示方法

钢筋混凝土构件只能看见其外形,内部的钢筋是不可见的。为了清楚地表明构件内部的钢筋,可假设混凝土为透明体,使包含在混凝土中的钢筋成为“可见”,这种能显示混凝土内部钢筋配置的投影图称为配筋图。配筋图包括平面图、立面图、断面图等,它们主要表示构件内部的钢筋配置、形状、数量和规格,是钢筋混凝土构件图的主要图样。必要时,还可把构件中的各种钢筋抽出来绘制钢筋详图并列出钢筋表。

对于形状较复杂的构件,或设有预埋件的构件,还需绘制模板图(表达构件形状、尺寸及预埋件位置的投影图)和预埋件详图,以便于模板的制作、安装及预埋件的布置。

8.2 钢筋混凝土构件详图

8.2.1 钢筋混凝土结构简介

1. 构件受力状况

钢筋混凝土构件是由钢筋和混凝土两种材料组合而成的。混凝土的抗压强度高,而抗拉强度却比抗压强度低得多,仅为抗压强度的 1/20～1/10,故容易因受拉而断裂导致破坏,如图 8-1(a)所示。钢筋具有良好的抗拉强度,且与混凝土有良好的黏结力,其热膨胀系数与混凝土接近。在混凝土中配置一定数量的钢筋,使之与混凝土结合成一个整体,即钢筋混凝土,两者协同作用,共同承担外力,如图 8-1(b)所示。

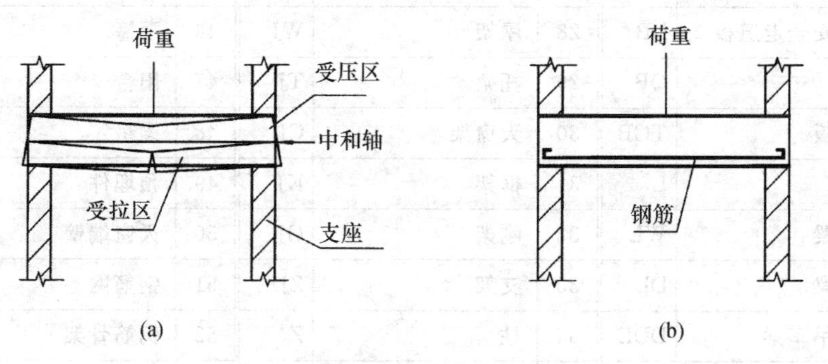

图 8-1 钢筋混凝土梁受力示意图

2. 钢筋的作用和分类

钢筋混凝土构件中的钢筋,有的是因为受力需要而配置,有的则是因为构造需要而配置,这些钢筋的形状和作用各不相同,一般分为以下几种。

(1) 受力钢筋(主筋)。在构件中以承受拉应力和压应力为主的钢筋称为受力钢筋。受力筋用于梁、板、柱等各种钢筋混凝土构件中,分为直筋和弯起筋;还可分为正筋和负筋两种。

(2) 箍筋。承受一部分斜拉应力(剪应力),并为固定受力筋、架立筋的位置所设的钢

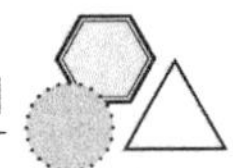

筋称为箍筋,箍筋一般用于梁和柱中。

(3) 架立钢筋。架立钢筋又称架立筋,用以固定梁内钢筋的位置,把纵向的受力钢筋和箍筋绑扎成骨架。

(4) 分布钢筋。分布钢筋简称分布筋,用于各种板内。分布筋与板的受力钢筋垂直设置,其作用是将承受的荷载均匀地传递给受力筋,并固定受力筋的位置以及抵抗热胀冷缩所引起的温度变形。

(5) 其他钢筋。除以上常用的四种类型的钢筋外,还会因构造要求或者施工安装需要而配置构造钢筋。如腰筋,用于高断面的梁中;预埋锚固筋,用于钢筋混凝土柱上与墙砌在一起,起拉结作用,又称拉接筋;吊环,在吊装预制构件时使用。

各种钢筋的形式及在梁、板、柱中的位置及形状如图 8-2 所示。

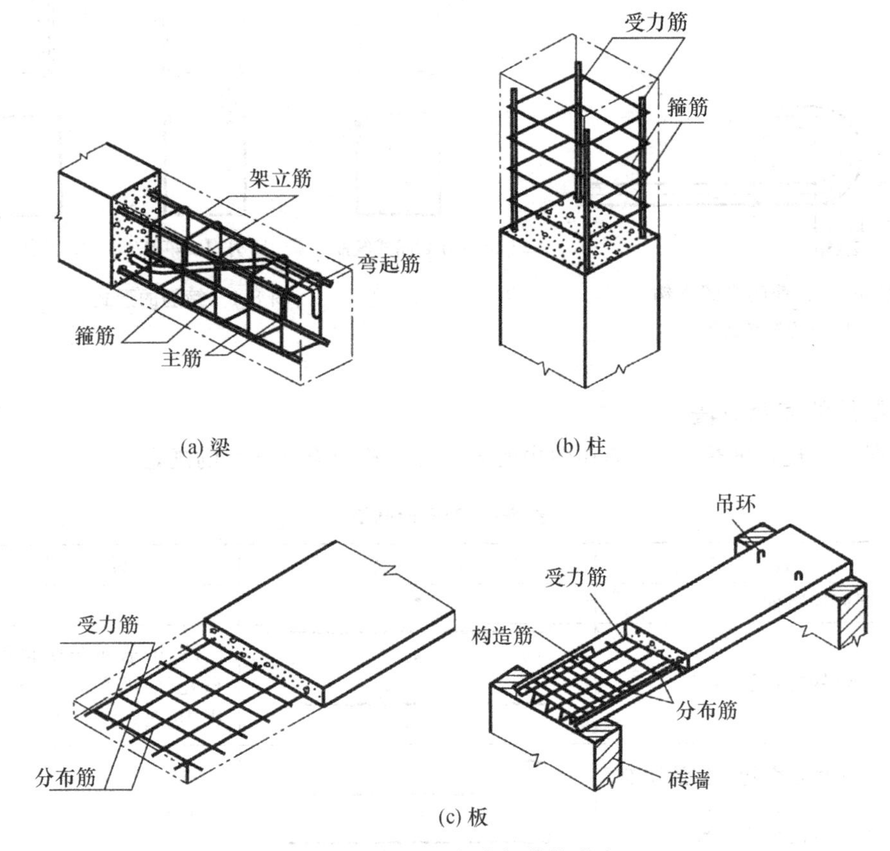

图 8-2　梁、柱及板中钢筋的形式

3. 钢筋的保护层

为了使钢筋在构件中不被锈蚀,加强钢筋与混凝土的黏结力,在各种构件中的受力筋外面,必须要有一定厚度的混凝土,这层混凝土就称为保护层。保护层的厚度因构件不同而不同,一般情况下,梁和柱的保护层厚度为 25mm,板的保护层厚度为 10～15mm,剪力墙的保护层厚度为 15mm。

4. 钢筋的弯钩

螺纹钢与混凝土黏结良好,末端不需要做弯钩。光圆钢筋两端需要做半圆弯钩,以加强混凝土与钢筋的黏结力,避免钢筋在受拉区滑动。

(1) 标准的半圆弯钩。弯钩的大小由钢筋直径而定,一个弯钩需增加长度为 6.25d。如图 8-3 所示。例如,直径为 20mm 的钢筋弯钩长度为 $6.25 \times 20 = 125$(mm),一般取 130mm。

(2) 箍筋弯钩。根据箍筋在构件中的作用不同,箍筋分为封闭式、开口式和抗扭式三种,如图 8-4 所示。封闭式和开口式箍筋弯钩的平直部分长度同半圆弯钩一样。抗扭式箍筋弯钩的平直部分长度按设计确定,有抗震设计要求的箍筋也采用抗扭箍筋。

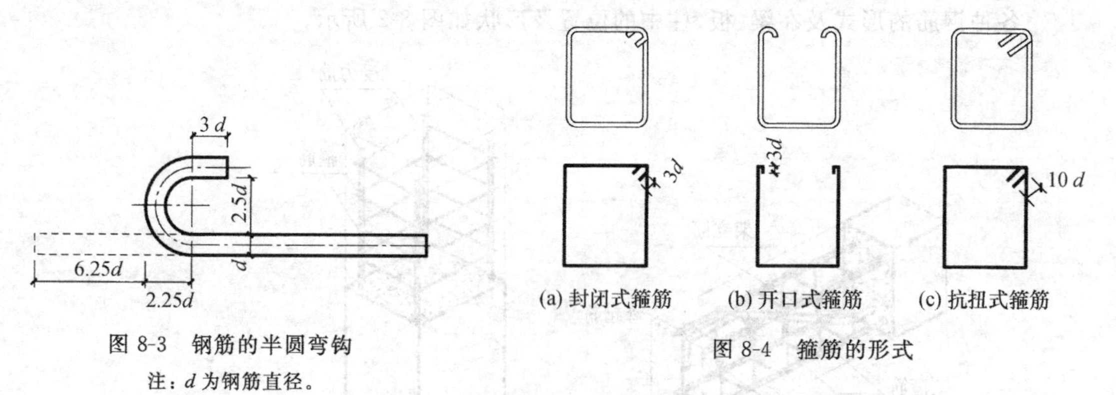

(a) 封闭式箍筋　(b) 开口式箍筋　(c) 抗扭式箍筋

图 8-3　钢筋的半圆弯钩

注:d 为钢筋直径。

图 8-4　箍筋的形式

5. 钢筋的表示方法

根据现行规范的规定,钢筋在图中的表示方法应符合表 8-2 的规定。

表 8-2　钢筋的画法

序号	名　称	图　例	说　明
1	钢筋横断面		
2	无弯钩的钢筋端部	 (a) (b)	图(b)表示长短钢筋投影重叠时,可在短钢筋的端部用 45°短画线表示
3	带半圆形弯钩的钢筋端部		
4	带直钩的钢筋端部		
5	带丝扣的钢筋端部		
6	无弯钩的钢筋搭接		
7	带半圆弯钩的钢筋搭接		
8	带直钩的钢筋搭接		
9	套管接头(花篮螺丝)	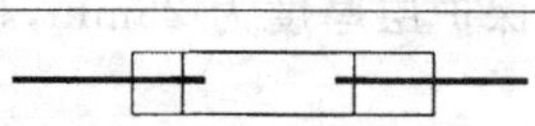	

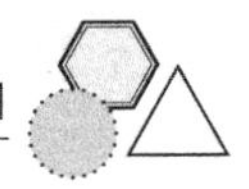

6. 常用钢筋的种类和符号

钢筋可分为普通钢筋和预应力钢筋。热轧钢筋在建筑工程中被大量使用，无论是钢筋混凝土结构中的普通钢筋还是预应力混凝土结构中的非预应力钢筋。

从外观看，钢筋有光圆钢筋和带肋钢筋之分，牌号有 HPB300、HRB335、HRB400 和 HRB500 几种。其中 HPB300 为热轧光圆钢筋，HRB335、HRB400 和 HRB500 为热轧带肋钢筋，其符号和规格见表 8-3。

表 8-3　普通钢筋的符号和规格　　单位：mm

种　　类		符　　号	公称直径 d
热轧钢筋	HPB300	Φ	6～22
	HRB335	Φ	6～50
	HRB400	Φ	6～50
	HRB500	Φ	6～50

预应力构件中常用的预应力钢筋，如钢绞线、钢丝等可查阅有关的资料，此处不再细述。

7. 钢筋和混凝土共同工作机理

混凝土是由水、水泥、黄沙、石子等主要建筑材料按一定比例拌和及硬化而成。混凝土抗压强度高，其强度等级分为 C15、C20、C25、C30、C35、C40、C45、C50、C55、C60、C65、C70、C75、C80 共 14 个级别。数值越大，表示混凝土的抗压强度越高，混凝土的抗拉强度比抗压强度低得多，一般仅为抗压强度的 1/20～1/10 不等。

普通混凝土受弯构件，如梁、板等，多采用 C20～C30；普通混凝土受压构件(如柱、剪力墙等)多采用 C30～C40；预应力混凝土构件多采用 C30～C65；高层建筑底层柱不低于 C50，有的甚至达到 C100 以上。

钢筋和混凝土是两种重要的建筑材料。如前所述，钢筋的抗拉和抗压强度都很高，而混凝土的抗压强度较高而抗拉强度却很弱。为了充分发挥各自材料的性能，把钢筋和混凝土两种材料按照一定的方式结合在一起组成钢筋混凝土结构，钢筋主要承受拉力，混凝土主要承受压力。

钢筋和混凝土是两种物理力学性能很不相同的材料，它们能够有效地结合在一起共同工作的主要原因如下。

(1) 混凝土硬化后，钢筋和混凝土之间存在黏结力，使两者之间能相互传递力和变形。黏结力是使这两种不同性质的材料能够共同工作的基础。

(2) 钢筋和混凝土两种材料的线膨胀系数非常接近，所以当温度变化时，钢筋和混凝土的黏结力不会因两者之间过大的相对变形而被破坏。

8.2.2　钢筋混凝土梁详图

钢筋混凝土构件详图是加工制作钢筋、浇筑混凝土的依据，其内容包括模板图、配筋图和钢筋表。

1. 模板图

梁的模板图主要表示梁的长、宽、高和预埋件的位置及数量。模板图的外轮廓线一般用细线绘制。当梁的外形复杂或预埋件较多时(如单层工业厂房中的吊车梁),一般都要单独画出模板图。对外形简单的构件,一般不必单独绘制模板图,只需在配筋图中把梁的尺寸标注清楚即可。

2. 配筋图

在配筋图中,钢筋用粗实线绘制,并对不同形状、不同规格的钢筋进行编号。钢筋编号应用阿拉伯数字顺次编写并将数字写在圆圈内,圆圈直径为 6mm,用细实线绘制。配筋图主要用来表示梁内部钢筋的布置情况,包括钢筋的形状、规格、级别和数量等,如图 8-5 所示。

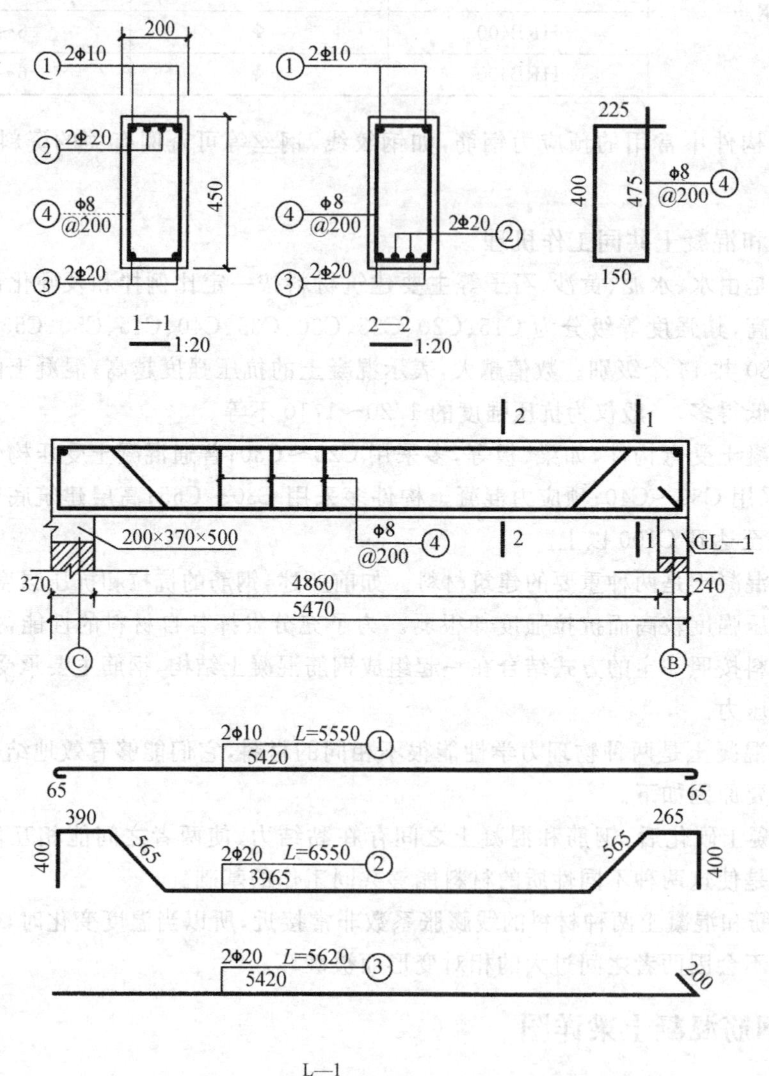

图 8-5　L—1 的详图

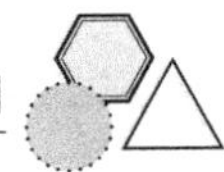

3. 钢筋表

(1) 确定形状和尺寸。在图 8-5 中,主筋保护层厚度为 25mm,L—1 的总长为 5470mm,①号钢筋长度应该是梁长减去两端保护层厚度加弯钩长度,即 5470－50＋65×2＝5550(mm)。

(2) 钢筋的成型。在混凝土构件中,螺纹钢筋端部如果符合锚固要求,可以不做弯钩;若锚固需要做弯钩者,可只做直钩,如图 8-5 中②号钢筋。光圆钢筋端部弯钩为半圆弯钩,如图 8-5 中①号钢筋。

L—1 钢筋见表 8-4。

表 8-4 L—1 钢筋

构件代号	钢筋编号	钢筋简图(mm)	直径(mm)	长度(mm)	根数	总长(m)	重量(kg)
L—1	①	5420; 65; 65	ϕ10	5550	2	11.100	
	②	390; 265; 400; 565; 3965; 565; 400	ϕ20	6550	2	13.100	
	③	5420; 200	ϕ20	5620	2	11.240	
	④	150; 75; 400	ϕ8	1250	28	35.00	

8.2.3 现浇整体式楼盖详图

1. 用途

主要用于现场支模板,绑扎钢筋,浇筑混凝土梁、板等。

2. 基本内容

现浇楼板配筋详图包括平面图、断面图、钢筋表和文字说明四部分,如图 8-6 所示。

(1) 平面图。平面图包括模板图和配筋图。

① 模板图的主要内容。轴线网,与整栋建筑物编排顺序一致;承重墙的布置和尺寸;梁的布置及编号(本图中梁只有一种,可不编号);预留孔洞的位置;板厚、标高及支承在墙上的长度。

这些是施工制作的依据,为了将图看明白,常用折倒断面(图中涂黑部分)表明板的厚度、梁的高度及支承在墙上的长度。

② 配筋图的主要内容。板内不同类型的钢筋都用编号来表示,并注明钢筋在平面图中的定位尺寸(例如④号钢筋注的 700)及钢筋的编号、规格、间距等(例如④号钢筋ϕ6@200)。分布钢筋就是不受力的钢筋,它起固定受力筋、分布荷载和抵抗温度应力的作用,图中可以不画。

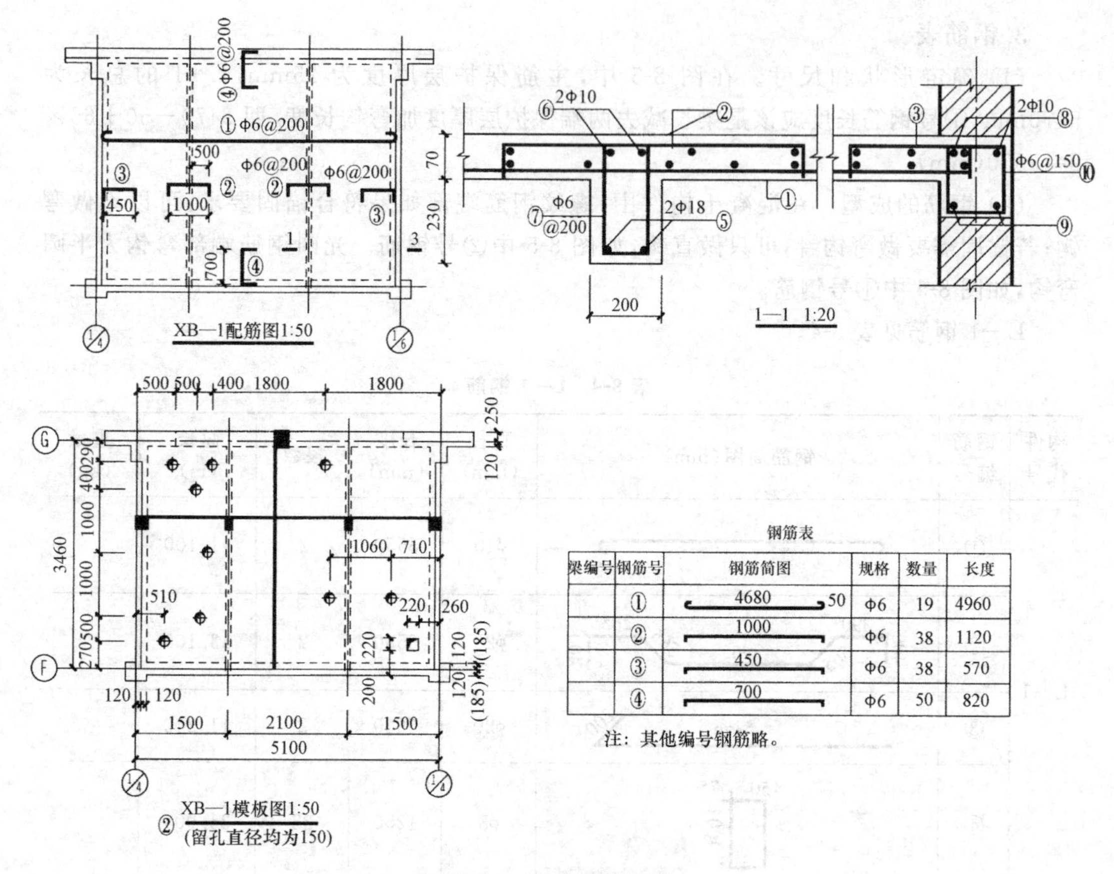

钢筋表

梁编号	钢筋号	钢筋简图	规格	数量	长度
	①	4680 50	Φ6	19	4960
	②	1000	Φ6	38	1120
	③	450	Φ6	38	570
	④	700	Φ6	50	820

注：其他编号钢筋略。

图 8-6　现浇楼盖详图

注：① 图中各构件均为现浇，混凝土为 C25。② 板中分布筋为Φ6@200。

(2) 断面图的主要内容。如图 8-6 中 1—1 断面图(通常说成剖面图)，主要表示楼板与圈梁、梁、砖墙的相互关系，同时表示各种编号钢筋在楼板中的空间位置。

(3) 钢筋表。钢筋表同梁的钢筋表的画法一样。钢筋的长度结合平面图和断面图经过计算而定。

(4) 文字说明。说明材料的强度等级、分布筋的布置方法和施工要求等。

图 8-7 为某办公楼现浇楼板配筋图实例。请在老师的指导下练习识读。

8.2.4　钢筋混凝土柱

钢筋混凝土柱的详图相对于梁、板来说比较简单，主要包括模板图、配筋图、断面图、钢筋表和文字说明等部分。

图 8-8 为钢筋混凝土柱模板图，图 8-9 为钢筋混凝土柱配筋图。

8.2.5　钢筋混凝土楼梯

1. 楼梯的分类

按位置，可分为室内楼梯和室外楼梯两类；按施工方式，可分为现浇楼梯和预制楼梯

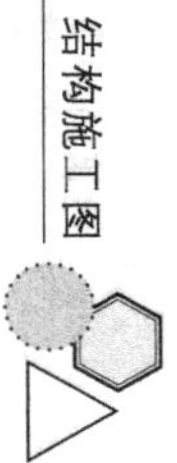

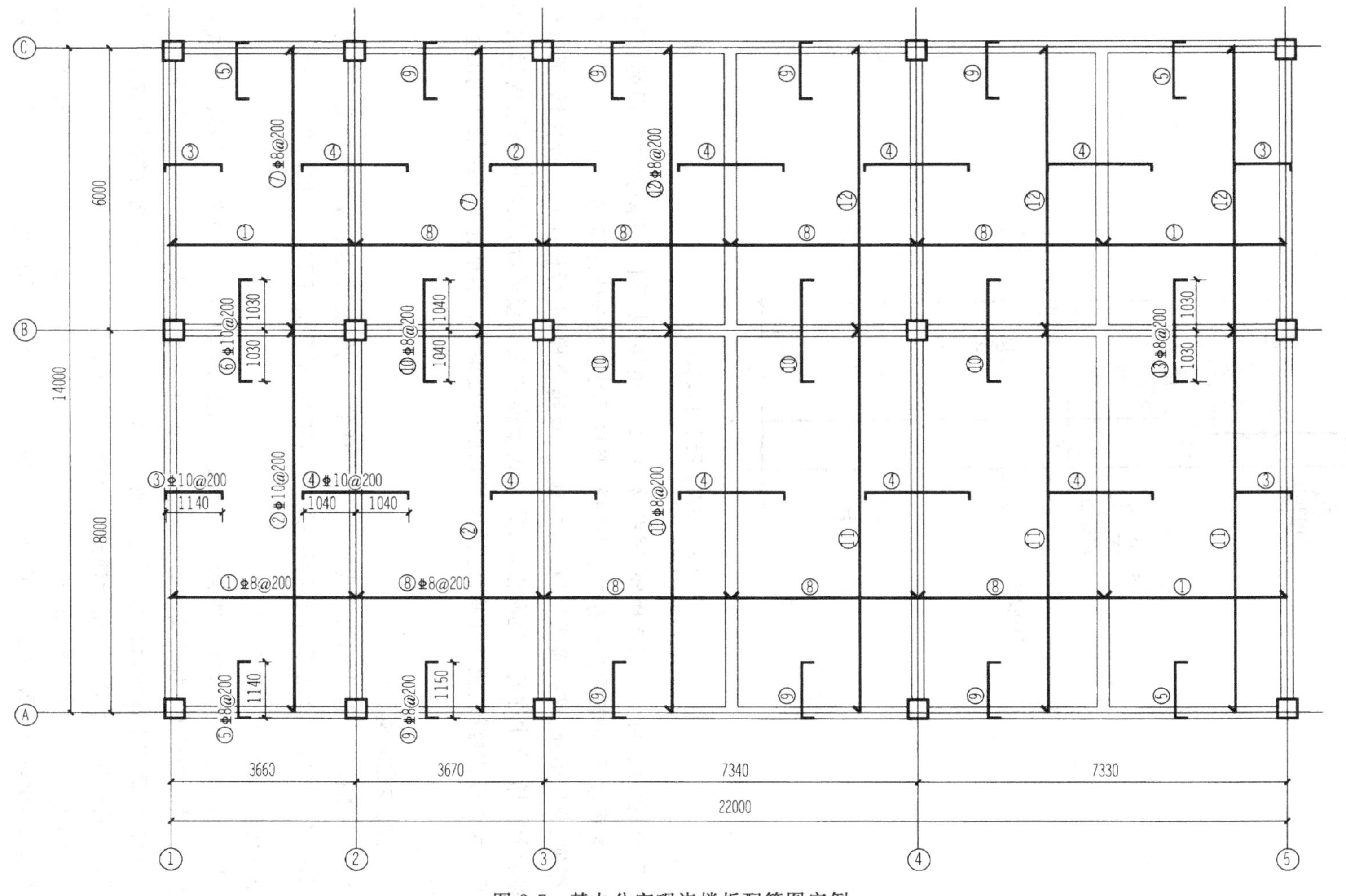

图 8-7　某办公室现浇楼板配筋图实例

注：混凝土强度等级为 C30，板厚为 110mm。

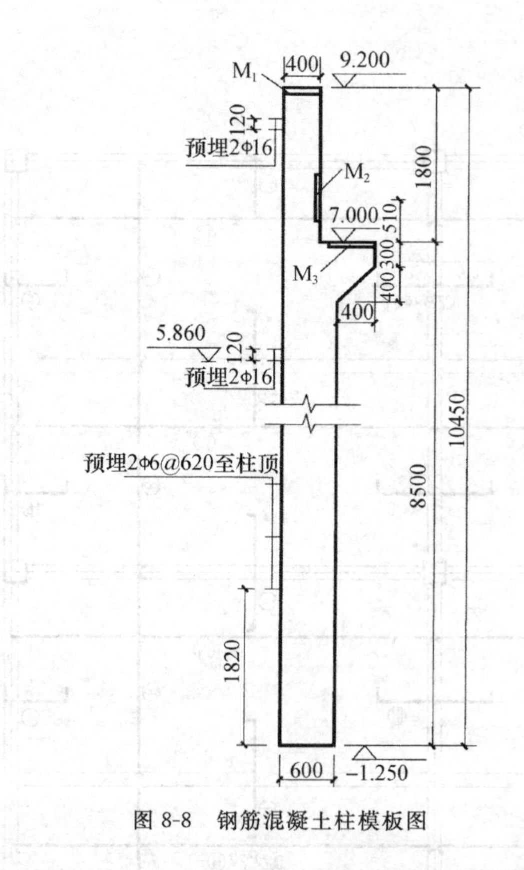

图 8-8　钢筋混凝土柱模板图

两类；按使用性质，可分为主要楼梯、辅助楼梯、安全楼梯（太平梯）和防火楼梯四类；按材料，可分为钢楼梯、钢筋混凝土楼梯、木楼梯、钢与混凝土混合楼梯等；按形式不同，可分为直上楼梯、曲尺楼梯、双折楼梯（又称转弯楼梯、双跑楼梯、平行楼梯）、三折楼梯、弧形楼梯、螺旋形楼梯、有中柱的盘旋形楼梯、剪刀式楼梯和交叉楼梯等；根据梯跑结构形式不同，可分为梁板式楼梯、板式楼梯、悬挑楼梯和旋转楼梯等。本章着重介绍最常用的板式楼梯。

2. 板式楼梯的构件组成

以一个楼梯间所包含的构件为例，一个完整的现浇钢筋混凝土板式楼梯主要有踏步板（TB）、平台梁（PTL）（层间平台梁和楼层平台梁）和平台板（PTB）等，如图 8-10 所示。

3. 梁板式楼梯的构件组成

以一个楼梯间所包含的构件为例，一个完整的现浇钢筋混凝土梁板式楼梯（或梁式楼梯）主要有踏步板（TB）、梯段梁（TL）、平台板（PIB）和平台梁（PTL）等，如图 8-11 所示。

在板式楼梯的设计中，设计人员习惯把平台梁 PTL 标注为 TL，此时的 TL 是指平台梁；而梁板式楼梯设计中，TL 仅指梯段梁，PTL 仅指平台梁。

现浇钢筋混凝土板式楼梯的梯段板在计算时，简化为斜向搁置的简支单向板，计算轴线是倾斜的，所以斜板最小的正截面高度（板厚）是指锯齿形踏步凹角处垂直于计算轴线的最小厚度。为了保证斜板有足够的刚度，一般可取斜板的斜向净跨度的 1/30～1/25。

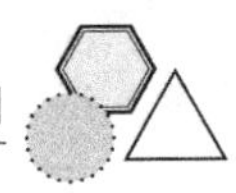

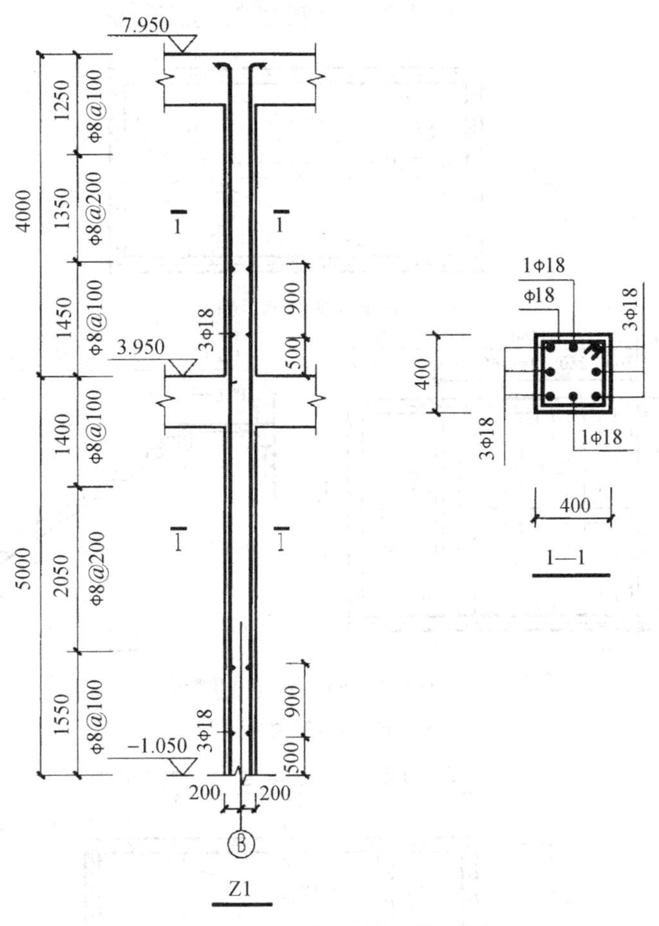

图 8-9　钢筋混凝土柱配筋详图

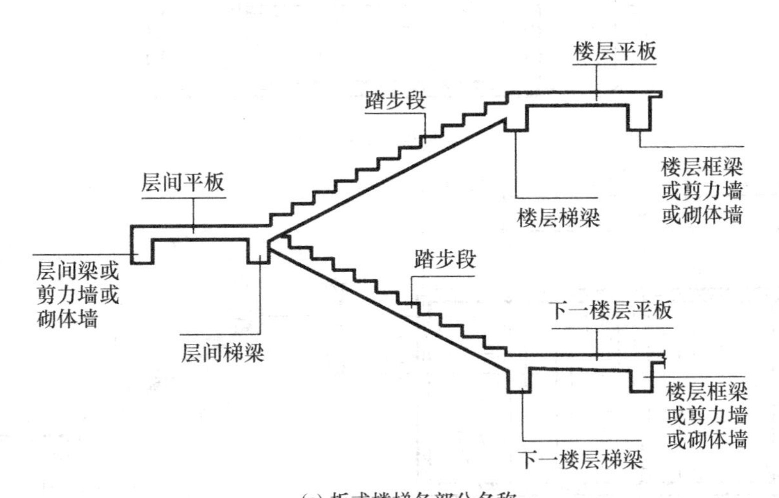

(a) 板式楼梯各部分名称

图 8-10　板式楼梯的构件组成

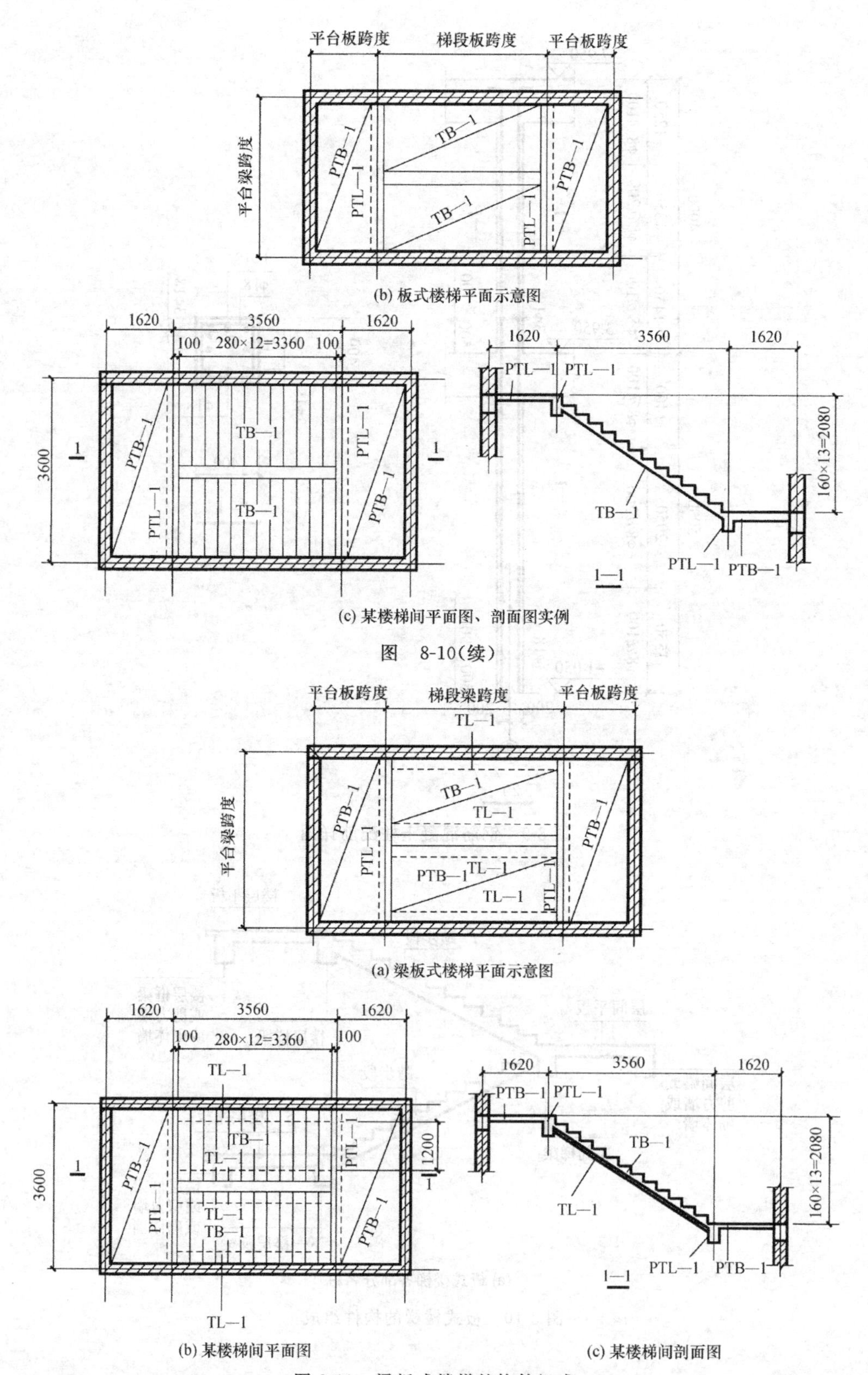

图 8-11　梁板式楼梯的构件组成

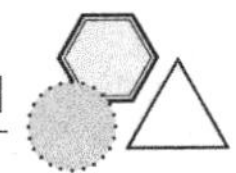

4. 板式楼梯结构施工图的识读

板式楼梯结构施工图包括楼梯结构平面图和楼梯结构剖面图，二者应配合识读。

楼梯结构平面图主要表示楼梯类型、尺寸、结构及梯段在水平投影的位置、编号、休息平台板配筋和标高等。

楼梯结构剖面图主要表示各楼梯段、休息平台板的立面投影位置、标高、楼梯板配筋详图等。

读图举例如下。

图 8-12 和图 8-13 所示为某住宅楼梯结构平面图和剖面图。

(1) 图 8-12 所示为某住宅楼梯结构平面图。可以看出，楼梯位于Ⓒ～Ⓔ与③～④轴线间，从地下室(标高－2.420m)上到第一休息平台(标高－1.070m)共有 9 级踏步，每步宽 300mm；TB1、TB2 分别是踏步板 1、踏步板 2 的编号，从图 8-12(a)中看到 TB1、TB2 的

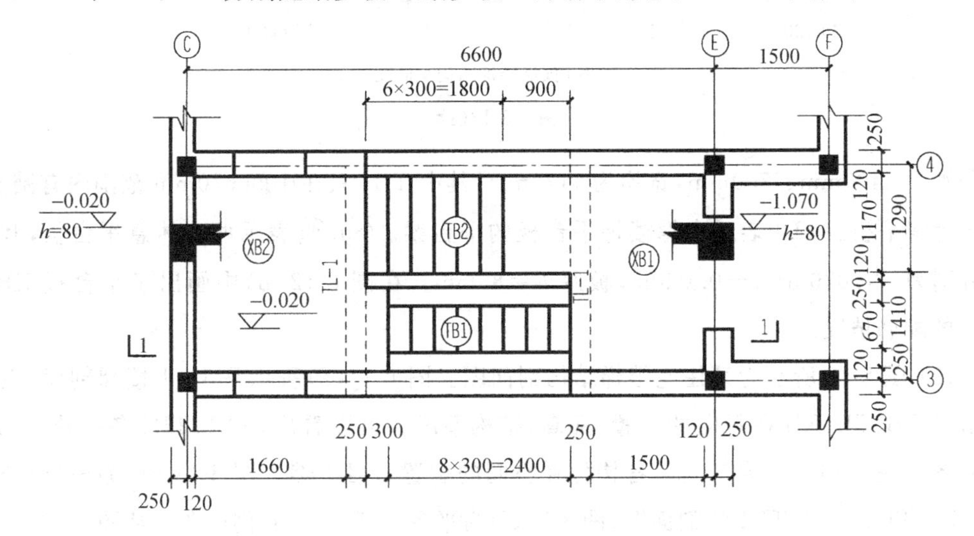

(a) 地下室楼梯结构平面图

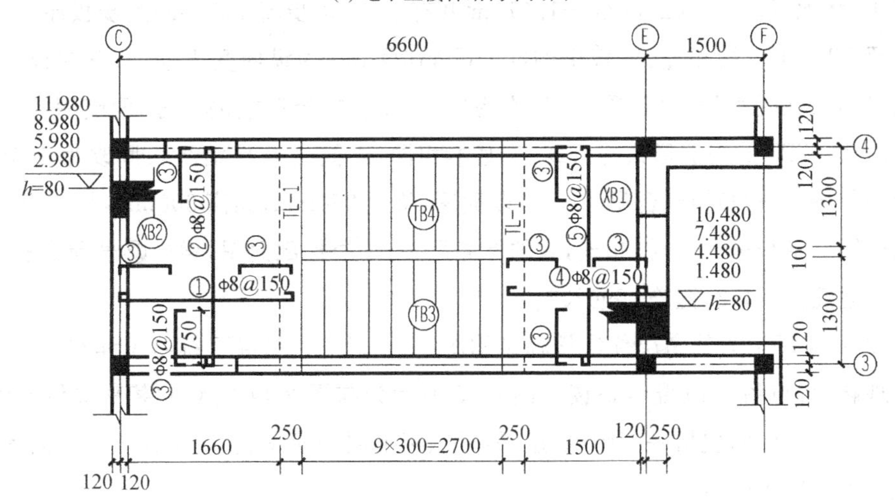

(b) 标准层楼梯结构平面图

图 8-12　某住宅楼梯结构平面图

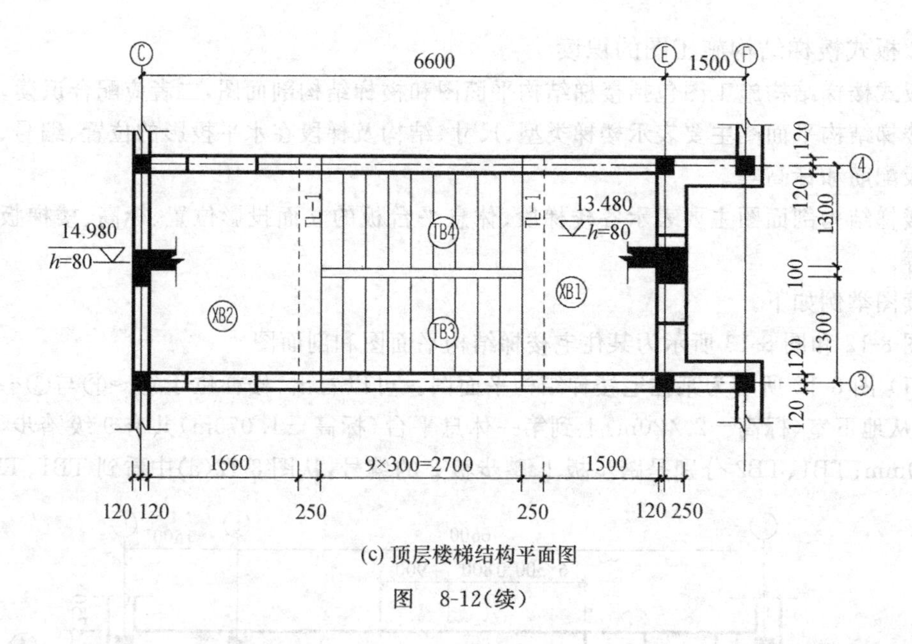

(c) 顶层楼梯结构平面图

图　8-12(续)

长分别为 2400mm、2700mm，宽均为 1170mm，其中 TB1 只在中间 670mm 范围内有踏步，两边为斜平板。TL1 表示支撑楼梯平台板的平台梁。ⓍⒷ①、ⓍⒷ②表示两个休息平台板，其标高分别为－1.070mm、－0.020m，板厚 h＝80mm。在图 8-12(b)中画出了平台板 XB1、XB2 的配筋情况。

(2) 图 8-13 所示为某住宅楼梯结构剖面图。图 8-13(a)所示是 1—1 楼梯剖面，主要表示了 TB、TL、XB 在竖向的位置、标高、结构情况。可以看出，TB1、TB2 各一块，TB3、TB4 各 5 块。TL—1 为 12 根，各构件在空间的位置一目了然。图 8-13 中(b)～(e)分别为 TB1、TB2、TB3、TB4 的剖面图；图 8-13(f)为平台梁 TL—1 的剖面图。从图 8-13(b)可以看出，从地下室－2.420m 到－1.070m 共有 9 步，每步高 150mm；踏步板厚 80mm 并与平台梁 TL—1 直接相连，梯板中的配筋⑥Φ10@130 为纵向受力筋，布置在板底；⑨号分布筋横向布在受力筋上面，⑦、⑧号为构造筋，布置在板两端的上方，两端深入平台梁内。TB2、TB3、TB4 的构造形式与 TB—1 基本相同，不同之处是踏步板厚改为 100mm，TB2 为折板。图 8-13(f)为平台梁 TL—1 断面图，梁宽 250mm，梁高 300mm，长 2940mm，左右两侧分别与踏步板、平台板相连，它的标高见 1—1 楼梯剖面图，梁中㉒号受力筋为 3Φ16，㉓号架立筋为 2Φ12，箍筋Φ6@200。

图 8-14 所示为某高层住宅楼梯结构图，请在老师的指导下练习识读本图。为了能更好地理解，可与图 8-15 配合识读。图 8-15 所示为与图 8-14 配套的某高层住宅楼梯建筑图。楼梯建筑详图包括平面图(底层平面图、标准层平面图、顶层平面图)、剖面图、踏步栏杆及扶手详图等内容。

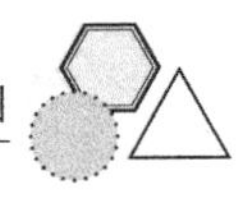

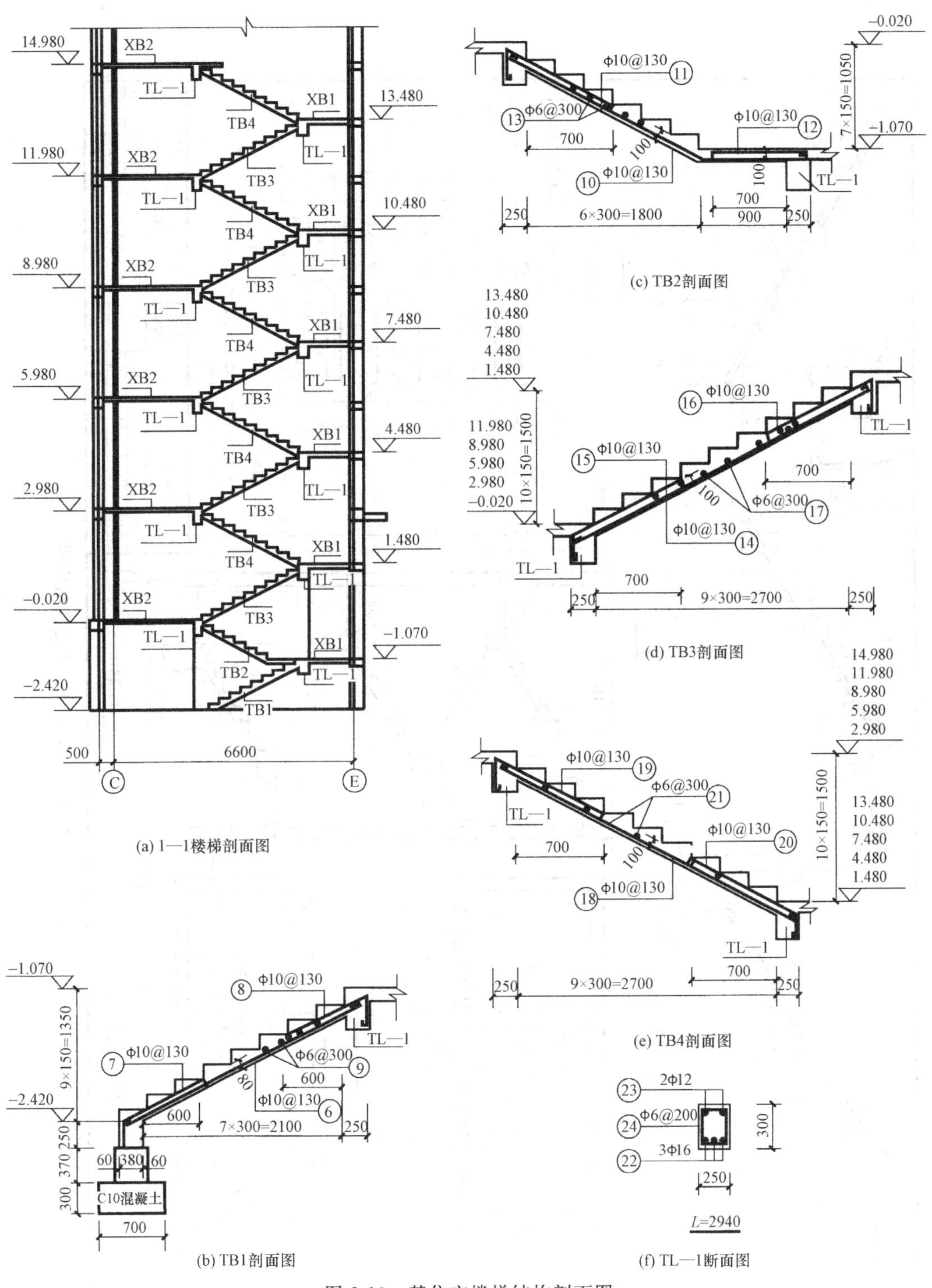

(a) 1—1楼梯剖面图

(b) TB1剖面图

(c) TB2剖面图

(d) TB3剖面图

(e) TB4剖面图

(f) TL—1断面图

图 8-13 某住宅楼梯结构剖面图

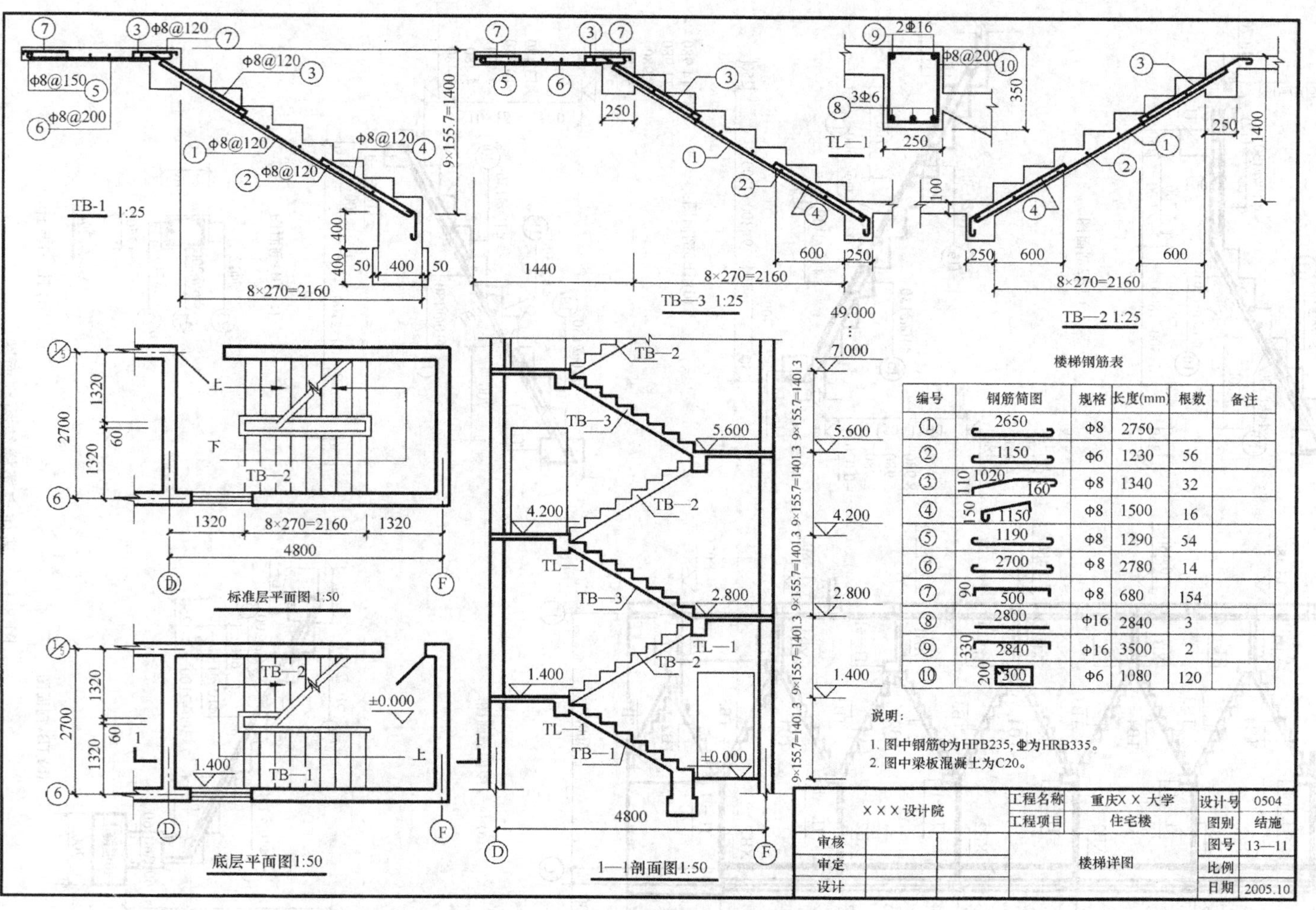

楼梯钢筋表

编号	钢筋简图	规格	长度(mm)	根数	备注
①	2650	Φ8	2750		
②	1150	Φ6	1230	56	
③	110 1020 160	Φ8	1340	32	
④	150 1150	Φ8	1500	16	
⑤	1190	Φ8	1290	54	
⑥	2700	Φ8	2780	14	
⑦	90 500	Φ8	680	154	
⑧	2800	Φ16	2840	3	
⑨	330 2840	Φ16	3500	2	
⑩	200 300	Φ6	1080	120	

图 8-14　某高层住宅楼梯结构图

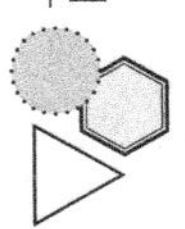

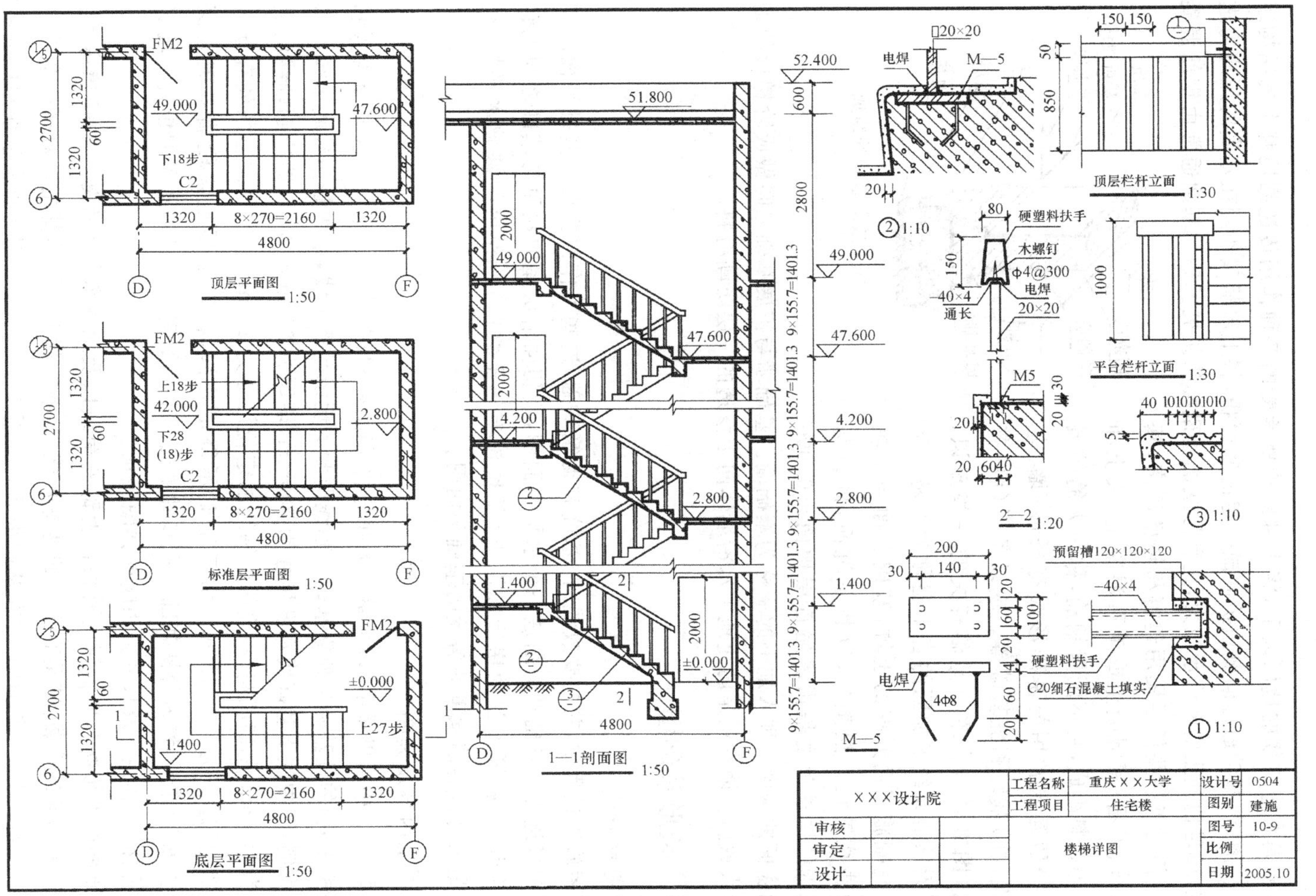

图 8-15　某高层住宅楼梯建筑图

8.3 基 础 图

基础是在建筑物的地面以下,将上部结构所承受的各种作用传递到地基上的结构组成部分。通常,基础通过向侧边扩展成一定的底面积,将上部荷载作用在基底的压应力进行扩散,满足地基土的允许承载力,这种形式的基础称为扩展基础。基础通常由钢筋混凝土组成,但对于一些低层民用建筑和轻型厂房,基础可由砖、毛石、素混凝土或毛石混凝土、灰土和三合土等材料组成,且不配置钢筋,称为无筋扩展基础。一般建筑常用的基础形式有条形(墙)基础、独立(柱)基础和桩基础等。现以条形(墙)基础为例(图 8-16),介绍与基础有关的一些知识。基础下天然的或经过加固的岩土层称为地基。基坑是为基础施工而开挖的土坑,基础底面与土坑面之间往往铺设一层垫层,以找平坑面,砌筑基础。基础的埋置深度是指房屋首层地面±0.000到基础底面的深度。埋入地下的墙称为基础墙。基础墙与扩展基础之间做成阶梯形的砌体称为大放脚。防潮层是防止地下水沿墙体向上渗透的一层防潮材料。

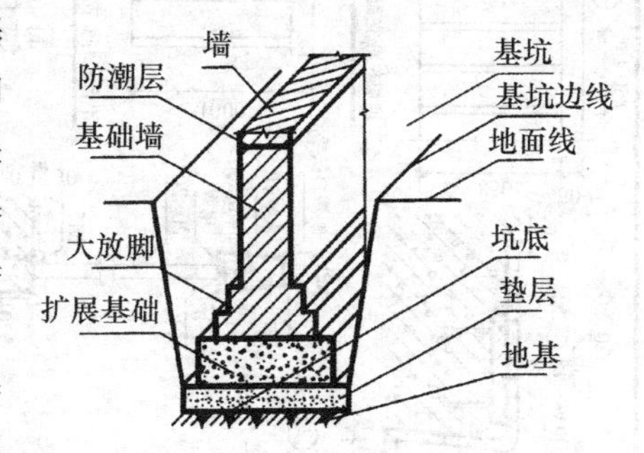

图 8-16 条形基础的组成

8.3.1 条形基础图

1. 图示方法

在房屋施工过程中,首先要放线、挖基坑和砌筑基础,这些工作都要根据基础平面图和基础详图来进行。基础平面图是一个水平剖面图,剖切面沿房屋的地面与基础之间把整幢房屋剖开后,移开上部的房屋和泥土(基坑没有填土之前)所作出的基础水平投影。图 8-17是某幢以砖墙承重的房屋的基础平面图。

2. 图示内容及读图

从图 8-17 中可以看出,该房屋绝大部分的基础属条形基础,只是⑴⒜×②(即轴线1/A和轴线②相交处)的柱基础是独立基础。轴线两侧的粗线是墙边线,细线是基础底边线。以轴线①为例,图中注出基础底宽度尺寸为 900mm,墙厚为 240mm,左、右墙边到轴线的定位尺寸为 120mm,基础底左、右边线到轴线的定位尺寸为 450mm。Ⓔ×①屋角处有管洞通过基础,其标高为－1.450m。由于基础不得留孔洞,构造上要把该段墙基础砌深600mm 并成阶梯形,称为阶梯基础。在基础平面图上用细实线画出各跌级的位置。坑底也挖成阶梯形,其做法及尺寸另用断面详图表示。

基础的断面形状与埋置深度要根据上部的荷载以及地基承载力而定。同一幢房屋,由于各处有不同的荷载,甚至有不同的地基承载力,下面就有不同的基础。对每一个不同的基础,都要画出它的断面图,并在基础平面图上用 1—1、2—2 等剖切符号注明该断面的位置。

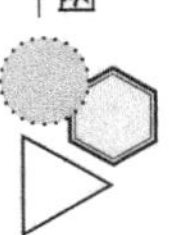

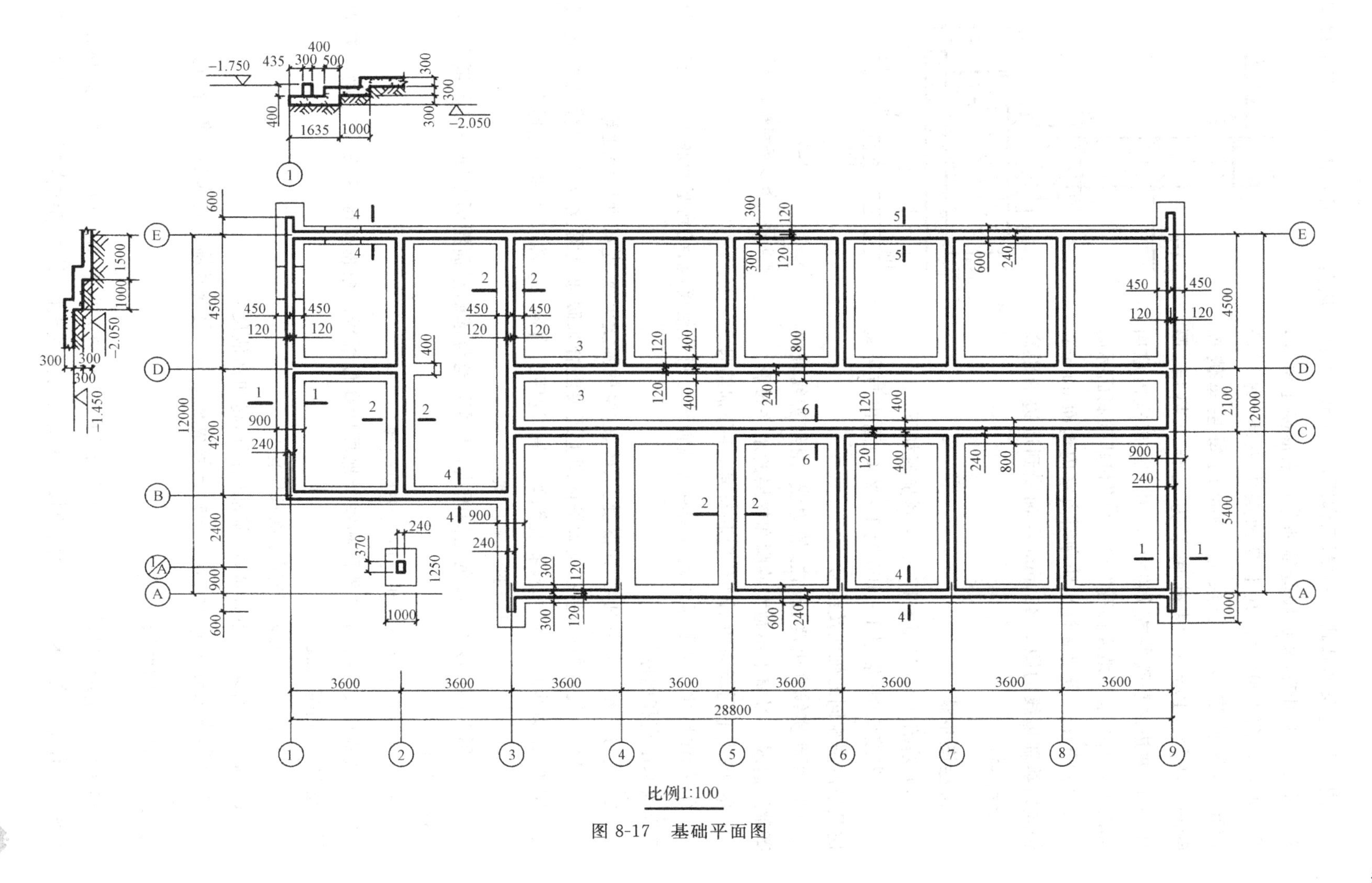

比例1:100

图 8-17　基础平面图

图 8-18 是条形基础 1—1 断面详图，比例是 1∶20。从图中可以看出，断面图是根据基坑填土后画出的，其扩展基础部分由素混凝土浇成，高 300mm、宽 900mm。其上是两层大放脚，每层高 120mm（即两皮砖）。底层宽 500mm，每层每侧缩 60mm，墙厚 240mm。基础底下为三合土垫层，厚 100mm，两边比基础各宽 100mm。图中注出室内地面标高±0.000，室外地面标高“－0.450”和基础底面标高“－1.450”mm。此外还注出防潮层离室内地面 60mm，轴线到基础边线的距离 450mm 和轴线到墙边的距离 120mm 等。

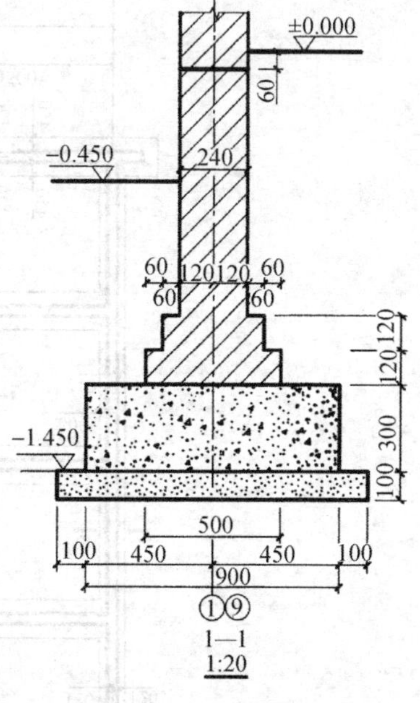

图 8-18　条形基础断面详图

3. 绘图步骤

(1) 基础平面图（图 8-17）的绘制步骤如下。

① 先按比例（常用 1∶100 或 1∶200）画出与房屋建筑平面图相同的轴线及编号。

② 用粗实线画出墙（或柱）的边线，用细实线画出基础底边线。习惯上不画大放脚和垫层的水平投影。

③ 画出不同断面的剖切位置和符号，并分别编号。

④ 标注尺寸。主要标注纵向及横向各轴线之间的距离，轴线到基础底边和墙边的距离以及基础宽和墙厚等。

⑤ 注写必要的文字说明，如混凝土、砖、砂浆的强度等级，基础埋置深度等。

⑥ 设备较复杂的房屋，在基础平面图上还要配合采暖通风图、给水排水管道图、电气设备图等，用虚线画出管沟、设备孔洞等位置，注明其内径、宽、深尺寸和洞底标高。

(2) 基础详图（图 8-18）的绘图步骤。

① 常用 1∶20 或 1∶50 的比例画出，并尽可能与基础平面图画在同一张图纸上，以便对照施工。

② 画出与基础平面图相对应的定位轴线。

③ 画基础底面线、室内地面和室外地坪标高位置线。根据基础高、宽尺寸画出基础断面轮廓，不画基坑线。

④ 画出砖墙、大放脚、垫层断面和防潮层。

⑤ 标注室内地面、室外地坪、基础底面标高和其他尺寸。

⑥ 注写有关混凝土、砖、砂浆的强度等级和防潮层材料及施工技术要求等说明。

8.3.2　独立基础图

框架结构的房屋以及工业厂房的基础常用独立（柱）基础，图 8-19 是某住宅的基础平面图。该住宅左右对称，图中涂黑的长方块是钢筋混凝土柱，柱外细线方框表示该独立基

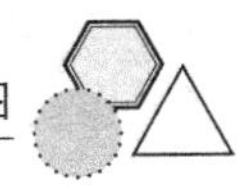

础的外轮廓线，基础沿定位轴线布置，分别编号为 ZJ1、ZJ2 和 ZJ3（图中只在左半部分标注）。基础与基础之间设置基础梁，以细线画出，它们的编号及截面尺寸标注在图的右半部分。如沿①和⑪轴的 JKL1—1、JKL1—2 等，用以支托在其上面的砖墙；又如③和⑨轴的 JKL3—P 以及⑤和⑦轴的 JKL5—P，是两根悬挑的基础梁，在它们的端部支承 JL4，三梁共同支托北阳台的栏板。

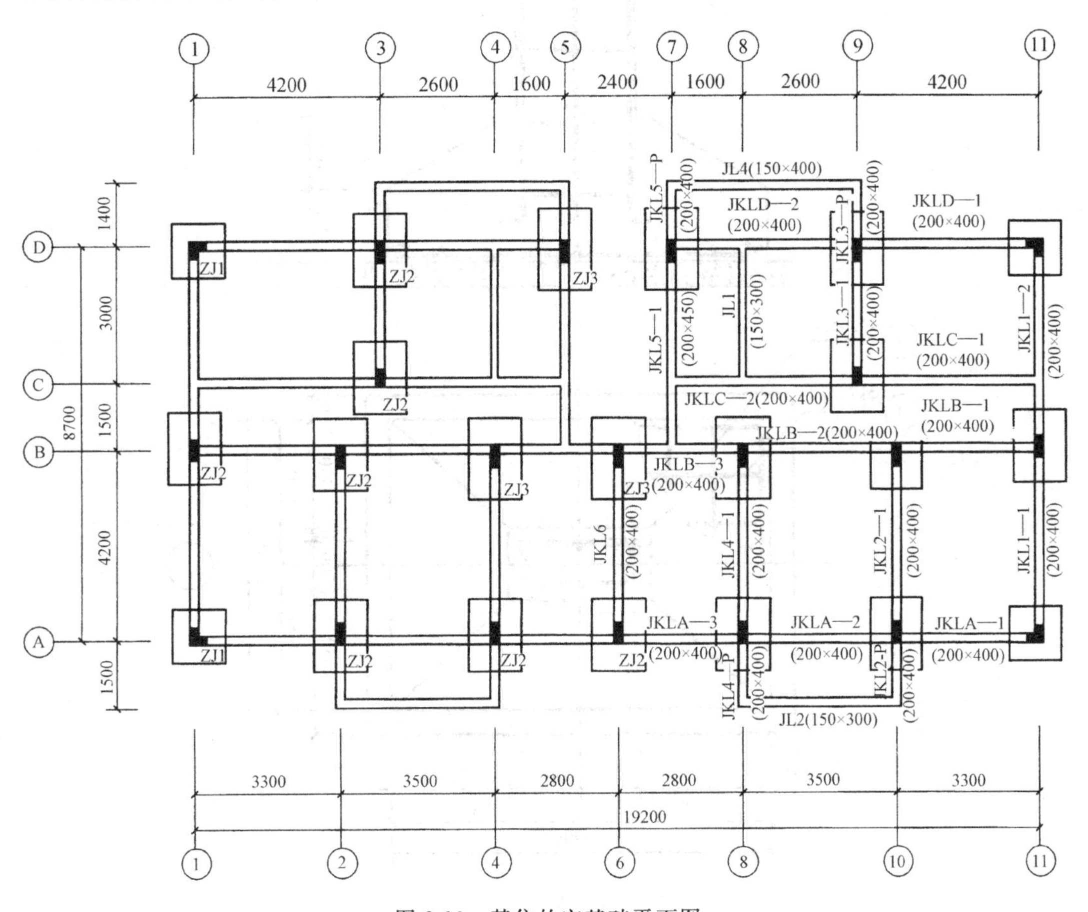

图 8-19　某住的宅基础平面图

图 8-20 是独立柱基础，ZJ2 的结构详图，图中应将定位轴线、外形尺寸、钢筋配置等标注清楚。基础底部通常浇灌低强度等级（一般为 C10）素混凝土垫层，柱的钢筋配置在柱的详图中注明，此处不再重复。ZJ2 纵横两向配置Φ12@200（编号为③和④）的钢筋网。立面图采用全剖面、平面图采用局部剖面表示钢筋网的配置情况。对线型、比例等要求，与梁、柱结构详图相同。

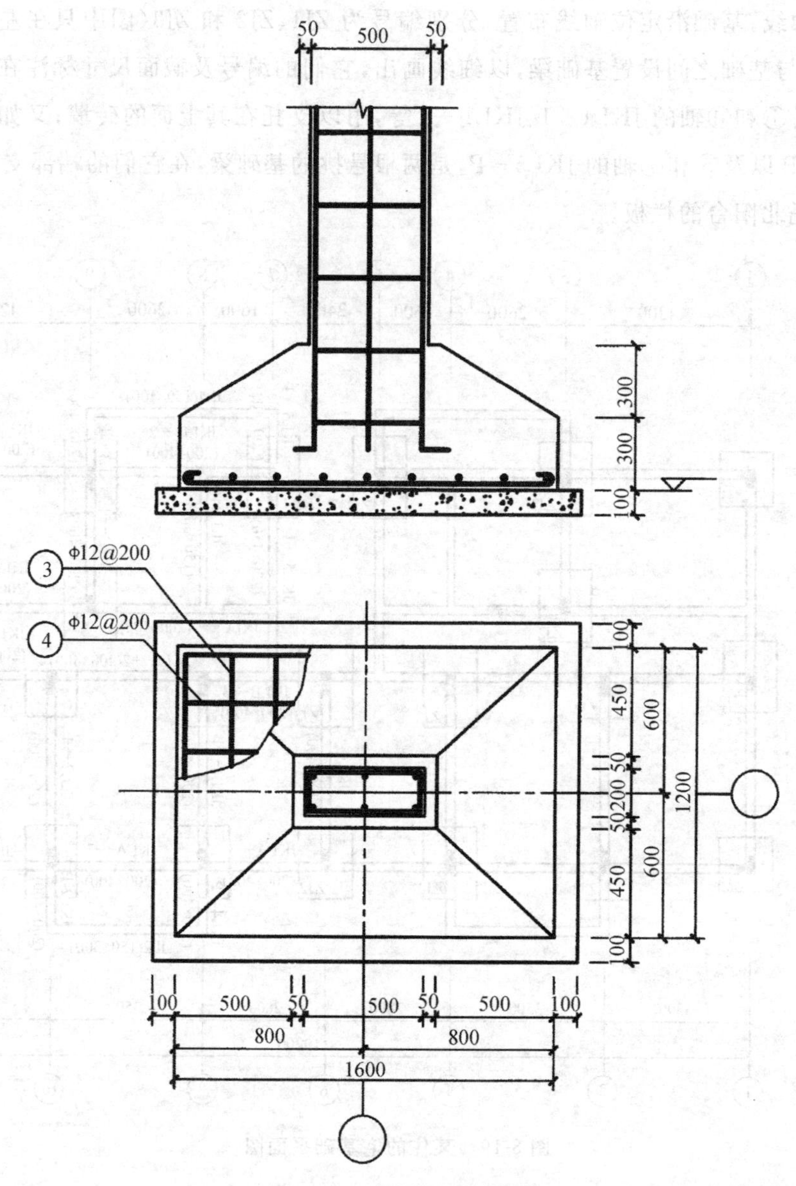

图 8-20 独立柱基础详图

8.4 结构平面图

8.4.1 楼层结构平面图的图示方法

1. 平面图图示的规定

(1) 结构平面图的定位轴线必须与建筑平面图一致。

(2) 对于承重构件布置相同的楼层,可只画一个结构平面图,该图为标准层结构平面图。

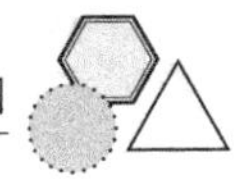

(3) 楼梯间的结构布置一般在结构平面图中不予表示，只用双对角线表示，楼梯间这部分内容在楼梯详图中表示。

(4) 凡墙、板、圈梁构造不同时，均应标注不同的剖切符号和编号，依编号查阅节点详图。

(5) 习惯上把楼板下的墙体和门窗洞口位置线等不可见线不画成虚线，而改画成细实线。

2. 钢筋混凝土构件的平面整体表示方法

混凝土结构施工图平面整体表示方法简称为平法，其表达形式概括来讲，是把结构构件的尺寸和配筋等，按照平面整体表示方法制图规则，整体直接表达在各类构件的结构平面布置图上，再与相应的“结构设计总说明”和梁、柱、墙等构件的“标准构造详图”相配合，构成一套完整的结构设计。改变了传统的将构件从结构平面图中索引出来，再逐个绘制配筋详图的烦琐方法。

平法的优点是图面简洁、清楚、直观性强，图纸数量少，受到设计和施工人员的欢迎。

1) 梁的配筋

梁平法施工图同样有断面注写和平面注写两种方式。当梁为异型截面时，可用断面注写方式，否则宜用平面注写方式。

梁平面布置图，应分别按梁的不同结构层(标准层)，采用适当比例绘制，其中包括全部梁和与其相关的柱、墙、板。对于轴线未居中的梁，应标注其偏心定位尺寸(贴柱边的梁可不标)。

同样，在梁平法施工图中，应按规定注明各结构层的顶面标高及相应的结构层号。

梁的平面注写方式是在梁平面布置图上，分别在不同编号的梁中各选一根梁，在其上注写截面尺寸和配筋的具体数值。

图 8-21 所示为梁平法施工图示例。

平面注写包括集中标注与原位标注。集中标注表达梁的通用数值；原位标注表达梁的特殊数值。

集中标注：集中标注可从梁的任意一跨引出。集中标注的内容包括 4 项必注值和 2 项选注值。4 项必注值有梁编号、梁截面尺寸、梁箍筋、梁上部贯通长筋或架立筋；2 项选注值有梁侧面纵向构造钢筋或受扭钢筋、梁顶面标高高差(相对于结构层楼面标高的高差值)。

具体标注内容如下。

(1) 梁代号，梁编号(跨数、有无悬挑)，梁宽×梁高；

(2) 箍筋(肢数)；

(3) 上部贯通筋、下部贯通筋、腰筋；

(4) 梁顶面标高高差(无标注时与同板标高相同)。

原位标注：内容包括梁支座上部纵筋、梁下部纵筋、附加箍筋或吊筋等。

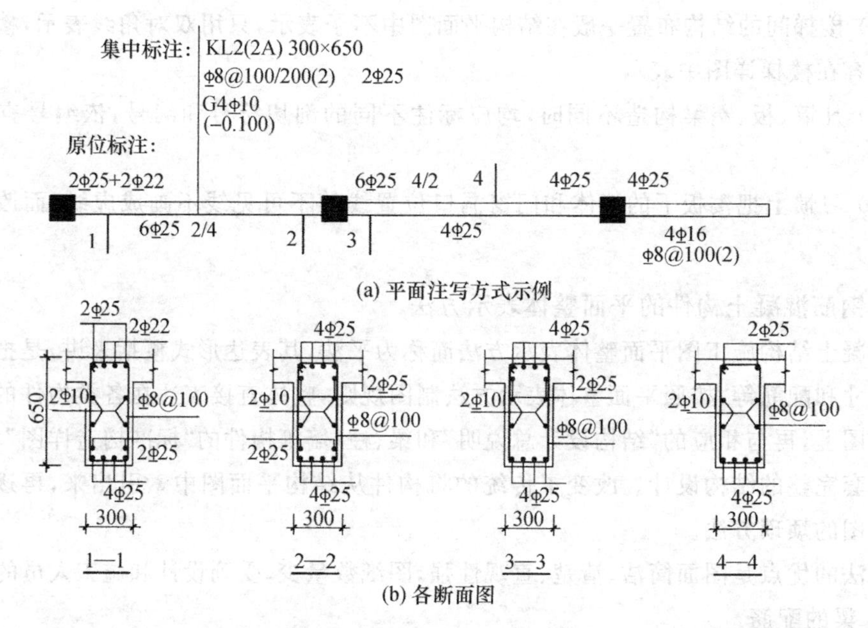

图 8-21　梁的平面注写方式

下面对图 8-21 所示进行解读。

① 集中标注(如图 8-21(a)所示)。KL2 表示第 2 号框架梁；(2A)表示 2 跨，A 为一端有挑檐，B 为两端有挑檐；300×650 表示梁宽为 300mm，梁高为 650mm。

注意：(××A)为一端有悬挑，(××B)为两端有悬挑，悬挑不计入跨数。

Φ8@100/200(2)表示直径为 8mm 的Ⅰ级 HPB235 钢筋，加密区间距为 100mm，非加密区间距为 200mm，均为双肢箍。

注意：箍筋加密区与非加密区的不同间距及肢数需用斜线“/”分隔；当梁箍筋为同一种间距及肢数时，不需用斜线；当加密区的箍筋肢数相同时，则将肢数注写一次；箍筋肢数应写在括号内。

2Φ25 表示上部配置贯通的 2 根直径为 25mm 的Ⅱ级钢筋。

G4Φ10 表示梁的两个侧面共配置 4Φ10 的纵向构造钢筋，两侧各为 2Φ10 并对称布置。

当梁侧面需配置受扭纵向钢筋时，此项注写值以大写字母 N 开头，接续注写配置在梁两个侧面的总配筋值，且对称配置；例如 N6Φ22，表示梁的两个侧面共配置 6Φ22 的受扭纵向钢筋，每侧各配置一个 3Φ22 受扭纵向钢筋。

“−0.100”表示梁顶标高低于结构层楼面标高的差值为 0.100m。

1、2、3、4 为剖切位置编号，其断面情况如图 8-21(b)所示。

② 原位标注(如图 8-21(a)所示)。梁支座上部纵筋，包括集中标注的贯通筋在内的所有钢筋，当多于 1 排时，用“/”自上而下分开，当同排纵筋有 2 种不同直径时，用“+”相连，注写时将角部纵筋写在前面。例如：2Φ25+2Φ22 表示支座上部纵筋共 4 根，在 1 排放置，其中角部为 2Φ25，中间为2Φ22。

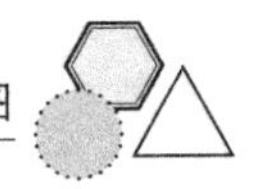

6Φ25 4/2 表示支座上部纵筋共 2 排，上排为 4Φ25、下排为 2Φ25。

当梁中间支座两边的上部纵筋相同时，仅在一边标注配筋值；否则，须在两边分别标注。

梁下部纵筋与上部纵筋标注类似，如 6Φ25 2/4 表示支座下部纵筋共有两排，上排为 2Φ5、下排为 4Φ25。

2）柱的配筋

柱平法施工图有列表注写和断面注写两种方式。

断面注写方式是在分标准层绘制的柱平面布置图的柱截面上，分别在同一编号的柱中选择一个断面，直接注写断面尺寸和配筋数值。

列表注写方式是在柱平面布置图上，分别在同一编号的柱中选择一个或几个断面标注几何参数代号（反映断面对轴线的偏心情况），用简明的柱表注写柱号、柱段起止标高、几何尺寸（含断面对轴线的偏心情况）与配筋的具体数值，并配以各种柱断面形状及箍筋类型图。柱表中自柱根部（基础顶面标高）往上以变断面位置或断面未变配筋改变处为界分段注写。

下面介绍断面注写方法。

在柱定位图中，从相同编号的柱中选择一个断面，按一定比例原位放大绘制柱断面配筋图，在其编号后再注写断面尺寸（按不同形状标注所需数值）、角筋、全部纵筋及箍筋的具体数值；当柱纵筋采用同一直径时，可标注全部钢筋；当纵筋采用两种直径时，须再注写断面各边中部筋的具体数值。

图 8-22 所示为柱的断面注写方式。

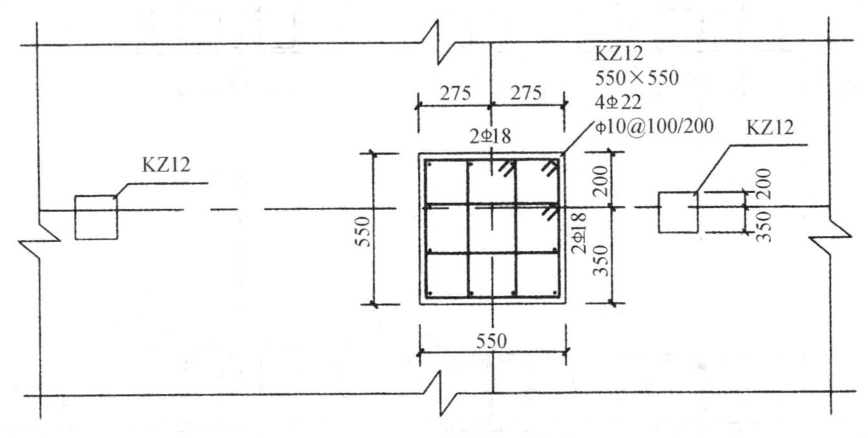

图 8-22　柱的断面注写方式

解读如下。

KZ12 表示第 12 号框架柱；

550×550 表示柱各边长为 550mm；

4Φ 22 表示柱每角配置 1 根，共 4 根直径为 22mm 的Ⅱ级钢筋；

Φ10@100/200 表示直径为 10mm 的Ⅰ级 HPB235 钢筋，加密区间距为 100mm，非加密区间距为 200mm；

2Φ18 表示柱每边中间配置 2 根直径为 18mm 的Ⅱ级钢筋(均匀布置);350、200、275、275 表示柱截面与轴线的相对关系,用以确定柱的位置。

8.4.2 楼层结构平面图的识读

1. 柱平面配筋图的识读

如图 8-23 所示为柱平面配筋图(局部),比例为 1∶100。横向轴线为①~④,4 条轴线,轴线间的尺寸分别为 3600mm、4200mm、4200mm;纵向轴线为Ⓐ、Ⓑ、Ⓓ,3 条轴线,轴线间的尺寸分别为 7200mm、4260mm。根据轴线的交点,可确定柱的位置,柱的编号有 KZ1、KZ2、KZ3、KZ4、KZ5、KZ6、KZ7、KZ8、KZ9。各柱有相应的标注,其识读方法如图 8-23 所示。

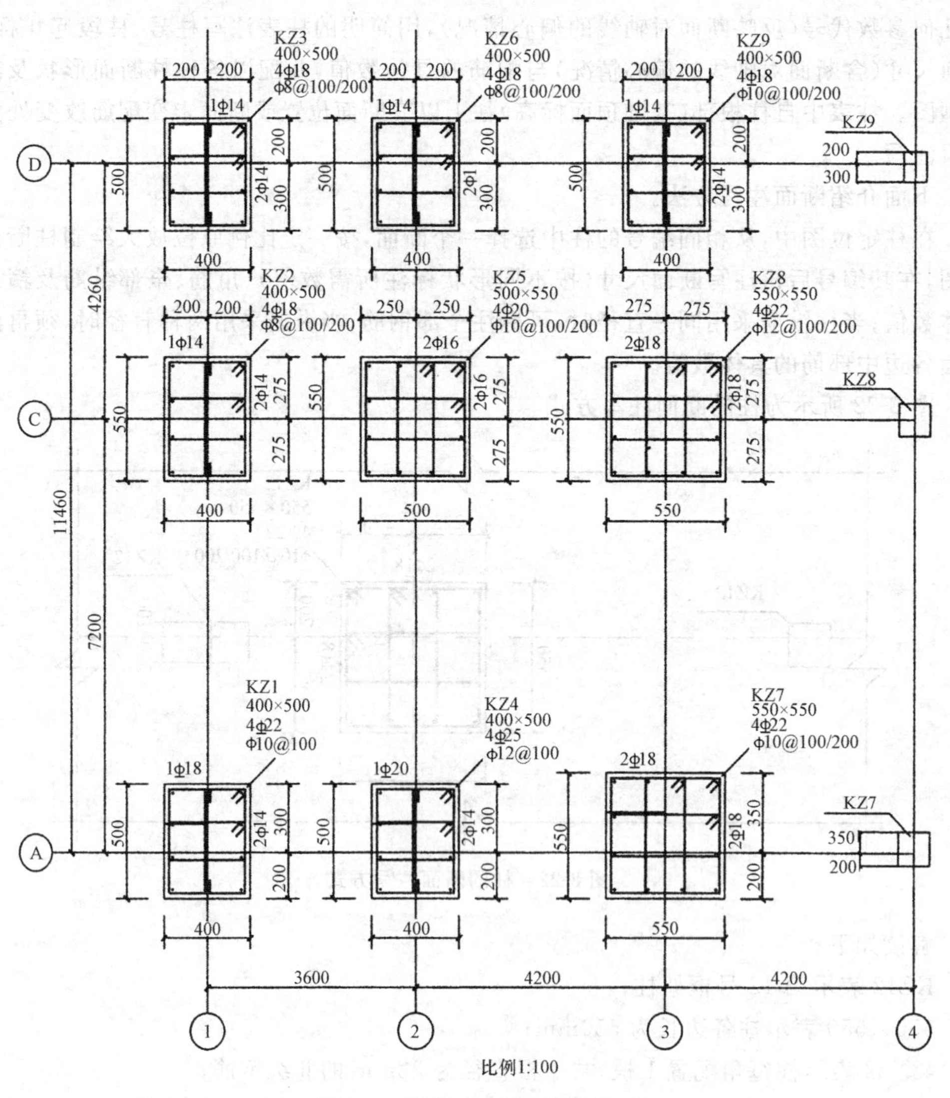

图 8-23 柱平面配筋图(局部)

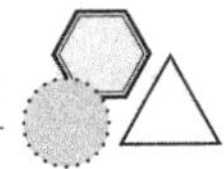

2. 梁平面配筋图的识图

图 8-24 所示为梁平面配筋图(局部)，比例为 1∶100，横向轴线为①～③，3 条轴线，轴线间的尺寸分别为 3600mm、4200mm；纵向轴线为Ⓐ～Ⓓ，4 条轴线，轴线间的尺寸分别为 5100mm、2100mm、4260mm，总长为 11460mm。图中可见到 N4Φ12，其含义是梁的两个侧面共配置 4 根Φ12 的受扭纵向钢筋，每侧各配置 2 根；图中标有“(1.800)”，其含义是梁顶标高高于结构层楼面标高的差值为 1.800m。其他各项的标注识读方法见图 8-21 所示。

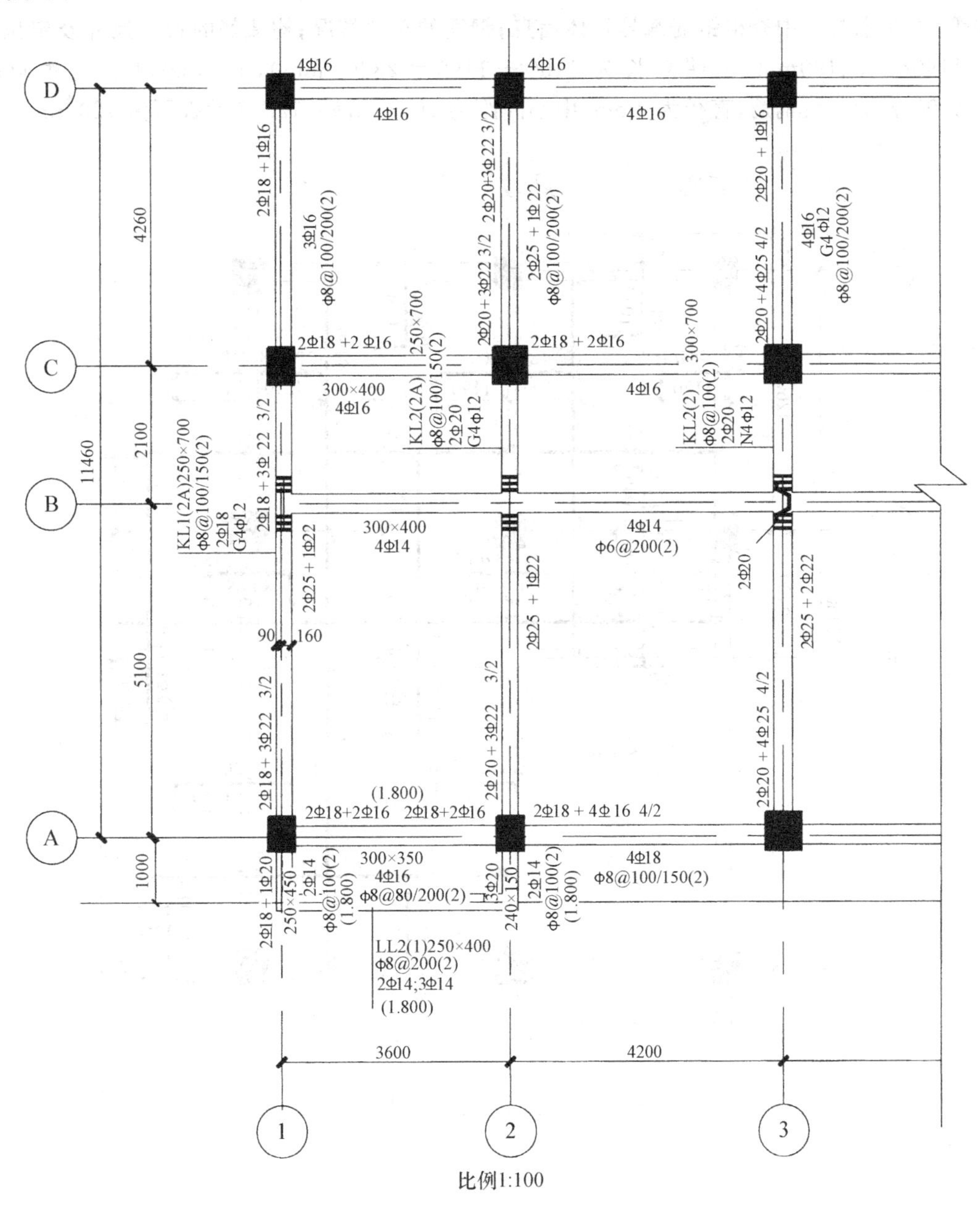

图 8-24　梁平面配筋图(局部)

3. 楼层结构平面图的识读

楼层结构平面图也称楼层平面结构布置图，是假想将建筑物沿楼板面水平剖切后得到的剖面图，用以表示楼板以下及其下面的柱、梁、墙等承重构件的平面布置情况，还可以表示现浇楼板的构造及配筋情况。

如图 8-25 所示为平面结构布置图(局部)，比例为 1∶100。横向轴线为①～③，3 条轴线，轴线间的尺寸分别为 3600mm、4200mm；纵向轴线为Ⓐ～Ⓓ，4 条轴线，轴线间的尺寸分别为 5100mm、2100mm、4260mm，总长为 11460mm。图中可见到：钢筋的编号如⑤、⑥等，可在钢筋表中查得钢筋编号具体信息；钢筋的布置情况；构造筋的长度尺寸及定位，如 1190mm、1190mm，说明总长为 1190＋1190＝2380(mm)，且以②轴线为中点；Φ@100 表示Ⅰ级钢筋，直径为 8mm、中心间距为 100mm；h＝120 表示板厚为 120mm。

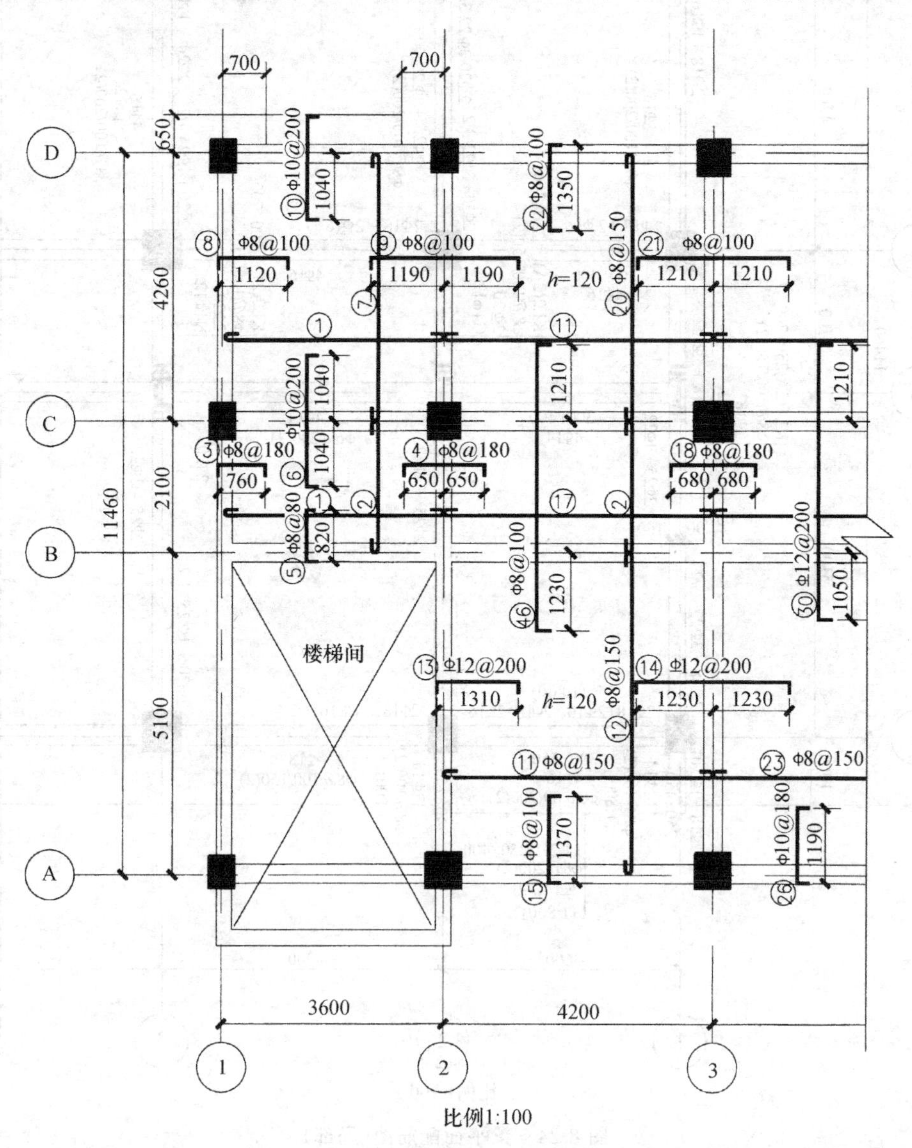

图 8-25 平面结构布置图(局部)

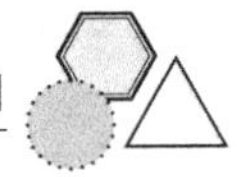

由于平面结构布置图的比例较小，不能清楚表达楼梯间的结构平面布置，须另绘制楼梯结构详图，在平面结构布置图中仅注明楼梯间即可，有关内容请参见楼梯结构详图。

8.5　楼层结构平面布置图

8.5.1　楼层结构平面布置图的图示方法及内容

楼层结构平面布置图是假想沿每层楼板上表面水平剖切并向水平面投影而得到的投影图，其实质是一个剖面图。

楼层结构平面布置图主要表示板、梁、墙等的布置情况。对现浇板，一般要在图中反映板的配筋情况；若是预制板，则应反映板的选型、排列数量等。梁的位置、编号以及板梁墙的连接或搭接情况等都要在图中反映出来。另外，楼层结构平面布置图还反映圈梁、过梁、雨篷、阳台等的布置。若构造复杂，也可单独成图。

对于多层建筑，如多层构件类型、大小、数量、布置均相同时，可只画一个标准层，其他应分层绘制。

屋顶结构平面布置图表达的内容基本与楼层结构平面布置图相同；但屋顶结构形式有时会有变化(如平屋顶、坡屋顶等)，在图中要用适当的方法表示出来。

8.5.2　楼层结构平面布置图的识读

图 8-26 为某楼层结构平面布置图。具体的识读内容有以下 4 方面。

1. 看图名、轴线、比例

图 8-26 为一、二层楼层结构平面布置图，图中轴线编号、轴间尺寸、比例与建筑平面图完全一致。

2. 看预制楼板的平面位置及标注

图 8-26 中在③～④轴线间的房间标注有 5Y—KB36・9A—2 和 1Y—KB36・6A—2，该代号中各字母、数字所代表的含义如图 8-27 所示。

由此可知该房间布置 5 块长 3600mm、宽 900mm、厚 120mm 的 2 级预应力空心板和 1 块长 3600mm、宽 600mm、厚 120mm 的 2 级预应力空心板。当多个开间的板的布置相同时，可只画出一个开间内板的布置情况，其他与之相同的开间用统一名称表示即可。图 8-26 中，Ⓐ～Ⓒ轴间有 6 个开间内注有Ⓩ，表示它们具有相同的楼板布置方式，即 5Y—KB36・9A—2 和 1Y—KB36・6A—2。Ⓓ～Ⓔ轴间有 5 个开间内注有Ⓗ，表示它们具有相同的布置方式，即每间均布置 1Y—KB36・6A—2。

3. 看现浇楼板的布置

现浇楼板在楼层结构平面布置图中的表示方法有两种，一种是直接在现浇板的位置绘出配筋图，并进行钢筋标注；另一种是在现浇板范围内画一对角线，并注写板的编号，该板配筋另有详图。

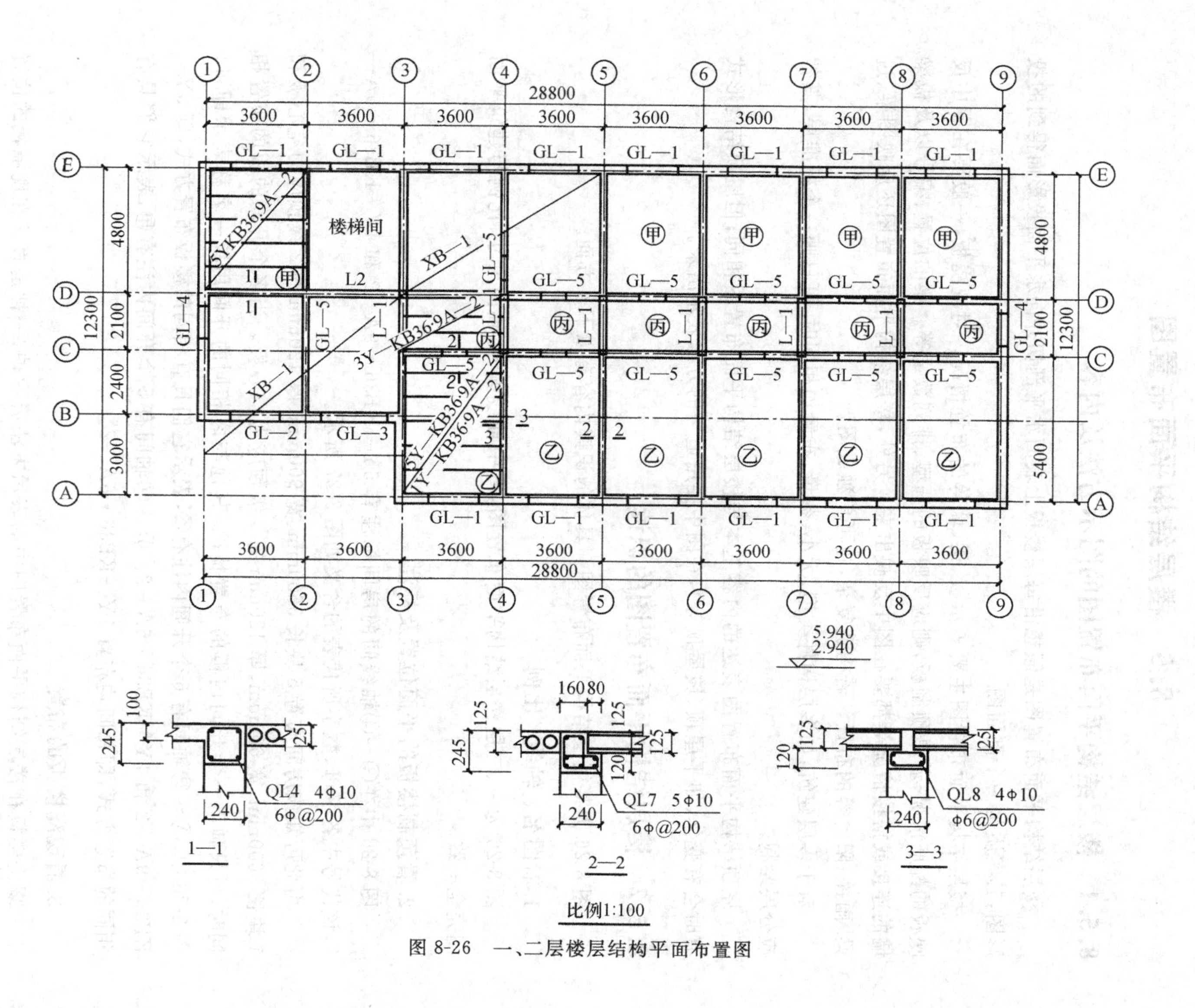

图 8-26 一、二层楼层结构平面布置图

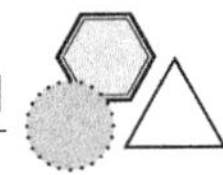

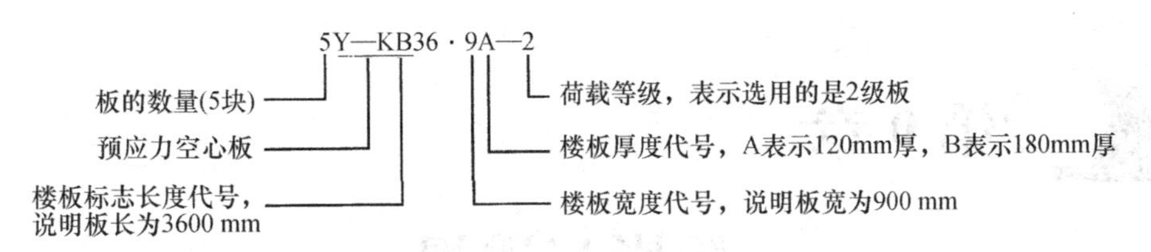

图 8-27　代号中字母和数字的含义

4. 看楼板与墙体（或梁）的构造关系

在楼层结构平面布置图中，配置在板下的圈梁、过梁、梁等钢筋混凝土构件轮廓线可用中虚线表示，也可用单线(粗虚线)表示，并应在构件旁侧标注其编号和代号。

第9章

阴影与透视

9.1 概　　述

9.1.1 阴影的概念

在方案设计中，经常在房屋立面图上画上阴影，可以明显地反映出房屋的凹凸、深浅、明暗，使图面生动逼真，富有立体感，加强并丰富了立面图的表现力，对研究建筑物造型是否优美，立面是否美观、比例是否恰当有较大的帮助。图 9-1 是同一座建筑物的两个立面图，显然，画上了阴影后的图 9-1(b)表达效果较好。

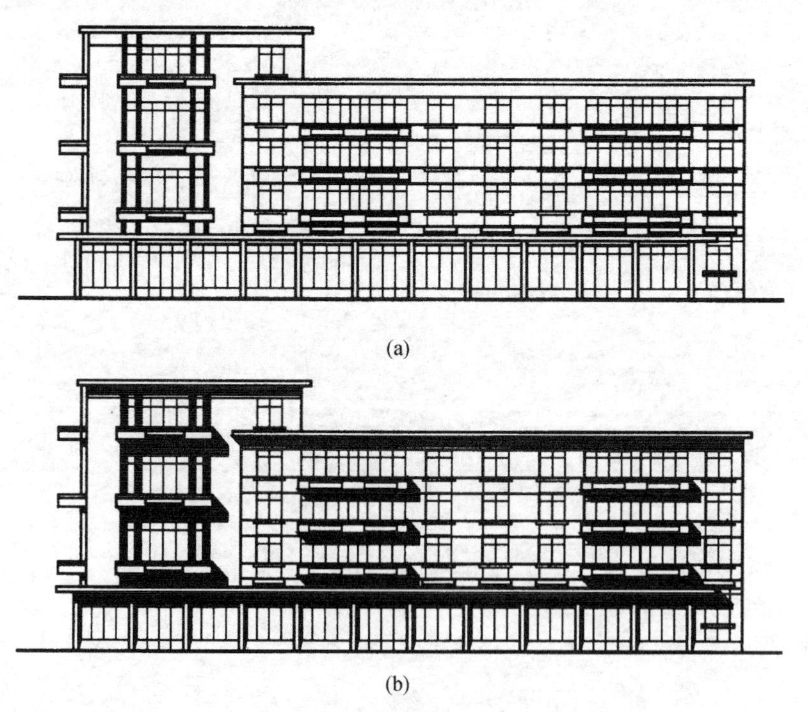

(a)

(b)

图 9-1　阴影的效果

如图 9-2 所示，不透光的形体在光线 K 的照射下，被直接照亮的表面(长方体的表面 $ABFE$、$ADHE$ 和 $ABCD$)，称为阳面；光线照射不到的背光表面($BCGF$、$CDHG$ 和

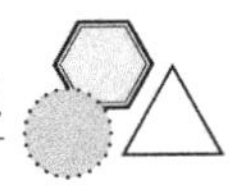

EFGH)，称为阴面。阳面与阴面的分界线(封闭折线 *BC*、*DH*、*EFB*)称为阴线。在光线照射下，平面 *P* 上有一部分因被形体(长方体)阻挡，光线照射不到，我们把这部分的范围称为形体在平面 *P* 上的落影，简称影。影的轮廓线 $B_0C_0D_0H_0E_0F_0B_0$，称为影线。落影所在的平面 *P*，称为承影面。影是由于光线被形体的阳面挡住才产生的，因此，阳面与阴面的分界线(阴线)的影就是落影的轮廓线，也就是说，阴线的影就是影线。

从上可知，产生阴影需要有三要素：一要有光线，二要有形体，三要有承影面。

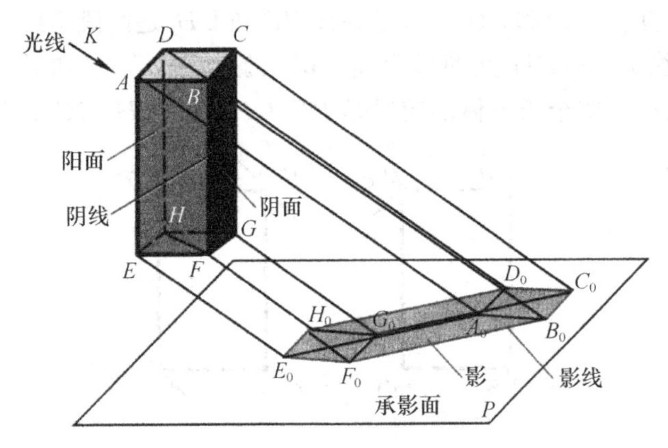

图 9-2　阴影的概念

9.1.2　习用光线

产生阴影的光线有辐射光线(如灯光)和平行光线(如阳光)两种。为便于画图，习惯采用一种固定方向的平行光线，即图 9-3(a)所示正立方体的对角线方向(从左前上方到右后下方)，作为光线的投射方向，绘制建筑立面图的阴影。这时，光线 *K* 对 *H*、*V*、*W* 投影面的倾角，都等于 35°15′53″，光线的 *H*、*V* 和 *W* 投影为 *k*、*k*′和 *k*″，与相应投影轴的夹角均为 45°[图 9-3(b)]。平行于这一方向的光线，称为习用光线。选用习用光线画建筑物的阴影时，可用 45°三角板作图，简捷方便。同时，立面图上画出的影，还可以反映出建筑物一些部分的深度。

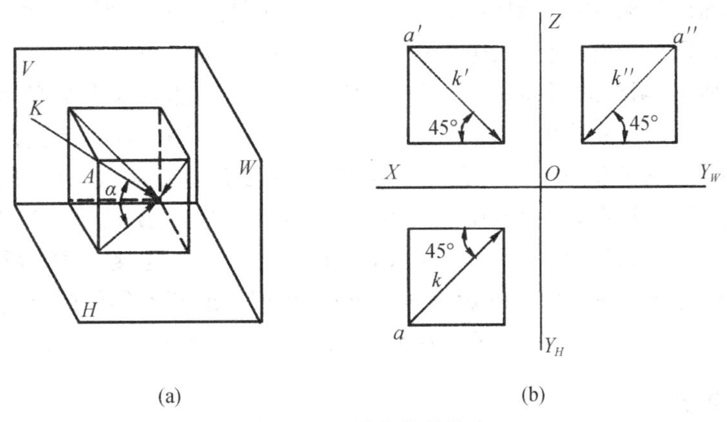

图 9-3　习用光线的指向

9.1.3 阴线的确定

如能先确定形体表面的阳面和阴面，找出阴线，作形体的阴影就简单多了，只要作出阴线的影，即可得到形体落影的轮廓——影线。形体的阴线，主要根据它的形状特征和安放位置而确定。如果形体的侧面是投影面垂直面，形体的阴线可直接在投影图中作出。如图 9-4 所示为正长方体，要求它的阴线，可作习用光线的 H、V、W 投影与长方体的同面投影相切，H 投影切于 $b(f)$ 和 $d(h)$，即铅垂线 BF 和 DH 是两段阴线；V 投影切于 $b'(c')$ 和 $e'(h')$，即正垂线 BC 和 EH 是两段阴线。W 投影切于 $d''(c'')$ 和 $e''(f'')$，即侧垂线 DC 和 EF 又是两段阴线。整个长方体的阴线是 BF、DH、BC、EH、DC、EF。

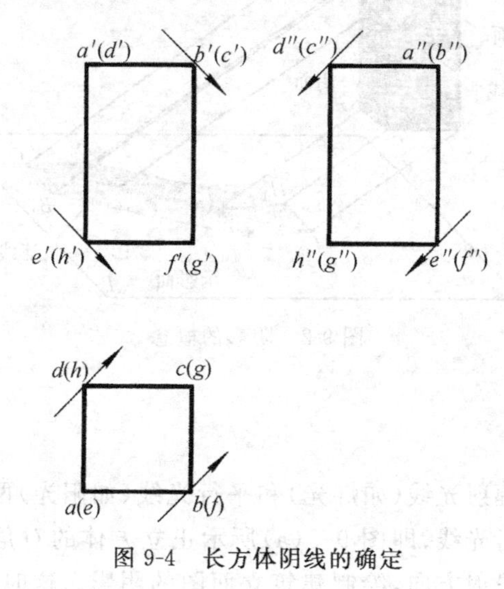

图 9-4　长方体阴线的确定

9.2 求阴影的基本方法

在建筑立面图上画阴影时，主要的承影面是墙面，其次是窗扇和门扇等。落影的形体大都是凸出墙面的挑檐、雨篷、阳台、窗台等，以及门洞和窗洞的边框。这些细部的形体多是长方体。现以阳台为例，说明在房屋立面图上求阴影的基本方法。

如图 9-5 所示，阳台的形体是长方体 $ABCDHEFG$，承影面是与它的后侧面 $DCGH$ 共面的墙面。根据习用光线的方向，可判别出阳台的 $ABFE$ 和 $ADHE$ 是阳面，$BCGF$ 和 $EFGH$ 是阴面。侧棱 CB、BF、FE、EH 是阴线，其中 BF 是铅垂线，BC、EH 是正垂线，EF 是侧垂线。只要分别求出这些阴线落在墙面上的影 C_0B_0、B_0F_0、F_0E_0、E_0H_0，或求出阴线各端点 C、B、F、E、H 的影 C_0、B_0、F_0、E_0、H_0，依次连接起来，所围成的范围 $C_0B_0F_0E_0H_0$ 就是阳台在墙面上的影。由此可见，求阳台或其他形体的影，实质上是求形体阴线(段)的影。而阴线段的影，又是由它的端点(和其他点)的影来确定。

9.2.1 点的影

现以阳台阴线上的点 B 为例，说明求点的影的方法。点 B 的影，就是通过点 B 的习

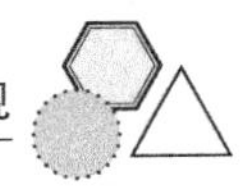

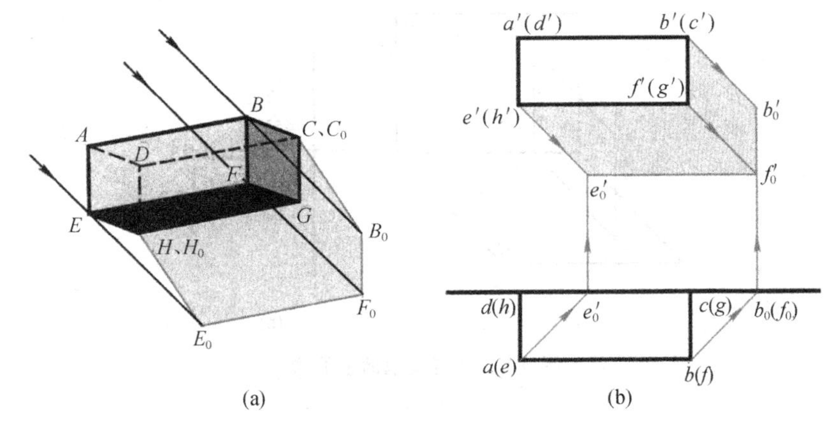

图 9-5　阳台的阴影

用光线与墙面(平行 V 面)的交点 B_0。严格来说,光线不能"通过"点 B,只是点 B 阻挡了一束光线。但在习惯上,求一点的影就是求通过该点的光线(直线)与承影面的交点,如图 9-6 所示。

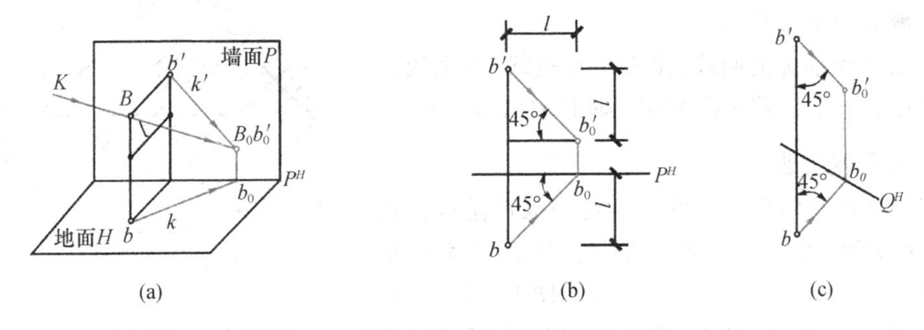

图 9-6　点落在墙面上和铅垂面上的影

墙面 P 是正平面,它的 H 面积聚投影是 P^H,过点 B 的习用光线的 H 投影 bb_0 与 P^H 的交点 b_0,即为点 B 在墙面 P 上的影 B_0 的 H 投影。b_0'就是所求的影的 V 投影[图 9-6(a)]。这种作影方法称为交点法。

从图 9-6 可知,b_0'在 b'的右下方,它们之间在长度(X 坐标)方向和高度(Z 坐标)方向的距离,都等于点 B 到墙面 P 的距离 l。因此,求点 B 在正平面 P 上的影时,可根据点 B 到平面 P 的距离 l(点 B 的 Y 方向坐标),直接在 V 投影上作出。即在 b'右侧作相距为 l 的竖直线与在 b'下方所作相距为 l 的水平线相交,交点即为所求的影 B_0 的 V 投影 b_0'[图 9-6(b)]。这种作影方法称为度量法,其优点是不需在平面图上作图。交点法和度量法可单独采用,也可以综合运用。

求点在任意铅垂面 Q 上的影。可用求一般线与铅垂面交点的方法作出[图 9-6(c)]。

可以看出,只有点 B 距离墙面近于距离地面时,点 B 的影才落在墙面上。如果点 B 距离墙面比距离地面远,点 B 的影就落在地面上,如图 9-7(a)所示。作影时,习用光线的 V 投影先与地面 H 在 P 面的积聚投影 H^P 相交于 b_0',即为点 B 在地面 H 上的影 B_0 的 V 投影,b_0 为所求的影的 H 投影[图 9-7(b)]。

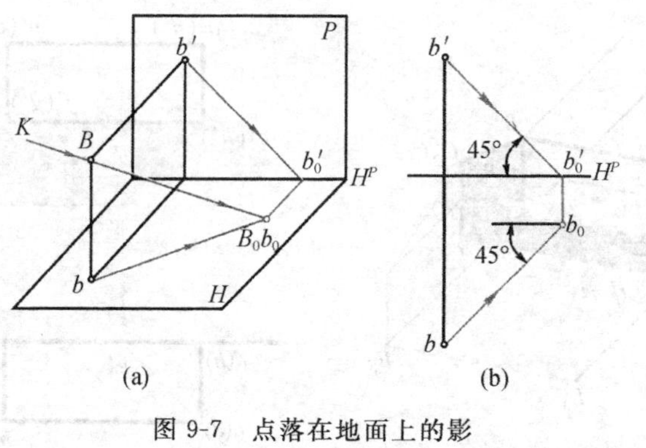

图 9-7　点落在地面上的影

9.2.2　直线的影

直线的影就是过线上各点的光线所组成的光线平面与承影面的交线(图 9-8)。因此,直线在平面上的影一般仍是直线。只有当直线平行于光线时,如图 9-8 中的直线 CD,在承影面上的影积聚为一个点 $C_0(D_0)$。

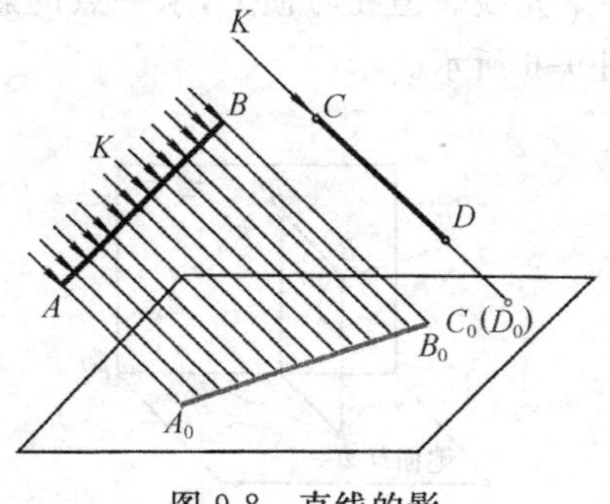

图 9-8　直线的影

一般建筑细部的阴线,主要由正垂线、侧垂线和铅垂线组成。下面着重研究这三种位置线段的影。

1. 正垂线的影

图 9-9 所示阳台的阴线 BC 是一根正垂线。点 C 位于承影面(墙面)上,它的影 C_0 与点 C 本身重合。求出点 B 在墙面上的影 B_0 后[图 9-9(a)],连 C_0B_0,即所求正垂线 BC 在墙面上的影。图 9-9(b)还画出了利用侧面投影求点 B 的影的方法。

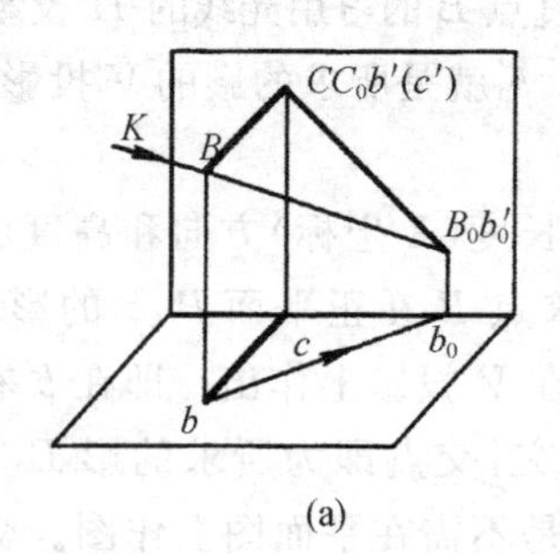

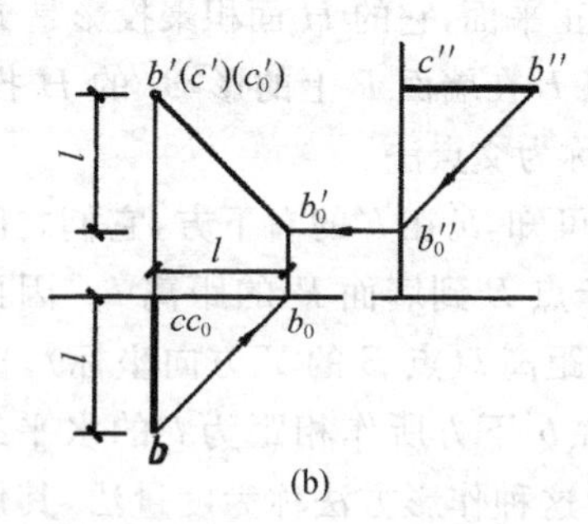

图 9-9　正垂线在墙上的影

正垂线段落在它所垂直的正平面上的影,是一段通过该线段的积聚投影,并从左上到右下 45°斜线,与光线在该承影面上的投影方向一致,如图 9-9 所示。

正垂线落在起伏不平的承影面上的影如图 9-10(a)所示,是一根起伏变化的线。过正垂线 BC 的习用光线形成一个与 H 面成 45°倾角的正垂面 K,它的 V 面积聚投影 K^V 是一根从左上向右下倾斜的 45°线如图 9-10(b)所示。因此,正垂线的影不管它本身如何曲

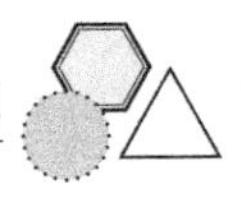

折，它的 V 投影必然落在 K^V 上而成为 45°斜线。由此可得，正垂线的影不论落在平面上还是起伏不平的承影面上，它的 V 投影都成为一段通过正垂线的积聚投影并从左上到右下的 45°斜线。

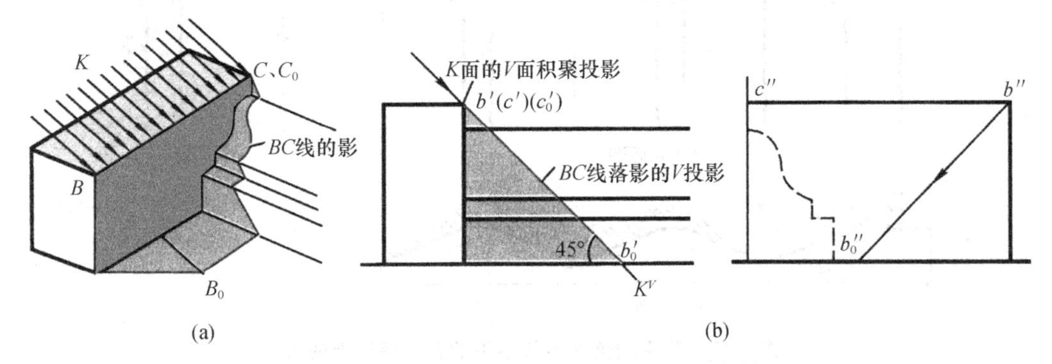

图 9-10　正垂线在起伏不平的承影面上的影

2. 侧垂线的影

侧垂线段在正平面上的影与该侧垂线平行且相等，它们的 V 投影之间的距离，等于侧垂线与正平面间的距离。如图 9-11 所示，侧垂线 EF 落在正平面(墙面)上的影，是一段与 EF 平行且相等的水平线 E_0F_0。

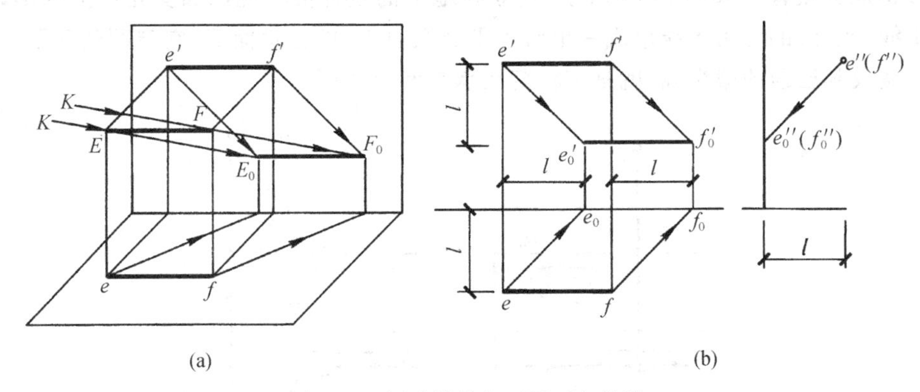

图 9-11　侧垂线落在正平面上的影

侧垂线落在起伏不平的铅垂承影面上的影，它的 V 投影形状与承影面的水平积聚投影成为镜像。由于过侧垂线 AB 的习用光线形成一个对 V 面倾斜 45°的侧垂面 K，它与起伏不平的铅垂承影面的截交线的 V 投影与 H 投影，形状相同但方向相反。截交线的 H 投影落在铅垂承影面的积聚投影上，因此作挑檐底边 AB 落在起伏变化的铅垂墙面上的影(图 9-12)。作法很简单，只要用度量法作出影的起点 I_0 的 V 投影 I_0' 后，按照墙面平面图(水平积聚投影)的形状，对称地画在墙面上，得折线 $1_0'2_0'3_0'\cdots9_0'$，即所求侧垂线 AB 落在铅垂墙面上的影的 V 投影。

也可以在侧面图中，利用光线平面 K 的积聚投影 K^W 与铅垂墙面各墙角线 W 投影的交点，求得影的各转折点的 W 投影 $1_0''$ 和 $3_0''$ 等，然后在相应墙角线上求得影的各转折点的 V 投影 $1_0'$、$2_0'$、$3_0'$、…、$9_0'$ 等。

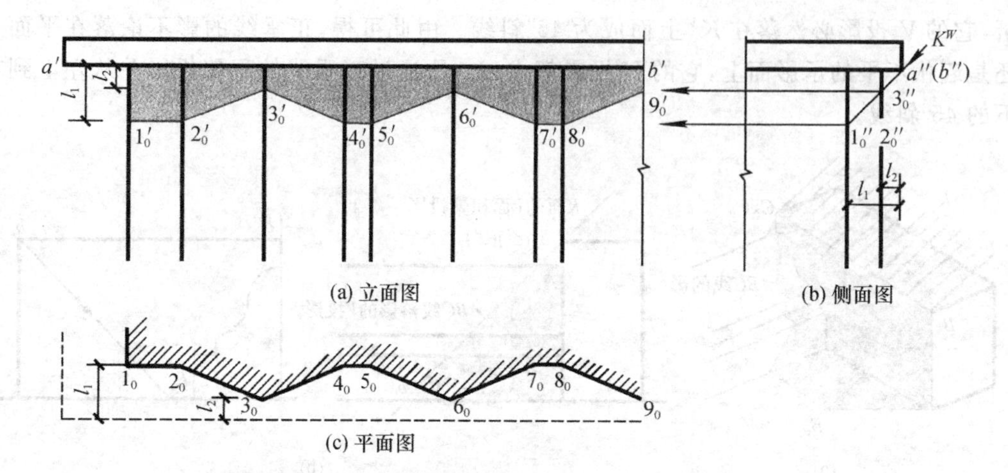

(c) 平面图

图 9-12　侧垂线落在起伏不平的铅垂墙面上的影

3. 铅垂线的影

与侧垂线的影相似，铅垂线在正平面上的影，是一根与铅垂线平行的竖直线，它与铅垂线 V 投影之间的距离等于该铅垂线与正平面之间的距离。

铅垂线在凹凸不平的侧垂承影面上的影，它的 V 投影的形状和侧垂承影面的侧面积聚投影也成为镜像。如图 9-13 所示，竖立在地上的旗杆落在挑檐和女儿墙上的影，由于过铅垂线(旗杆)的习用光线形成一个对正平面倾斜 45°的铅垂面 K，它与凹凸不平的挑檐和女儿墙及其压顶的截交线，就是旗杆落在承影面上的影。

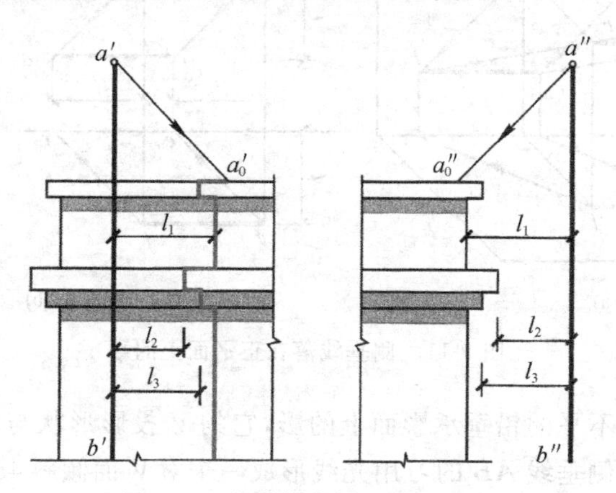

图 9-13　铅垂线在侧垂面上的影

4. 一般位置直线段的影

一般位置直线段 AB 的影，如果全落在同一个承影面上，只要把端点 A 和 B 的影 A_0 和 B_0 连接起来，就是所求直线段 AB 的影，如图 9-14(a)所示。如果直线的影分段落在 P 和 H 两个承影面上，两段影必交于 P^H 上，这个交点 T 称为折影点。求折影点 T，可先作出端点 B 的"虚影"B_H 后求出，如图 9-14(b)所示；也可在直线上任取一点 C，作出在同一承影面上的一段影 A_0C_0 后，延长与 P^H 相交，交点即为 T，如图 9-14(c)所示。

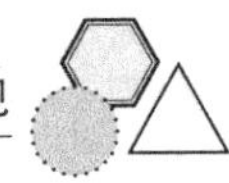

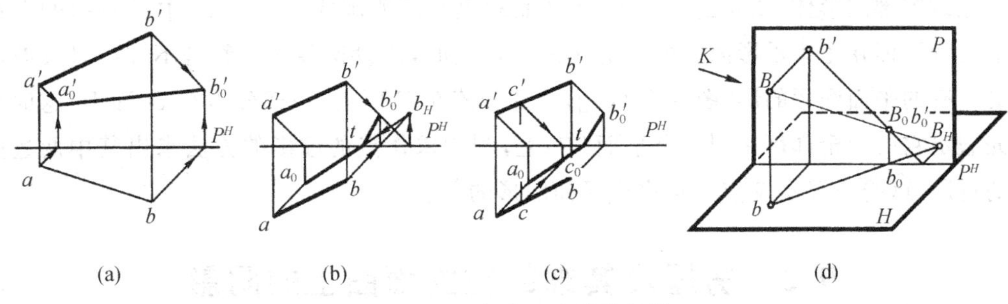

图 9-14　一般位置直线段的影

点 B 的影 B_0 本应落在承影面 P 上，假如“延长”光线 K 并穿过平面 P，“虚拟”地求出点 B 落在 H 面上的影 B_H，B_H 称为点 B 的虚影，如图 9-14(d)所示。投影图中求虚影的方法，如图 9-14(b)所示，这是求影的一种常用方法。

9.2.3　平面图形的影

平面图形的影是由平面图形各边线的影所围成。一般位置平面图形为多边形时，只要作出多边形各顶点在同一承影面上的落影，并依次以直线相连，即为该平面图形在该承影面上的影线，如图 9-15(a)所示。若平面图形为平面曲线所围成时，可先作出曲线上一系列点的影，再以圆滑曲线顺次连接起来，即为所求的影线。

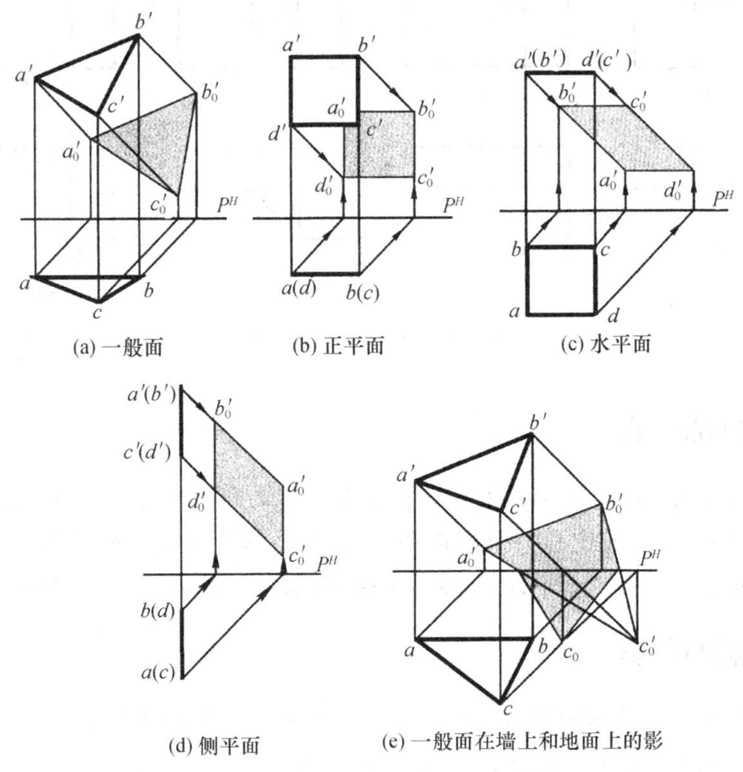

图 9-15　各种平面在墙面 P 上的影

建筑细部的形体，主要由正平面、水平面和侧平面所围成。图 9-15 中(b)～(d)介绍了这三种平面在正平承影面上的影的作法。作图时，假设这些平面都是不透明且没有厚度的。有的平面图形的影[图 9-15(e)]，一部分落在 P 面上，一部分落在 H 面上，这时可以先假定它的影全部落在同一个平面(P)上，利用求作点的虚影的方法求出其中两边的影的折影点(与 PH 的交点)，再完成平面图形的影。

9.3 房屋及其细部在立面图上的阴影

房屋立面图上的阴影，除反映在整个建筑形上的变化和凹凸部位外，很大一部分是反映在门窗洞口、窗台、雨篷、阳台、檐口、遮阳板、柱、台阶等建筑部位上。

9.3.1 建筑形体的阴影

图 9-16 所示为一个由四个四棱柱组成的建筑形体。由于四棱柱的大小高低各不相同，因此，一个四棱柱在另一个四棱柱表面上的影也各不相同，但是，影的轮廓线都是阴线 AB、AC 的影。

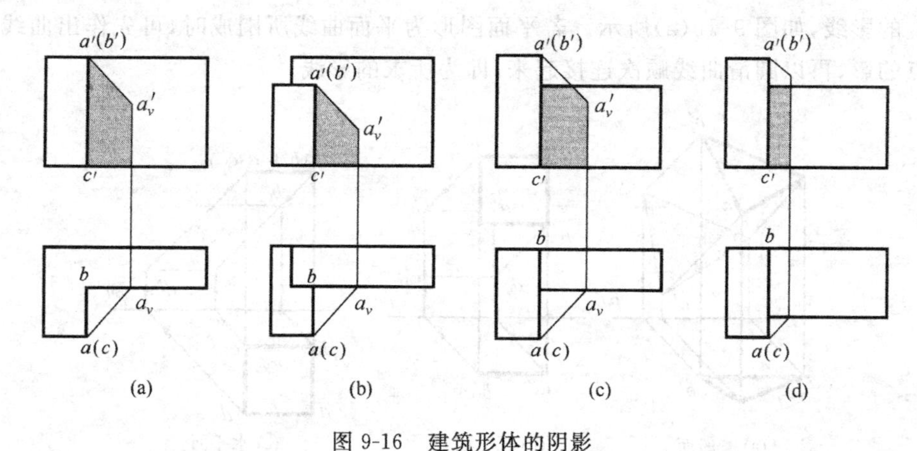

图 9-16 建筑形体的阴影

9.3.2 窗口的阴影

图 9-17 所示为几种不用形式的窗口的阴影。影的宽度 m 反映了凹入墙面的深度；影的宽度 n 反映了窗台或窗楣突出墙面的距离；影的宽度 s 反映窗楣突出窗面的距离。因此，只要知道这些距离的大小，即使没有平面图，也可以在立面图中直接画出阴影。

9.3.3 门洞的阴影

图 9-18 所示为几种不同形式门洞的阴影。门洞上面通常有雨篷，四周有凸出的线条，有的在一定的距离有柱子，作阴影时应注意这些部位阴线的影的形状。

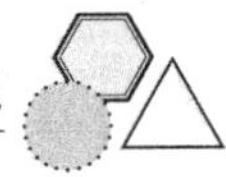

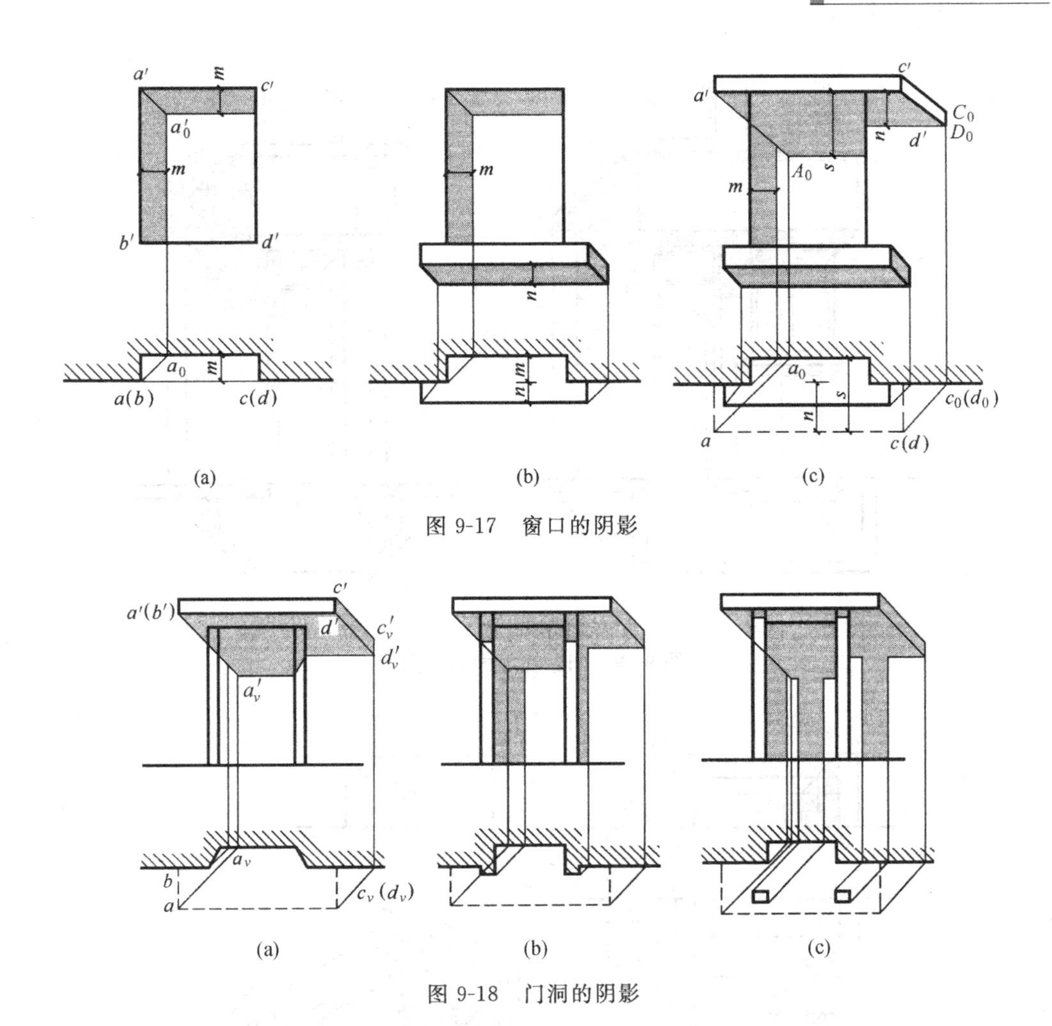

(a)　(b)　(c)

图 9-17　窗口的阴影

(a)　(b)　(c)

图 9-18　门洞的阴影

9.3.4　阳台的阴影

图 9-19 所示为阳台在墙面上的阴影。阳台的影的形状要根据阳台的平面形状和阳台下门窗洞口的情况来确定。作图步骤应分为两步：第一步求出阳台外形的影；第二步求出门窗洞口等细部的影。图 9-19(b)中，阳台平面形状为多边形，其中一些边在门窗洞口的影的转折点应当作特殊点求出，这样才能确定底面斜棱在墙面上的影的方向。如阳台底边上点 A 的影是在门洞的边线上，应先从水平投影 a_v 作 45°斜线（光线的水平投影）交阳台底边于 a，在正面投影中找出相应投影 a'；再过 a' 作 45°斜线（光线的正面投影）交门洞边线于 a'_v，即为点 A 的影，也就是该阳台底边在门洞边上的影的转折点。

9.3.5　台阶的阴影

图 9-20 所示为台阶的阴影。台阶两侧有四棱柱栏板，影的轮廓线是阴线 AB、AC 和 DE、DF 的影。阴线 DE 和 DF 的影落在地面和墙面上，作图较为简单，只要求出点 D 的影 d_H，并连接有关线段即可。阴线 AB 和 AC 的影落在地面、踏面和墙面上，作图步骤如下。

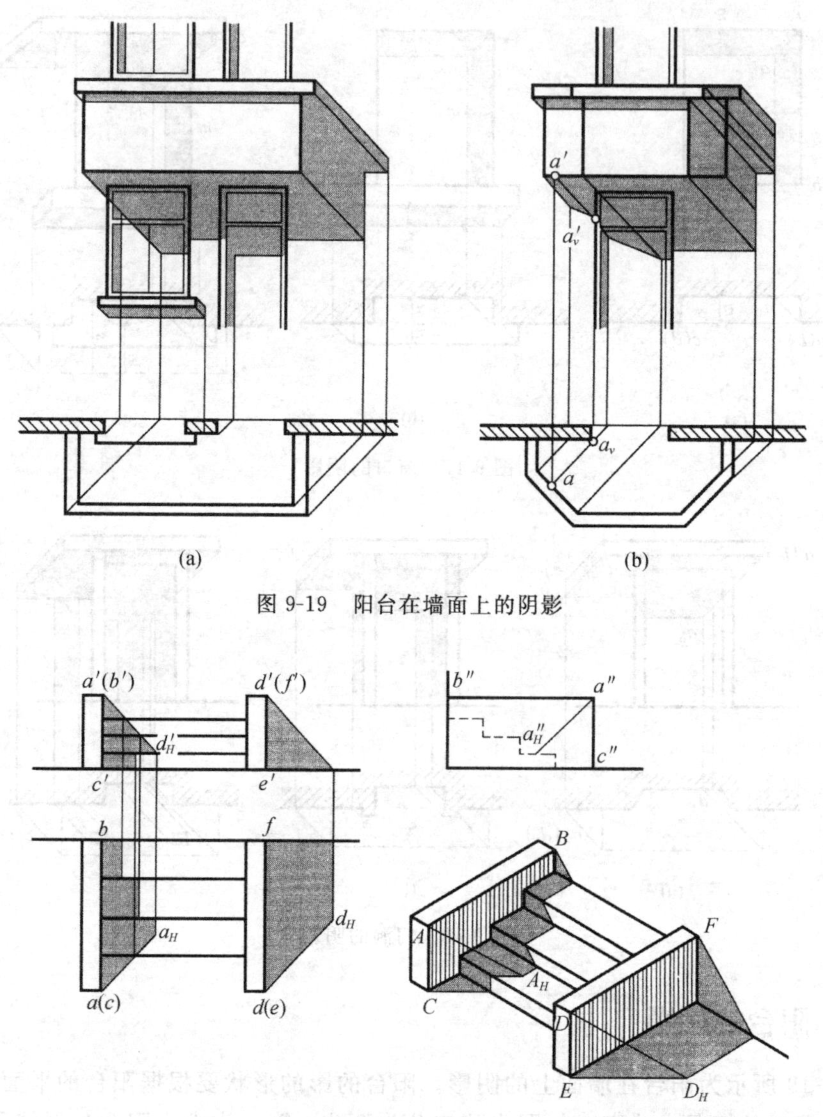

图 9-19　阳台在墙面上的阴影

图 9-20　台阶的阴影

(1) 过侧面投影上的 a'' 作 45°斜线(光线的侧面投影),交第一级踏面于 a''_H,由此可知点 A 的影在第一级踏面上。

(2) 过正面投影上的 a' 作 45°斜线(光线的正面投影),与第一级踏面的积聚投影相交于 a'_H,连接 a'、a'_H 即为阴线 AB 在墙面和第二、三级踢面上的影。

(3) 过水平投影上的 a 作 45°斜线(光线的水平投影),与过 a'_H 所作的垂直线交于 a_H,即为点 A 在第一级踏面上的影的水平投影。该斜线与第一级踢面积聚投影的交点,即为阴线 AC 在第一级踢面上的影的积聚投影。过该点作垂直线与正面投影第一级踢面相交的一段,即为阴线 AC 在第一级踢面上的影的正面投影。

图 9-20 将水平投影中的阴影都画出,以便在作图过程中对照各阴线的影之间的投影关系。

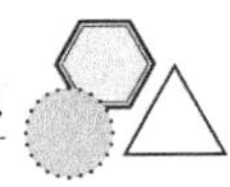

9.4　透　　视

图 9-21 是一幅广州市白云宾馆的透视图，它逼真地反映出这座建筑物的外貌，使人如同身临其境目睹实物一样。在建筑设计过程中，特别是在初步设计阶段，往往需要画出所设计建筑物的透视图，甚至加以彩色渲染，凸显建成后的外貌和特征，用于研究建筑物的空间造型和立面处理，进行各种方案比较，选取最佳设计。

图 9-21　广州市白云宾馆的透视图

透视图又称透视投影，它和轴测图一样，都是一种单面投影。不同之处在于轴测图是用平行投影法画出的图样，而透视图则是用中心投影法画出。如图 9-22 所示，假设在人与建筑物之间设立一个铅垂面 P 作为投影面，在透视投影中，这个投影面称为画面。投射中心是人的眼睛 S，称为视点。投射线是通过视点 S 与建筑物上各点的连线，例如 SA、SB 等，称为视线。显然，作透视图时只要逐一求出各视线 SA、SB、SC…与画面 P 的交点 A^0、B^0、C^0…，就是建筑物上点 A、B、C…的透视。将各点的透视依次连接起来，可得建筑物的透视图。

与正投影图比较，透视图有一个很明显的特点，就是形体距离观察者越近，所得的透视投影越大；反之，距离越远则投影越小，即所谓“近大远小”。如图 9-23 所示，房屋上本来相同高度的竖直线，在透视图中，近的长些，越远越短。此外，平行于房屋长度方向的相互平行的水平线，在透视图中它们不再平行，而是越远越靠拢，直至相交于一点 V_1，这个点称为灭点。同样，平行于房屋宽度方向的水平线，它们的透视延长后，也相交于另一个灭点 V_2。

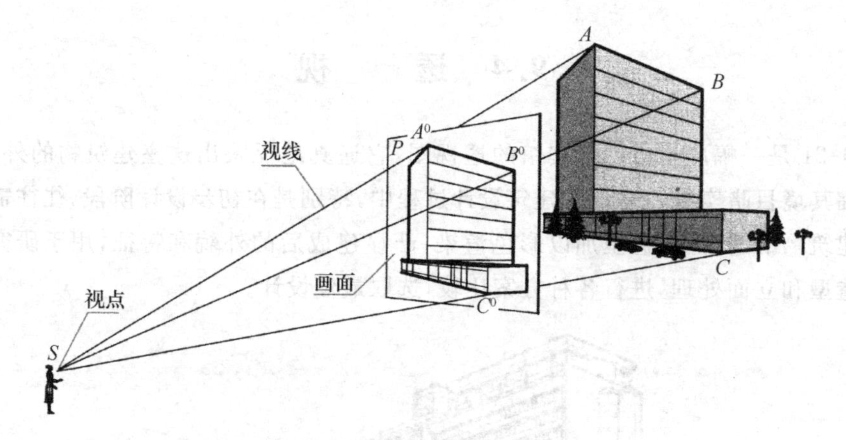

图 9-22　透视图的投影过程(1)

图 9-23　透视图的投影过程(2)

房屋有长度、宽度、高度三个主要方向，有两个主要方向灭点的透视图，称为两点透视，如图 9-23 所示。只有一个主要方向灭点的透视图，称为一点透视(图 9-24)。

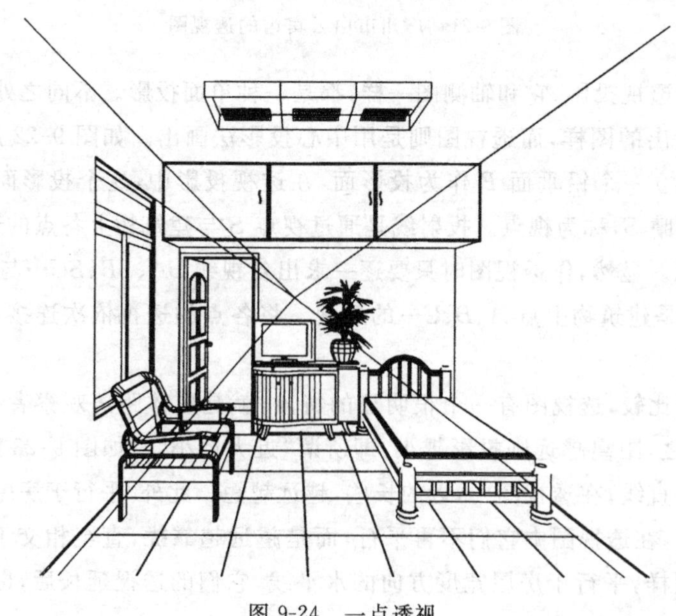

图 9-24　一点透视

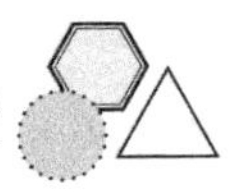

9.4.1　透视图的画法

一幢建筑物上有大量的铅垂线(高度方向)和水平线(长度方向和宽度方向),如果掌握了这两类线的透视规律和画法,就不难作出整座建筑物的透视图。

1. 两点透视

当建筑物的正立面与铅垂画面 P 成一夹角时,可得两点透视,作图的方法和步骤如下。

1) 确定画面和视点的位置

着手画一座建筑物的透视图时,先要进行合理的布局。如图 9-25(a)所示,建筑物(其形体为一个长方体)坐落在基面 H(水平投影面)上,观察者面对长方体站立,人的眼睛 S 就是视点,站立的地方 s(即视点 S 在基面上的正投影)称为站点。铅垂画面 P 一般设在人与长方体之间,习惯上与建筑物的墙角线(长方体的一根侧棱)接触,并且与建筑物的正立面成 30°左右的夹角。基面与画面 P 的交线 pp 称为基线。

作透视图时要把基面和画面沿基线 pp 拆开摊平。规定画面 P 不动,画出基线在画面 P 上的投影 ox。把 H 面连同站点 s、基线的 H 投影 pp 和建筑物在 H 面上的投影,一起放置在画面的正上方[图 9-25(b)]。H 面和 P 面的边框不必画出,透视图将画在画面 P 上。

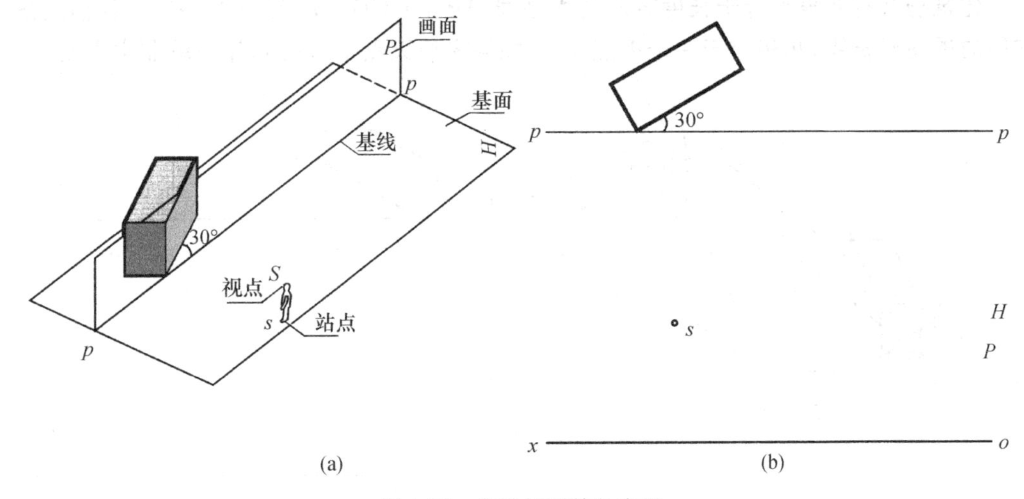

图 9-25　作透视图前的布局

2) 确定视平线和视角

通过视点的水平面 Q 称为视平面,所有水平的视线必落在视平面上。视平面与画面的交线 hh,称为视平线[图 9-26(a)]。显然,视平线 hh 平行于基线 pp,它们之间的距离等于视点的高度,即视点到地面的垂直距离 Ss。作透视图时,在画面 P 上按建筑物平面图的比例,取距离等于视点高度画一水平线并平行于基线 ox,就是视平线 hh[图 9-26(b)]。从视点 S 引两水平视线分别与建筑物的最左、最右两墙角线相接触,这两视线的夹角,为观看建筑物时视锥的顶角,称为视角[图 9-26(a)]。一般要求视角等于 28°～30°,画出的透视图效果较好。通过视点 S 而垂直于画面的视线 Ss' 称为主视线,点 s'(点 S 在画

面 P 上的正投影)称为主点,位于视平线 hh 上。主视线应大致在视角的分角线左右。视角的 H 投影反映实形,可直接在基面上进行布局。

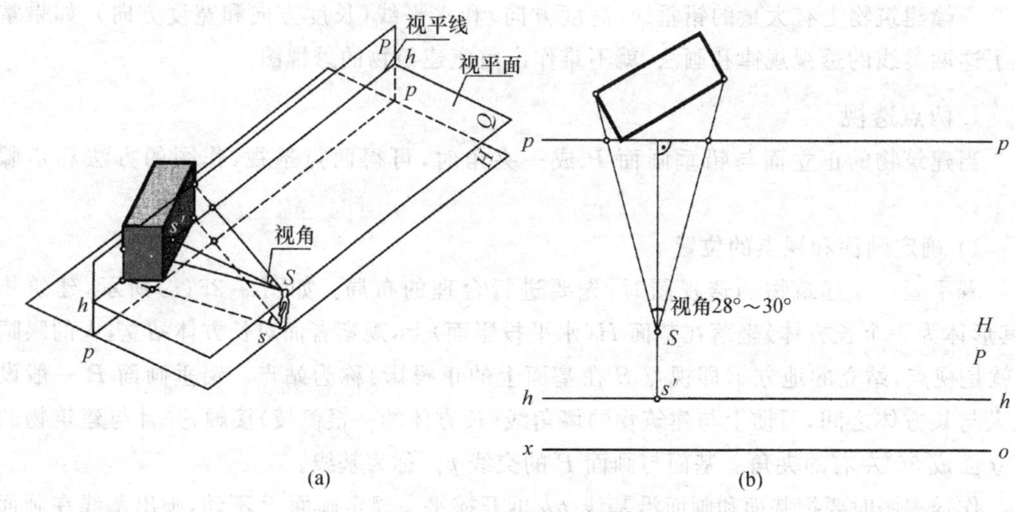

图 9-26　视平线和视角

3) 求水平线的灭点

建筑物共有四根平行于长度方向的水平线 AB、ab、CD、cd[图 9-27(a)]。如前所述,它们的透视延长线,必相交于一个灭点 V_1。如果先把灭点 V_1 求出,作图就非常方便。

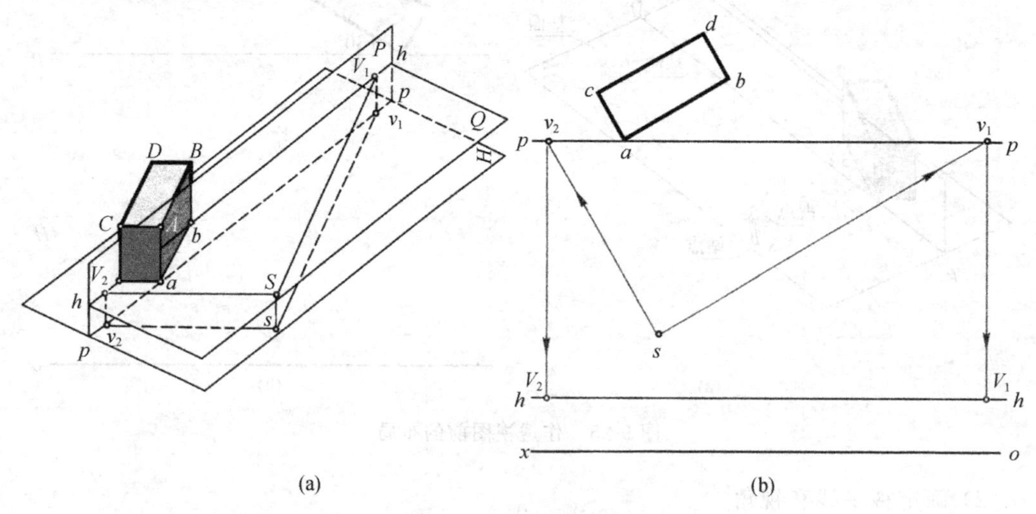

图 9-27　灭点 V_1 和 V_2

直线的灭点就是该直线上无限远点的透视,即过该直线上无限远点的视线与画面的交点。从几何学知道,两平行直线相交于无限远处,因此,与直线在无限远点处相交的视线与该直线平行。据此可得灭点 V_1 的作法如下。

通过视点 S 引视线 SV_1 平行于建筑物上长度方向的所有直线,它与画面的交点 V_1 就是所求的灭点[图 9-27(a)]。因此,相互平行的直线都有共同的一个灭点。由于长度方向是水平的,视线 SV_1(水平线)与画面的交点 V_1 必位于视平线 hh 上。也就是说,水平

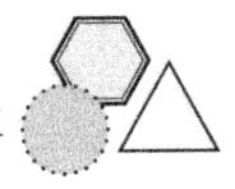

线的灭点必位于视平线上。图中 sv_1 是 SV_1 在 H 面上的投影。

在透视图上求灭点的方法如图 9-27(b)所示。过站点 s 引直线 sv_1 平行于建筑物的长度方向 ab，它与 pp 的交点就是灭点的水平投影 v_1。过 v_1 引竖直连线与 P 面上的视平线 hh 相交，即得灭点 V_1。

用同样的方法可求得建筑物宽度方向的灭点 V_2。由此可得：不平行于画面的平行线组，都有它们各自的灭点。

4）作地面线 ab 的透视

地面线 ab 的端点 a 在画面上，它的透视 a_0 与 a 重合，这样的点称为直线的画面交点。同时，a_0 位于基线上[图 9-28(a)]。不难看出，连线 a_0V_1 是线段 ab 无限延长后的透视，我们称之为直线 ab 的透视方向。一直线的画面交点和灭点的连线就是该直线的透视方向。

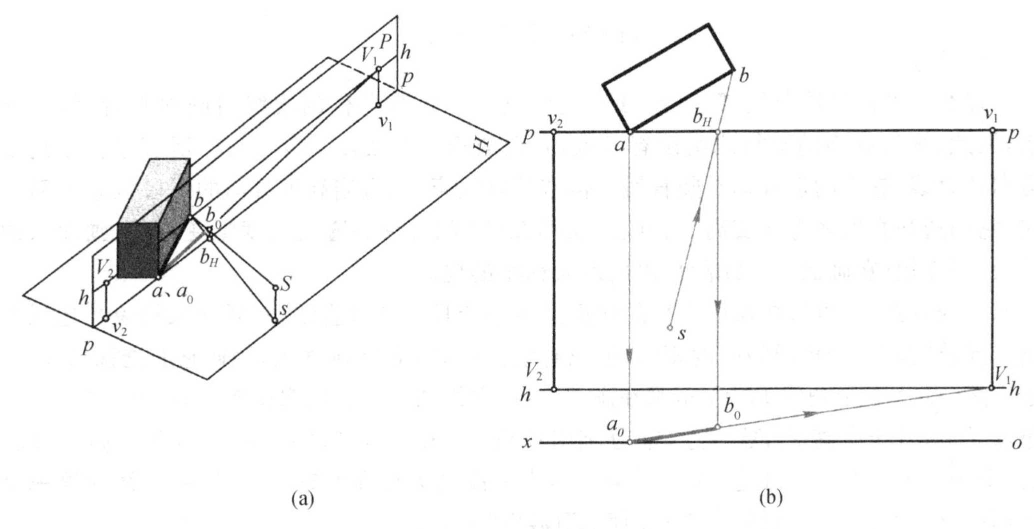

(a)　(b)

图 9-28　ab 的透视 a_0b_0

作透视图时[图 9-28(b)]，只要过 a 引竖直连线与 ox 相交，即得 a_0。连接 a_0V_1，就是线段 ab 的透视方向。只要在其上求出线段另一端点 b 的透视 b_0，则 a_0b_0 就是线段 ab 的透视。

求点 b_0 的方法如下：点 b 是 ab 线上的一个点，它的透视必在其透视方向 a_0V_1 上。过点 b 的视线 Sb 必与 a_0V_1 相交，交点 b_0 即为点 b 的透视[图 9-28(a)]。视线 Sb 的水平投影 sb 与 pp 相交于 b_H，它是透视 b_0 的 H 投影。作图时先连接 sb，交 pp 于 b_H，过 b_H 引竖直连线与 a_0V_1 相交于 b_0，a_0b_0 就是 ab 的透视[图 9-28(b)]。这种作透视图的方法称为视线交点法。

由此可得：求一直线段的透视，先作出它的透视方向，再用视线交点法在透视方向上求出其端点的透视。

5）求建筑物底面的透视

同法求出 ac 的透视 a_0c_0。由于 ac 平行于宽度方向，它的透视方向必指向 V_2。最后分别连接 b_0V_2 和 c_0V_1，交于 d_0，$a_0b_0d_0c_0$ 就是建筑物底面的透视(图 9-29)。

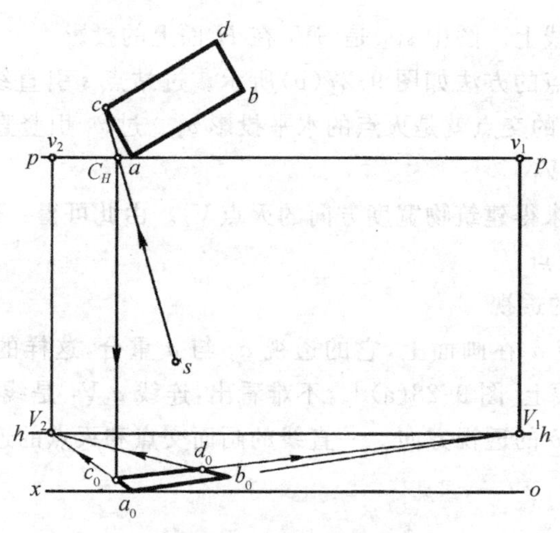

图 9-29 底面的透视图

6）竖高度

建筑物的四根墙角线都是铅垂线，过视点与墙角线平行的视线与画面平行，没有交点，因此，平行画面的平行线组没有灭点，它们的透视与线段本身平行。所有平行于高度方向的直线，它们的透视仍是竖直线。但应特别注意，只有当高度方向的线段位于画面上时，它的透视高度才等于实高。若该线段不在画面上，它的透视高度则变长（在画面前的线段）或变短（在画面后的线段），遵循近大远小的规律。

作透视图时，可直接从已作出的底面透视各个顶点引竖直线，然后截取相应的透视高度。建筑物四根墙角线的高度相等，但只有墙角线 Aa 位于画面上，因此它的透视 A_0a_0 等于实高。而其他墙角线 Bb、Cc 等都在画面之后，它们的透视高度都比实高短（图 9-30）。先量取 A_0a_0 等于实高 Z_1，然后过 A_0 分别引线到 V_1 和 V_2，与过 b_0 和 c_0 所竖的高度线相交，即得点 B_0 和 C_0。由此可得：求取一竖直线段的透视高度时，可利用平行线的透视交于同一灭点的特性，把已知高度从画面“引渡”过去。

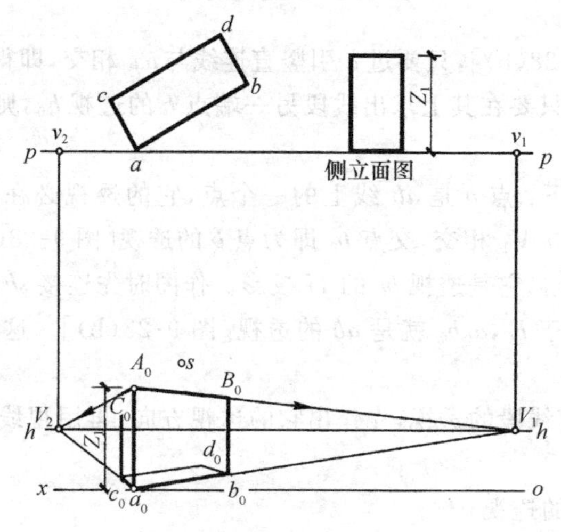

图 9-30 竖高度

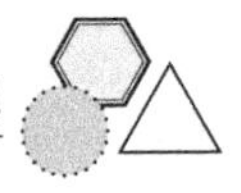

在竖高度的同时，作出了 AB 和 AC 的透视 A_0B_0 和 A_0C_0。建筑物背后的线条看不见，不必画出。至此完成了建筑物的透视图(图 9-30)。

7) 作屋檐线的透视

假设将上述平顶房屋改为两坡顶房屋，如图 9-31(a)所示。墙身部分的透视已按上述方法作出，现只讨论前屋檐线 GE 的透视画法。由于布局时已设置画面与墙角线接触，因此前屋檐线必有一段 GN 凸出画面，点 N 与其透视 N_0 重合为画面交点[图 9-31(a)中仅标出点 N_0]。作图时，可先求屋檐线水平投影 ge 的透视，然后求出 G_0E_0。不难看出，与墙角线 Aa 一样，直线 Nn 位于画面上，可直接从点 n_0 截取檐口高度 Z_2，求得点 N 的透视 N_0。然后连 N_0V_1，得前屋檐的透视方向。最后用视线交点法，求两端点 G 和 E 的透视 G_0 和 E_0，画出 G_0E_0[图 9-31(b)]。

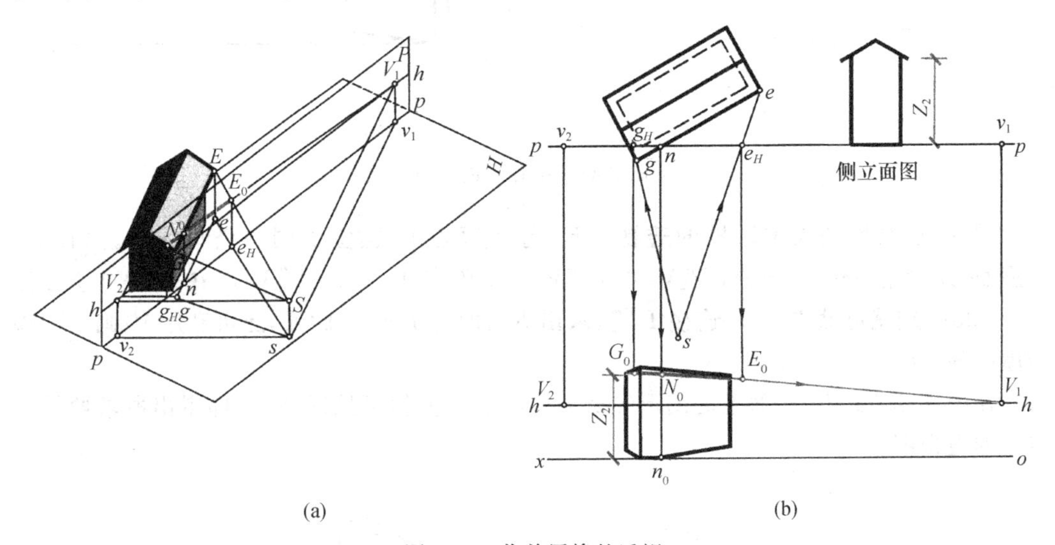

(a)　　(b)

图 9-31　作前屋檐的透视

8) 作屋脊线 IJ 的透视

IJ 平行于长度方向，灭点是 V_1，它与画面没有现成的交点。作图时，可先将屋脊线延长，与画面相交于点 M，同样，点 M 与它的透视 M_0 重合[图 9-32(a)中仅标出 M_0]。点 M 的水平投影 m，就是 IJ 的水平投影 ij 延长后与 pp 的交点。

作透视图时[图 9-32(b)]，先延长 ij 交 pp 于 m，过 m 引竖直连线交 ox 于 m_0，从 m_0 起在竖直线上量取 M_0m_0 等于屋脊高度 Z_3，得屋脊的画面交点 M_0。M_0V_1 就是屋脊的透视方向。最后用视线交点法求出两端点 I 和 J 的透视，画出屋脊的透视 I_0J_0。

9) 作人字屋檐的透视

求出了前屋檐和屋脊的透视后，只要分别连 I_0G_0 和 J_0E_0，就可得到前坡屋面两侧人字屋檐的透视。它们是两平行直线，它们的透视的延长线必相交于一个灭点形 V_2'，此灭点是平行于人字屋脊 IG 和 JE 的视线 SV_2' 与画面的交点[图 9-33(a)]。由于人字屋檐的水平投影平行于宽度方向，所以 V_2' 与 V_2 应在同一竖直线上。由此可得：同时倾斜于地面和画面的直线，它的灭点不在视平线 hh 上，但是，这个灭点必与该直线的 H 投影的灭点位于同一根竖直线上。

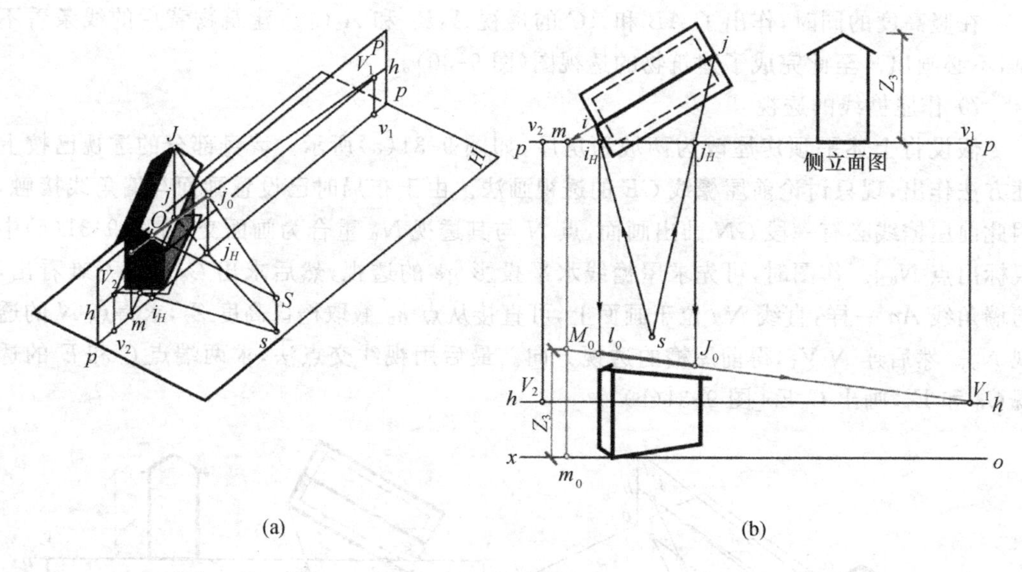

图 9-32 屋脊的透视图

同样,后坡面的人字屋檐的透视 I_0K_0 等的灭点 V''_2 也位于同一竖直线上。如果前后屋面坡度相同,由于 $\triangle SV'_2V_2 \cong \triangle SV''_2V_2$,必有 $V'_2V_2 = V''_2V_2$。在求得 V'_2 之后[图 9-33(b)]就可截得 V''_2。连接 $I_0V''_2$,求出 K_0,即得 I_0K_0。此外,还可利用 V''_2 画出山墙与屋面的交线。

在图 9-33(b)中,P 面上的图形经擦去作图线并描粗可见线条后,即得出所求两坡顶房屋的透视图。

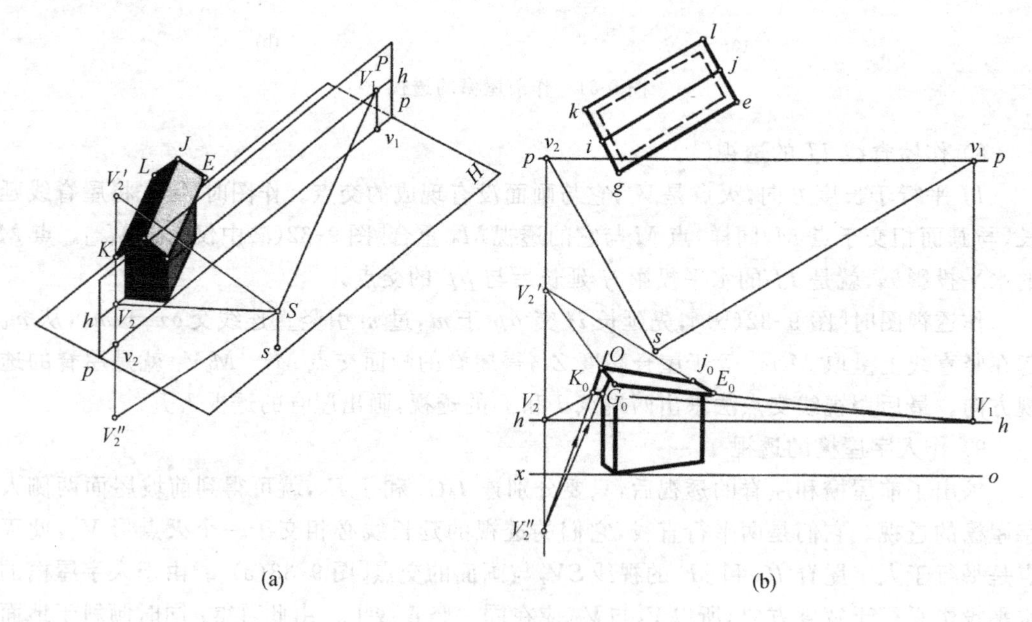

图 9-33 人字屋檐的透视图

9.5.2　透视图的简捷作图法

在画透视图时，当建筑物的主要轮廓画出后，一些细部轮廓可用简捷的方法作出。

1. 利用对角线等分已知透视窗

如图 9-34 所示，房屋的立面为等距离的四个开间，这些开间的等分线都通过相应矩形对角线的交点。作这些等分线的透视图的方法与步骤如下。

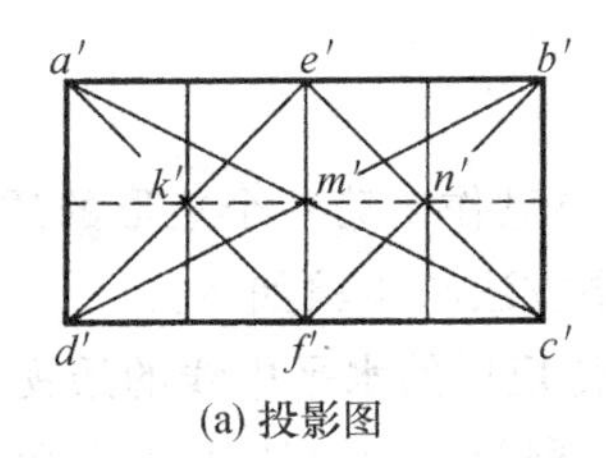

(a) 投影图

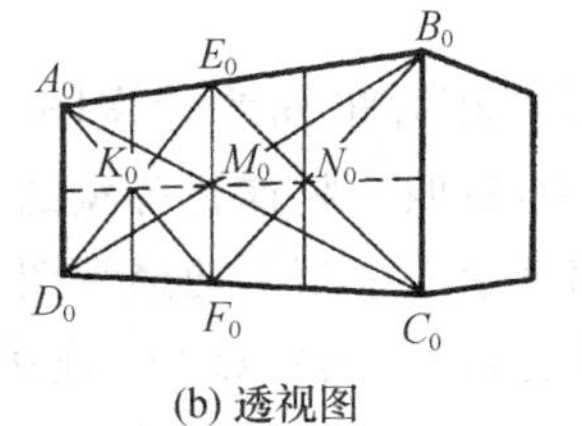

(b) 透视图

图 9-34　利用对角线等分已知透视面

(1) 作 $A_0B_0C_0D_0$ 的对角线交于 M_0。

(2) 过 M_0 作 B_0C_0 或 A_0D_0 的平行线 E_0F_0，即为立面 $ABCD$ 等分线的透视图。

(3) 同理可求得 N_0、K_0。过 N_0、K_0 作直线平行 E_0F_0，即为 $BCFE$ 和 $ADFE$ 等分线的透视图。如果连接 $K_0M_0N_0$，则为 $ABCD$ 高度方向等分线的透视图。

2. 利用辅助灭点分割已知透视面

如图 9-35 所示，房屋的立面为不等距的七个开间，作透视图的方法与步骤如下。

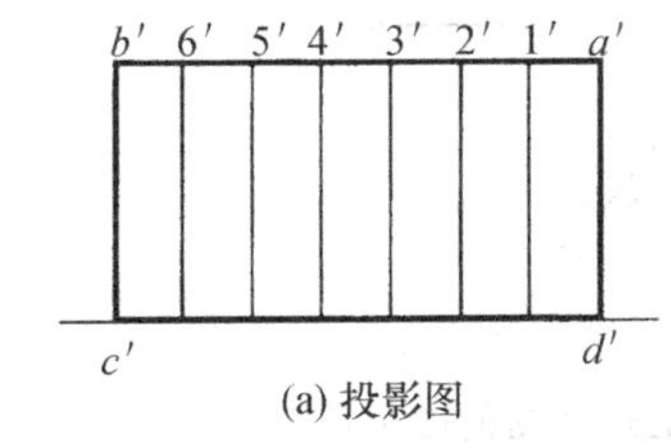

(a) 投影图

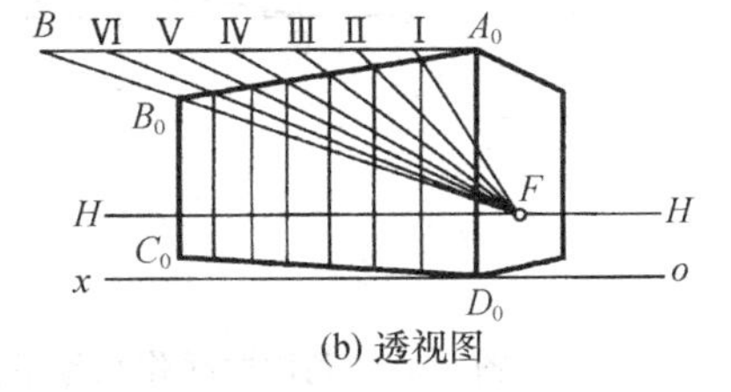

(b) 透视图

图 9-35　利用辅助灭点分割已知透视面

(1) 过 A_0 作水平线 A_0B，在其上截取 A_0Ⅰ、A_0Ⅱ等分别等于 $a'1'$、$1'2'$等。

(2) 连接 BB_0 并延长，交 HH 于 F，F 即为辅助灭点。

(3) 连接 FⅠ、FⅡ等，交 A_0B_0 上所得各点，通过这些点作铅垂线，即为各开间的分割线。

3. 利用辅助线横向分割已知透视面

如图 9-36 所示，房屋立面垂直方向分为不等距的四个高度，由于 AB 在画面上，A_0Ⅰ$_0$、Ⅰ$_0$Ⅱ$_0$ 等分别等于 $a'1'$、$1'2'$等，分别求 D_0C_0 上的分割点的作图方法与步骤如下。

(1) 作辅助线 D_0E，在 D_0E 上截取 D_0Ⅰ$=a'1'$、ⅠⅡ$=1'2'$等。

(2) 连接 EC_0，过点Ⅰ、Ⅱ、Ⅲ作直线平行 EC_0 交 D_0C_0 上所得各点，即为分割点的透视图。

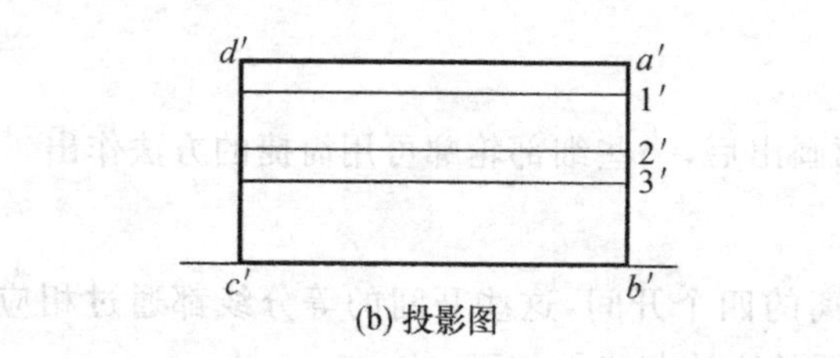

(b) 投影图

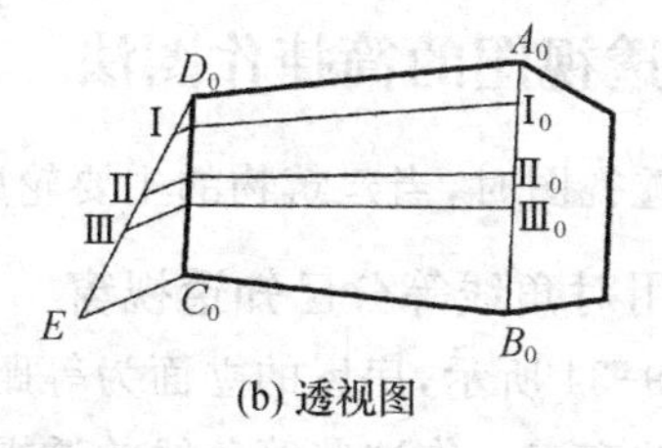

(b) 透视图

图 9-36　利用辅助线横向分割已知透视面

4. 利用中线作相等平面的透视图

在图 9-37 中，有四个相连且等宽的矩形，如果已作出第一个矩形的透视图，即可在透视图上直接作出其余三个矩形的透视图。其作图方法与步骤如下。

(1) 作铅垂边 C_0D_0 的中点 O_0，连接 O_0F_2，得矩形的水平中线的透视方向。

(2) 连接 A_0O_0 并延长，交 B_0F_2 于 G_0，A_0G_0 即为矩形 $ABGE$ 的对角线。

(3) 过 G_0 作铅垂线 G_0E_0，即为第二个矩形的另一铅垂边的透视图。

(4) 重复上述方法，可以作出第三个、第四个矩形。

各个矩形的对角线在空间中都是平行的，它们的透视必相交于同一个灭点 F，即 A_0G_0 与过 F_2 的铅垂线的交点。

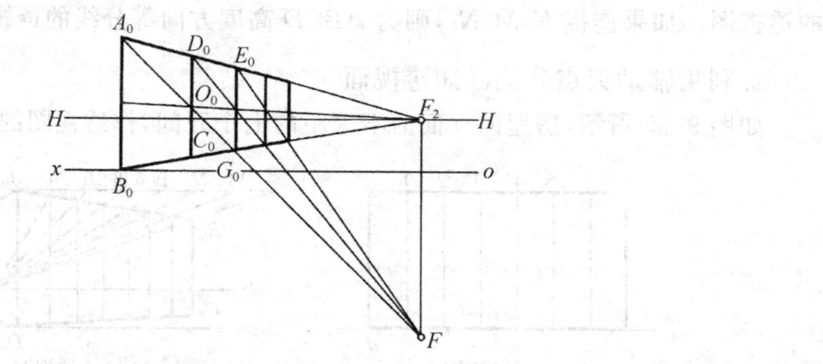

图 9-37　利用中线作相等平面的透视图的四个矩形

参 考 文 献

[1] 陈国瑞,等.建筑制图与 AutoCAD[M].北京:化学工业出版社,2004.
[2] 陈玉华,王德芳.建筑制图与识图[M].上海:同济大学出版社,1991.
[3] 蒋红英,盛尚雄.土木工程制图[M].北京:中国建筑工业出版社,2006.
[4] 李晓红.混凝土结构平法识图[M].北京:中国电力出版社,2010.
[5] 莫章金,毛家华.建筑工程制图与识图[M].北京:高等教育出版社,2001.
[6] 钱可强.建筑制图[M].北京:化学工业出版社,2010.
[7] 宋平安.建筑制图[M].北京:中国建筑工业出版社,1997.
[8] 王鹏.建筑识图与构造[M].北京:机械工业出版社,2010.
[9] 王强.建筑工程制图与识图[M].北京:机械工业出版社,2004.
[10] 吴慕辉,等.建筑制图与 CAD[M].北京:化学工业出版社,2008.
[11] 吴运华,高远.建筑制图与识图[M].武汉:武汉理工大学出版社,2004.
[12] 徐占发.建筑制图[M].北京:中国建材工业出版社,2005.
[13] 赵研.建筑识图与构造[M].北京:高等教育出版社,2006.
[14] 张小平.建筑识图与房屋构造[M].武汉:武汉理工大学出版社,2005.
[15] 中华人民共和国公安部.建筑设计防火规范(GBJ 16—1987)[S].北京:中国计划出版社,2001.
[16] 中华人民共和国住房与城乡建设部.砌体结构设计规范(GB 5003—2001)[S].北京:中国建筑工业出版社,2001.
[17] 中华人民共和国住房与城乡建设部.建筑抗震设计规范(GB 50011—2001)[S].北京:中国建筑工业出版社,2002.
[18] 中华人民共和国住房与城乡建设部.混凝土结构设计规范(GB 50010—2002)[S].北京:中国建筑工业出版社,2002.